"科学发展 成就辉煌"系列丛书

科学发展 测绘先行

——测绘地理信息工作十年回顾（2002-2012）

■ 国家测绘地理信息局 编

人民出版社

编　委　会

编委会主任：徐德明
编委会副主任：王春峰　李维森　宋超智　闵宜仁
　　　　　　　张荣久　吴兆琪　李朋德　胥燕婴
编委会成员：周远波　王宝民　白贵霞　王保立
　　　　　　　赵继成　张燕平　李赤一　李　烨
　　　　　　　张辉峰

编　写　组

编写组组长：宋超智
编写组副组长：周远波　张辉峰　雷德容　周　星
编写组成员：喻贵银　周信炎　刘子刚　乔朝飞
　　　　　　　阮于洲　马春静　贾　丹　范俊劼
　　　　　　　王瑜婷　吴　江　刘　芳　刘　利
　　　　　　　孙　威　徐　瑶　蔡紫南

　　2011 年 12 月 19 日，国土资源部部长、党组书记，国家土地总督察徐绍史出席 2011 年全国测绘地理信息局长会议并作重要讲话。

　　2011 年 12 月 19 日，时任国土资源部副部长、党组成员，国家测绘地理信息局局长、党组书记徐德明出席 2011 年全国测绘地理信息局长会议并作重要讲话。

2008年2月3日,时任国土资源部副部长、党组成员,国家测绘局局长、党组书记鹿心社出席国家测绘局举办的春节团拜会。

2005年10月9日,时任国土资源部党组成员,国家测绘局局长、党组书记陈邦柱在国务院新闻办公室新闻发布会上回答记者提问。

2011 年 6 月 9 日,国家测绘地理信息局挂牌仪式在中国测绘创新基地隆重举行。

2012 年 7 月 18 日,国家测绘地理信息局领导研究工作。

2009 年 10 月 18 日,国家测绘局副局长、党组副书记王春峰出席吉林省测绘局与四平市合作建设"数字四平"签字仪式。

2009 年 8 月 19 日,国家测绘局副局长、党组成员李维森代表全国测绘系统向西藏自治区测绘局捐赠援建支票。

　　2012 年 7 月 2 日,国家测绘地理信息局副局长、党组成员宋超智参加在中国测绘创新基地举行的测绘地理信息市场信用信息管理平台开通仪式。

　　2012 年 5 月 18 日,国家测绘地理信息局副局长、党组成员闵宜仁代表全国国家版图意识宣传教育和地图市场监管协调指导小组授予中古友谊小学"国家版图意识宣传教育示范学校"称号。

2009 年 6 月 9 日，国家测绘局党组成员、纪检组组长张荣久看望慰问老领导。

2010 年 10 月 29 日，国家测绘局党组成员、办公室主任吴兆琪出席中国测绘仪器民族品牌南方测绘十万台全站仪下线仪式。

2012 年 7 月 30 日，国家测绘地理信息局副局长李朋德出席我国首颗立体测绘卫星资源三号在轨交付仪式。

2012 年 4 月 26 日，国家测绘地理信息局总工程师胥燕婴赴重庆测绘院调研信息化测绘体系建设情况。

2010 年 10 月 21 日,国家地理信息公共服务平台(公众版)——天地图(测试版)开通。国土资源部部长、党组书记,国家土地总督察徐绍史,时任国土资源部副部长、党组成员,国家测绘局局长、党组书记徐德明等领导出席开通仪式。

2009 年 10 月 22 日,时任国土资源部副部长、党组成员,国家测绘局局长、党组书记徐德明在数字嘉兴地理信息公共平台建设推广会上授予嘉兴市"全国数字城市建设示范市"称号。

　　2010年11月28日,时任中共中央政治局委员、北京市委书记刘淇,国土资源部部长、党组书记,国家土地总督察徐绍史,时任国土资源部副部长,国家测绘局局长、党组书记徐德明,时任北京市委副书记、市长郭金龙等领导出席国家地理信息科技产业园奠基仪式。

　　2011年3月7日,陕西省委副书记、省长赵正永和时任国土资源部副部长、党组成员,国家测绘局局长、党组书记徐德明出席国家测绘局与陕西省人民政府地理国(省)情监测试点协议签约仪式。

　　2009年11月9日，时任国土资源部副部长、党组成员，国家测绘局局长、党组书记徐德明赴四川省阿坝藏族羌族自治州，亲切看望慰问正在承担国家重点项目——西部测图工程作业的测绘队员。

　　2010年6月17日，时任国土资源部副部长、党组成员，国家测绘局局长、党组书记徐德明接见芬兰测绘局代表。

2007 年 11 月 30 日,《中华人民共和国测绘法》修订实施五周年座谈会在人民大会堂召开。全国人大常委会副委员长蒋正华,国土资源部部长、党组书记,国家土地总督察徐绍史,时任国土资源部副部长、党组成员,国家测绘局局长、党组书记鹿心社,时任国务院法制办公室副主任郜风涛,科技部、总参测绘局等相关部门领导出席座谈会。

2009 年 1 月 19 日,时任国土资源部副部长、党组成员,国家测绘局局长、党组书记徐德明和时任总参测绘局局长袁树友分别代表两局在《国家测绘局总参测绘局关于加强测绘成果共享合作的协议书》上签字。

2010 年 12 月 21 日,国家测绘局举行首批科技领军人才颁证大会。

2011 年 6 月 30 日,国家测绘地理信息局领导为创先争优先进集体、先进个人代表颁奖。

目　录

序

岁月如歌,辉煌永存。自 2002 年党的十六大以来,在中国特色社会主义理论伟大旗帜指引下,中国共产党带领全国人民意气风发、奋勇向前,继续奏响改革开放的时代强音,构筑和谐社会的精神大厦,铸就科学发展的辉煌成就,实现了经济社会各项事业又好又快的发展。测绘地理信息工作作为国民经济和社会发展重要的基础性、战略性工作,在国家发展和民族振兴中发挥着不可替代的作用,作出了巨大的历史性贡献。

自 2002 年以来,在党中央、国务院的正确领导下,在国土资源部的直接指导下,在地方各级党委政府和社会各界的大力支持下,经过全国测绘地理信息广大干部职工的奋发努力,中国测绘地理信息事业走过了艰苦探索的峥嵘岁月,实现了前所未有的历史跨越,取得了令人瞩目的辉煌成就。

一、坚持以科学发展观为统领,解放思想,明确思路

面对中国社会步入矛盾凸显期、改革攻坚期和发展关键期,国家测绘地理信息党组号召"冲破传统理念和思维定式,用世界的眼光、战略的眼光、发展的眼光、辩证的眼光看测绘,跳出测绘看测绘",解放思想、审时度势、站高望远、科学决断,紧紧抓住战略机遇期,果断提出了树立"大测绘、大科技、大产业、大服务、大发展"的理念,确定了测绘工作"服务大局、服务社会、服务民生"的宗旨,明确了测绘工作"基础先行、服务保障、应急救急、统筹协调、管理监督、维护安全"六大作用的

定位。在大力弘扬"热爱祖国、忠诚事业、艰苦奋斗、无私奉献"测绘精神的同时,淬炼出以"快、干、好"为核心的测绘文化理念,并用实践诠释了"快"是测绘工作的灵魂、"干"是测绘工作的精神、"好"是测绘工作的品质。提出了"技术决定水平、装备决定能力、服务决定地位、人才决定未来"的科学论断,明确了"按需测绘、效用优先"的工作思路。

2011年5月23日李克强副总理视察中国测绘创新基地的重要讲话,带来测绘地理信息工作新一轮思想解放。局党组认真学习讲话精神,深入贯彻科学发展观,放眼世界测绘力量格局,认真总结我国历史经验,顺应时代发展潮流,坚持与时俱进,响亮地提出了建设测绘地理信息强国的奋斗目标,制定了"构建数字中国、监测地理国情、发展壮大产业、建设测绘强国"的总体发展战略,确立了统筹中央地方、系统内外、政府社会、军队地方、国内国外测绘地理信息资源的长远发展策略,并总结出推动科学发展、加快建设测绘地理信息强国的"七大理念",从根本上解决了思想观念、思维方式和工作思路问题,开创了中国测绘地理信息事业发展的新局面。

二、坚持以科学发展观为统领,改革创新,勇于担当

改革是推动传统测绘向现代测绘转变的根本动力,创新是促进测绘地理信息事业蓬勃发展的不竭源泉。国家测绘地理信息局党组按照科学发展观指引的方向,大胆改革,敢为人先、敢试敢闯、敢作敢创、敢于担当,以对党、对人民、对事业、对历史高度负责的精神,以举旗亮剑、攻坚克难的勇气和魄力,以创造式、超常规的运作方式,抢抓机遇,化危为机,在中国测绘地理信息史上留下一幅幅浓墨重彩、气势恢弘的不朽画卷。

中国测绘创新基地拔地而起。2009年,面对国际金融危机和国内经济紧缩的形势,局党组以非凡的胆识,果断决策,排除万难,化危机为机遇,变压力为动力,仅用8个月时间购置建成了占地41.43亩、建筑面积7.5万平方米的中国测绘创新基地,实现了网络化、信息化、现代

化、生态化和国际化,彻底改善了测绘科研、生产、服务、管理的环境和条件,几代测绘人半个世纪的夙愿得偿、梦想成真。中国测绘创新基地被命名为中共中央党校教学基地、全国科普基地,成为展示测绘地理信息工作成果和部门形象的窗口、普及测绘科学知识和推进科技创新的基地、促进国际交流合作和推动测绘地理信息事业发展的平台。

国家地理信息科技产业园破茧而生。2010 年,在国内面临经济下行风险的情况下,国家局党组以大视野、大战略、大发展的胸襟和气魄,按照政府主导、政策引导、市场运作、合作共赢的原则,在北京顺义国门商务区建设占地 10 万平方米、建筑面积 180 万平方米的国家地理信息科技产业园,目前竣工面积达 135 万平方米,40 多家企业踊跃签约入园,作为展示我国地理信息产业蓬勃发展的重要窗口、培育国际地理信息优秀企业和知名品牌的摇篮、实施测绘地理信息"走出去"战略的前沿阵地、中国地理信息产业的"硅谷",已经初具规模,地理信息产业集群式、集团型、集约化发展模式正在形成。产业园区如火如荼的建设,带动我国地理信息产业逆势上扬、快速发展,近两年以 25% 以上的增速强力增长,2011 年实现产值 1500 亿元,相关企业达 2.2 万家,产业队伍 40 多万人,为保增长、扩内需、调结构、促就业发挥了积极作用。

国家局更名历史意义深远。2011 年,李克强副总理视察中国测绘创新基地,正式宣布国家测绘局更名为国家测绘地理信息局。这不仅是名称的变更,更是责任的加大、职能的强化,是测绘地理信息工作管理体制上的重大突破,具有历史里程碑意义。国家局党组进一步解放思想,振奋精神,从更宽的视野、更高的层次谋划测绘地理信息事业的未来发展,继续全力打造数字城市建设、天地图网站建设和开展地理国情监测三大平台,中国测绘地理信息事业进入了新的历史发展时期。

三、坚持以科学发展观为统领,建设平台,打造品牌

作为具有全局牵动作用的"牛鼻子工程"数字城市建设,是提高城

市综合管理水平的服务平台；作为测绘地理信息工作重中之重的"天字号工程"天地图网站建设，是提高人们生活质量的服务平台；作为具有长远战略意义的"阳光工程"地理国情监测，是提高领导决策水平的服务平台。通过实施这三大工程，打造三大服务平台。三大平台三位一体，各有侧重，互为支撑，共同服务大局、服务社会、服务民生。三大平台已逐步成为测绘地理信息工作重要的知名品牌。通过三大平台建设，使测绘地理信息工作走进千家万户、服务各行各业、保障经济社会，地位空前提高、作用日益彰显、影响越来越大，测绘地理信息事业实现了历史性跨越。

数字城市建设成果辉煌。通过建设城市统一、标准、权威的地理信息服务平台，整合集成城市各种社会经济和自然人文信息，依托现代测绘地理信息科学技术，提高城市综合管理水平。目前全国270多个城市开展数字城市建设，其中120余个已建成投入使用，其成果已在60多个领域得到广泛应用，在扩内需、保增长方面起到了明显带动作用，同时有力地促进了城市运行的科学化、精细化和协调化管理，成为领导科学决策的重要工具、城市信息化管理的基础平台、产品推介宣传的商务载体、提高生活质量的得力帮手、展示城市形象的靓丽名片。

天地图网站影响深远。天地图作为中国区域数据资源最丰富最权威、具有自主知识产权的在线地图服务网站，自2011年开通以来，不仅在提供社会公共服务、发展民族品牌和抢占国际竞争制高点方面成绩卓然，而且在宣传国家版图、准确表达我国领土主张和维护国家安全方面发挥了重要作用，受到党和国家领导人的充分肯定和社会各界的广泛赞誉，已成为测绘地理信息方便群众的服务平台、产业发展的基础平台、政府服务的公益平台、国家安全的保障平台。已有216个国家和地区的数亿人次访问天地图，其社会影响力和国际影响力日益扩大。

地理国情监测顺利展开。地理国情是最基本的国情。开展地理国情监测，是一个国家经济社会发展到一定历史阶段的必然选择。目前我国正处于快速推进工业化、城镇化和农业现代化时期，开展地理国情监测对各级政府准确掌握国情国力、进行科学决策、保证经济社会科学发展作用重大、意义深远。地理国情监测工作得到国务院的高度重视和相关部门的大力支持,项目的立项和总体设计已经完成,今后3年中央财政项目预算资金将超过13亿元。在国家、省、市3个层面的试点工作全面展开并取得多项成果,这些成果正在得到广泛应用并发挥越来越重要的作用。

四、坚持以科学发展观为统领,完善体制,强化监管

管理体制取得重要突破。紧紧抓住国务院批准国家测绘局更名为国家测绘地理信息局的历史机遇,全力推进全国测绘地理信息管理体制建设,目前全国已有20多个省级和部分市、县测绘地理信息管理部门更名为测绘地理信息局或地理信息局,一些省级管理机构还提升了规格、强化了职能,依法行政、统一监管的力度加大,市场秩序根本性好转,服务水平大幅度提高。通过加强与国务院有关部门的合作共赢、与军队测绘部门的融合发展、与地方各级政府的共建共享,全国测绘地理信息行业迸发出空前的活力和巨大的创造力,基本形成了国家测绘与区域测绘、地方测绘与军队测绘、基础测绘与专业测绘统筹发展、优势互补、协调共进的良好格局。

法制建设得到不断强化。20年内我国基本形成了以测绘法为核心、包括4部行政法规、35部地方性法规、6部部门规章、近百部地方政府规章以及一大批规范性文件在内的测绘地理信息法律制度体系。《国务院关于加强测绘工作的意见》出台,《国务院关于促进地理信息产业发展的意见》即将颁布实施,为测绘事业和地理信息产业的发展创造了前所未有的政策环境、社会环境和历史机遇。

科技体制创新成果突出。始终坚持科学技术是第一生产力、人才资源是第一资源的战略思想,大力组织实施“科技兴测”战略和“人才强测”战略,着力自主创新体系建设,强化重点科技项目攻关,推动重

要核心技术突破,取得了一批重要科技成果,形成了以国家级测绘科研机构、高等院校为核心,以测绘单位、地理信息企业为主体,重点实验室及工程技术中心协调发展、交叉融合的科技创新体系;以科技领军人才和两院院士、青年学术和技术带头人为主体的测绘地理信息科技人才梯队,培养造就了一支结构合理、素质优良、业务精湛、善于创新的人才队伍。

五、坚持以科学发展观为统领,夯实基础,培植文化

基础测绘得到全面加强。全国基础测绘中长期规划纲要出台实施,基础测绘工作纳入了国家和地方"十一五"和"十二五"规划。传统测绘技术体系全面向现代数字化测绘技术体系跨越,地理信息获取实时化、处理自动化、服务网络化程度不断提高。一批国家基础测绘重大工程取得突破性成果,首次实现1∶5万基础地理信息对陆域国土的全覆盖,地理信息资源日益丰富,整体现势性得到全面加强。珠峰测量、极地测绘等取得重大成果。基础测绘投入大幅度增加,中央财政10年累计投入92亿元,地方政府投入近年呈爆发式增长,一些省每年基础测绘投入达上亿元。

应急保障服务贡献突出。在科学运用大量基础测绘数据和自主研发软件系统的基础上,建立了应急救急自动生成快速响应机制,实现了天地一体、上下联动、高效保障,在应对非典、汶川地震、舟曲泥石流等重大灾害和各种突发事件中发挥了重要作用,作出了特有的突出贡献。

技术装备水平明显提高。在全国配备了上百架无人飞机航空摄影系统,成功研制了国家地理信息应急监测车等新型装备。高精度民用立体测绘卫星资源三号成功发射并完成在轨测试,开启了我国自主航天测绘的新时代,以此为标志的我国自主创新的现代测绘装备水平正在全面得到提高。

测绘特色文化作用彰显。坚持与时俱进,使传统测绘精神融入了

时代主题,继续影响和激励着当代测绘工作者砥砺志气、奋发争先。坚持以人为本,传承优秀的测绘地理信息文化,凝练出以"快、干、好"为核心的测绘文化理念,用先进的文化理念去启迪思想、凝聚力量、激发活力,极大地调动了广大干部职工的积极性、主动性和创造性。坚持创先争优,把培植行业文化同创先争优活动结合起来,充分发挥基层党组织的战斗堡垒作用和党员的先锋模范作用,永葆纯洁性、先进性和战斗力。坚持科学发展,把光辉的历史传统、崇高的价值观念、科学的发展理念、先进的管理经验、崭新的精神风貌、良好的行为规范等文化因素融会贯通到事业发展大局之中,为测绘地理信息事业的科学发展提供了不竭的动力和活力。

潮起海天阔,扬帆正当时。李克强副总理视察中国测绘创新基地时指出:"测绘地理信息是经济社会活动的重要基础,是全面提高信息化水平的重要条件,是加快转变经济发展方式的重要支撑,是战略性新兴产业的重要内容,是维护国家安全利益的重要保障"。国务院领导对测绘地理信息工作地位和作用的高度概括,高屋建瓴,精辟深刻,具有很强的思想性、理论性、战略性和指导性,不仅是对测绘地理信息工作者的极大激励,更指明了测绘地理信息工作的前进方向和奋斗目标,为测绘地理信息事业发展提供了强大的精神动力、难得的历史机遇和巨大的发展空间。总结测绘地理信息工作10年改革发展的成就和经验,着力建设测绘地理信息强国的宏伟目标,我们必须坚持高举中国特色社会主义伟大旗帜,继续深入贯彻实践科学发展观,始终牢记肩负的历史使命,永葆创业的精神和奋斗的激情,团结奋进,开拓创新,再立新功,再创辉煌,以测绘地理信息事业科学发展的辉煌成就迎接党的十八大胜利召开!

国土资源部党组副书记、副部长

国家土地副总督察

国家测绘地理信息局党组书记、局长

二〇一二年八月十八日

第一章　测绘地理信息辉煌成就综述

党的十六大以来，在党中央、国务院的正确领导下，在国土资源部的关心指导下，在有关部门、地方各级党委政府和社会各界的大力支持下，测绘地理信息事业走过了极不寻常、浓墨重彩的 10 年，创造了铭于丹青的光荣历史，谱写了令人瞩目的恢弘篇章。

这 10 年，我们让科学发展观融入测绘地理信息人的血脉，引领测绘地理信息事业攻坚克难，砥砺前行，成就辉煌。

这 10 年，我们冲破惯性思维桎梏，实现了从"测绘"到"测绘地理信息"的破茧嬗变，开创了测绘地理信息事业发展的崭新格局，向着测绘地理信息强国宏伟目标迈进。

这 10 年，我们改变了测绘地理信息服务模式，测绘地理信息部门实现了"华丽转身"，从幕后走到台前、从基础先行逐步走向决策前沿，测绘地理信息以"不可或缺"的姿态深深融入国民经济建设主战场。

这 10 年，我们弘扬"热爱祖国、忠诚事业、艰苦奋斗、无私奉献"的测绘精神，淬炼出以"快、干、好"为核心的测绘地理信息文化，激励干部职工披肝沥胆，奋勇争先。

突围、突破、突变。10 年发展背后，映射的是在科学发展观指引下，测绘地理信息强国战略从探索到成行、从理论到实践的艰辛历程；10 年发展成就，烙刻下一个个奋斗的测绘地理信息"坐标"，绘就一幅幅波澜壮阔的经纬画卷。10 年来，测绘卫星上天、测绘创新基地落成、地理信息产业迅猛发展，数代测绘人梦想成真；10 年来，建数字城市、造天地图网站、拓地理国情监测服务,"三大平台"彰显测绘地理信息新型服务业态;10 年来,信息化测绘体系逐步建立、测绘地理信息资源日益丰富、科技装备成果显著,"数字中国"建设步伐加快;10 年来,服务大局、服务社会、服务民生,测绘地理信息保障及时有力;10 年来,体制机制逐步完善、市场监管与服务齐头并进、干部队伍素质全面提升、中国测绘地理信息在国际舞台上影响倍增,为经济建设和社会发展作出突出贡献。

一、谋划思路 开创事业发展新格局

思想决定思路,思路决定出路,出路决定未来。国家测绘地理信息局(原国家测绘局)党组紧紧围绕党的十六大以来的各项战略部署,高起点、高水平、高效率地谋划和推进测绘地理信息工作,转变思想观念,破解发展难题,推动测绘地理信息事业进入全面、快速发展的新时代。

提地位、争支持,赢得发展空间。党和国家高度重视测绘地理信息事业发展,中央领导同志多次对测绘地理信息工作作出重要指示、批示。胡锦涛总书记多次在中央人口资源环境工作座谈会上对测绘工作作出重要指示,2009 年视察了地理信息企业东方道迩公司并作重要讲话。温家宝总理 2009 年为新落成的中国测绘创新基地亲书"中国测绘"四个大字,并多年在《政府工作报告》中明确提出要加强测绘基础研究和能力建设,积极发展地理信息新型服务业态。李克强副总理 2008 年会见了国外测绘专家代表,2009 年参观了全国地理信息应用成果及地图展览会,2011 年到中国测绘创新基地视察指导、发表重要讲话,强调指出测绘地理信息是经济活动的重要基础、是全面提升信息化水平的重要条件、是加快转变经济发展方式的重要支撑、是战略性新兴产业的重要内容、是维护国家安全利益的重要保障,把测绘地理信息的重要地位和作用提到国家战略全局的高度,并宣布国家测绘局更名为国家测绘地理信息局,还多次对测绘地理信息工作作出重要指示。曾培炎副总理 2007 年亲切看望了正在野外作业的测绘职工,多次听取测绘工作汇报并作重要指示。加强测绘基础设施建设、丰富和开发利用基础地理信息资源、发展地理信息产业等内容被列入我国"十一五"规划纲要,发展地理信息产业、建设数字城市等工作被列入我国"十二五"规划纲要。国务院出台了《关于加强测绘工作的意见》,国务院办公厅转发了《全国基础测绘中长期规划纲要》《关于加强国家版图意识宣传教育和地图市场监管的意见》《关于整顿和规范地理信息市场秩序意见的通知》等。全国人大环境与资源保护委员会专门就《测绘法》贯彻情况开展执法调研。与此同时,各部门、地方各级党委政府对测绘地理信息工作的重视程度空前提高,支持力度空前加大。

　　高站位、深谋划,剑指强国方向。进入新世纪,在发展关键期、改革攻坚期、矛盾凸显期,测绘作为一项最基础、最应当先行的事业,其发展却不能满足经济社会各方面快速增长的旺盛需求,如何科学发展的问题"考问"着国家测绘地理信息局(原国家测绘局)领导班子。通过开展学习实践科学发展观活动、创先争优活动,国家测绘地理信息局(原国家测绘局)党组深刻学习领会党中央国务院对测绘地理信息工作的重要指示精神,全面"体检"制约事业发展的主要问题,两次深入开展发展战略研究,解放思想、审时度势、传承创新、站高望远、科学决策,树立了大测绘、大科技、大产业、大服务的理念,明确了测绘地理信息工作要"服务大局、服务社会、服务民生"的宗旨,提出了测绘地理信息要发挥"基础先行、服务保障、应急救急、统筹协调、管理监督、维护安全"六大作用的定位,响亮提出要"高举构建数字中国、建设地理信息公共服务平台、发展地理信息产业的大旗,亮出测绘资源优势、人才优势和技术优势之剑",确立了"构建数字中国、监测地理国情、发展壮大产业、建设测绘强国"的总体发展战略,明确了统筹中央地方、系统内外、政府社会、军队地方、国内国外测绘资源的发展策略,随着测绘地理信息发展等一系列规划的出台与实施,测绘地理信息事业发展方向、目标和任务更加明确。

　　更名称、强职责,筑牢体制基础。2005 年,中央机构编制委员会办公室批准国家测绘局增设测绘成果管理与应用司(地图管理司),增加了局机关领导职数和人员编制。国务院办公厅2009年印发的国家测绘局新"三定"方案规定,加强了测绘公共服务和应急保障、监督管理地理信息获取与应用等职责,并增设科技与国际合作司。2011年5月,经国务院同意,国家测绘局正式更名为国家测绘地理信息局,开启了测绘地理信息事业发展史上新的篇章,凸显了测绘地理信息在国民经济和社会发展中的重要作用。局所属陕西、黑龙江、四川、海南测绘局相应更名,省级测绘地理信息部门迅速推进机构更名和体制完善,河北、山西、辽宁等17个省级和相当部分市、县测绘主管部门的名称变更为测绘地理信息局或地理信息局,浙江等省级机构还提升了规格,强化了职能,部分地方在增加内设机构和领导干部职数上取得突破。同时,调整优化测绘生产与服务布局,组建了测绘地理信息发展研究中心、重庆测绘院、职业技能鉴定指导中心、卫星测绘地理信息应用中心、国家测绘地理信息产品质量检验测试中心、中国地图出版集团。

谋发展、大投入,夯实财力保障。2009年,国务院出台了《基础测绘条例》,明确规定基础测绘是公益性事业,要求各级政府加强对基础测绘工作的领导,将基础测绘纳入本级国民经济和社会发展规划及年度计划,所需经费列入本级财政预算,基础测绘长期稳定持续增长的投入机制依法确立。中央财政对测绘地理信息工作的投入持续大幅增长,10年来累计投入约92亿元。国家测绘局联合财政部颁布实施了新的《测绘生产成本费用定额》,加强了国家基础测绘项目定额管理,提高了资金使用效益。通过实施边远地区少数民族地区基础测绘专项投入,有力支持了23个边少地区和新疆生产建设兵团多个基础测绘项目。动员全系统力量,扎实推进测绘地理信息援藏援疆工作,为全面提升西藏、新疆测绘地理信息工作水平提供了有力支持。地方测绘地理信息投入也呈爆发式增长,辽宁、黑龙江基础测绘年投入增长了约10倍,四川、内蒙古基础测绘年投入达上亿元规模,江西投入1.56亿元支持测绘地理信息能力建设,全国大多市、县都相应加大了基础测绘的投入力度,为测绘地理信息事业发展提供了坚实的财力保障。

二、创新服务　打造地理信息新平台

2008 年国际金融危机之时,国家测绘局党组不等不靠不要、先想先行先干,出台 8 大举措主动响应国家扩大内需、促进经济平稳较快增长的决策部署,要求全国测绘部门深入贯彻落实科学发展观,加快调整测绘地理信息生产力布局,把项目更多地调到现实需求上来,把建设更好地放到公共服务上来,把产品更快地转到有利于民生上来,把资金更有效地用到扩大内需上来,把工作重心切实落到促进发展上来,继而推出了数字城市、天地图、地理国情监测三大工程建设,全力打造提高城市综合管理水平的服务平台、提高百姓生活质量的服务平台、提高领导决策水平的服务平台,以实际行动担当起测绘地理信息系统应对危机、共克时艰的责任,服务经济社会科学发展。

转方式、调结构,牛鼻子工程花开神州。把数字城市建设作为直接服务经济建设主战场的一项牛鼻子工程来抓,下大力气开展数字城市建设试点与推广工作,各级测绘地理信息行政主管部门和城市人民政府积极响应、精心组织,加快数字城市建设步伐。全国约 270 个地级城市开展了数字城市建设,120 余个数字城市已建成投入使用,80 多个城市出台了数字城市建设应用管理办法,形成了一大批城市新型地理信息成果,已在国土、规划、城管、公安、应急、环保、卫生、房产、工商、水利、气象以及公众服务等 60 多个领域得到广泛应用,在扩大内需、促进经济增长方面起到了明显的带动作用。数字城市有力促进了城市运行管理的科学化、精细化、协同化,成为领导科学决策的重要工具、城市信息化建设的基础平台、产品服务推介宣传的商务平台、提高生活质量的便利帮手和宣传城市的靓丽名片。

抢高点、惠民生,天字号工程大放异彩。举全系统之智之力打造"天字号"工程,建成了中国区域数据资源最权威最详尽、具有自主知识产权的在线地图服务网站——天地图。自 2011 年正式开通以来,天地图受到中央领导的充分肯定和全社会的广泛赞扬,已经成为方便百姓的服务平台、产业发展的基础平台、政府服务的公益平台、国家安全的保障平台。已有216个国家和地区的数亿人次访问天地图,基于天地图地理信息服务资源的各类公益性或商业化应用系统不断涌现,天地图这一民族品牌的知名度和社会影响力不断扩大。天地图省市级节点建设正快速推开,已有25个省级节点和14个市级节点接入天地图主节点。天地图天津滨海数据处理基地和克拉玛依数据中心建设正在积极推进。

谋大局、敢担当,阳光工程顺利起航。科学发展要求辩证求实的科学精神,必须建立在尊重科学、尊重规律、尊重国情的基础上。面对服务生态文明社会建设、催生高效政府和透明行政,地理国情监测这一全新的阳光工程应运而生。国务院批准开展地理国情监测工作,项目立项和总体设计完成。在国家、省、市三级层面开展了地理国情监测试点并形成多批监测成果。6个地理国情监测试点项目通过验收,获得了青藏高原丰富的地理国情信息,陕西、浙江等地发布了矿区地表沉降、海岸线、滩涂和湿地资源等监测成果。福建、山西、陕西等7省将地理国情监测工作列入省"十二五"专项规划内容,天津、河北、辽宁、湖北、青海、海南、重庆、四川等地地理国情监测工作正在积极开展。武汉大学设立了地理国情监测专业。

三、凸显作用　提升保障服务新水平

科学发展,测绘地理信息先行。国家测绘地理信息局(原国家测绘局)党组紧密围绕党和国家中心工作,始终坚持服务大局、服务社会、服务民生的宗旨,主动超前服务,主动保障发展,为科学管理决策、重大战略实施、重大工程建设以及调整经济结构、促进区域协调发展等提供了坚实的测绘地理信息保障。

增意识、勇作为,服务领导决策及时高效。积极支持电子政务建设,为政府科学管理决策提供地理信息辅助支撑,研制开发了政党外交

空间辅助决策系统、全国交通管理信息系统等大量基于基础地理信息的管理系统,精心制作了大量专用地图、领导工作用图,促进了政府科学决策水平的提高。解决了西部 997 个县(市)挂图陈旧或无挂图的问题。完成了全国省级行政区域界线的勘界测绘,为中越、中尼国界谈判提供了有力的测绘支持。《地图见证辉煌——改革开放 30 年》等地图集真实呈现了我国经济社会科学发展的光辉历程和辉煌成就。

快反应、显身手,服务应急救灾快速有力。建立了测绘应急救急快速响应机制并不断完善,实现了天地一体、上下联动、高效保障。在应对非典、汶川地震、玉树地震、舟曲泥石流、南方雨雪冰冻灾害、西南旱灾、伊犁地震、北京特大暴雨灾害等突发事件中,迅速获取、制作和提供地图、影像图,快速建立三维地理信息平台,为了解灾情、指挥决策、抢险救灾和灾后重建提供了及时有效的测绘地理信息保障服务,受到中央领导和国务院应急管理办公室等部门单位、地方党委政府及武警部队的高度肯定。在反恐维稳、国防建设工作中,测绘地理信息保障作用凸显。

广应用、助发展,服务经济建设成效卓著。在三峡工程、南水北调、西气东输、青藏铁路、北京奥运会、国庆 60 周年庆典、上海世博会、土地二调、水利普查等国家和地方重大工程中发挥了重要的先行作用。海岛(礁)测绘工程边建边用,在南海和东海资源勘探、索马里护航、海岛建设规划和维护国家海洋权益方面发挥了积极作用。“一县一图”、“百镇千村测图”、“一村一图”工程服务新农村建设得到好评。

树权威、创特色,服务社会民生广受赞誉。2005 年,胜利完成珠穆朗玛峰高程测量壮举。国务院新闻办公室召开新闻发布会公布珠穆朗玛峰峰顶岩石面海拔高程 8844.43 米,彰显了中国测量珠穆朗玛峰高程的权威性,引起国内外广泛关注;同时,监测得到的各项数据,对于研究珠峰和临近地区的地壳运动变化、地学研究、地震预报、减灾等具有重要意义。根据国务院授权,联合有关部门和地方政府公布了明长城总长度、我国 74 座著名风景名胜山峰高程数据、全国陆地最低点艾丁湖洼地海拔高程等重要地理信息。编制完成全国1∶25万公众版数字地图,全国测绘成果目录服务系统网站开通。在各级测绘地理信息部门门户网站上向社会公开并无偿提供标准地图、特色地图服务,组织编制大量红色地图、新闻地图,得到各方好评。每年编制出版行政区划、教学、旅游、文化创意类等地图、图书约2500种,满足了消费者的多层次需求。

四、激发动力　促进产业发展新繁荣

秉承"政府是企业之父,企业是就业之母"的理念,着眼社会广泛需求,优化地理信息产业发展环境,推进地理信息产业园建设,助力企业发展壮大,推动各方面对地理信息服务的消费,促进地理信息产业做大做强。

造环境、重服务,产业政策逐步完善。积极推动国务院出台有关促进地理信息产业发展的意见。强化了对地理信息企业的指导、协调和服务,实行了适度宽松的市场准入政策,编制了《促进地理信息产业发展"十二五"规划》。随着国家战略性新兴产业发展规划和促进新型服务业态相关政策的陆续出台,地理信息产业发展的政策环境进一步完善。开展地理信息安全处理技术研究,成功解决了制约地理信息产业发展的瓶颈问题,有力推动了基础地理信息社会化应用和产业化发展。中国地理信息系统协会正式更名为中国地理信息产业协会。成功举办了"经纬之光"全国测绘成果成就展、全国地理信息产业峰会和全国地理信息应用成果及地图展览会。

兴企业、壮规模,产业发展高歌猛进。积极发展地理信息新型服务业态,在全球经济复苏乏力、国内面临经济下行风险的情况下,我国地理信息产业逆势上扬,实现强劲增长,产值年均增长率25%以上,2011年实现地理信息产业总产值近1500亿元,地理信息产业相关企业达到2.2万家,产业队伍超过40万人,已有多家地理信息企业在国内外上市,为保增长、扩内需、调结构、促就业发挥了积极作用。导航电子地图等地理信息产品不断创新,互联网地理信息服务、手机地图及各类便携式移动定位服务蓬勃兴起。主流测量仪器全站仪生产数量世界第一,实现历史性突破。地理信息产业的强劲发展创造了大量就业岗位,测绘地理信息类高校毕业生就业率位居全国前列。积极推动测绘地理信息企业参与国际合作与竞争,我国地理信息产品品牌和国际形象逐步树立。

促集聚、造高地,园区建设如火如荼。在北京顺义国门商务区内建设总占地面积约 10 万平方米、建筑面积约 180 万平方米的国家地理信息科技产业园,力争将其打造成为展示我国地理信息产业蓬勃发展的重要窗口、培育国际地理信息优秀企业和知名品牌的摇篮、实施测绘"走出去"战略的前沿阵地和信息化、生态化、国际化的地理信息产业"硅谷"。产业园被科技部认定为北京国家地理信息高新技术产业化基地,已有 40 多家企业(集团)签约入园,首期竣工面积达到 135 万平方米,浙江、湖北、湖南、四川、江苏、山东、广西、云南、山西、陕西等地地理信息产业园区建设正在积极推进,推动地理信息企业向园区集聚、抱团发展,产业集群式发展模式和新型产业高地正在形成。

五、提升能力 实现生产力的新跨越

科学确立"按需测绘、效用优先"基础测绘工作思路,始终坚持"装备决定能力,技术决定水平"理念,大力实施"科技兴测"战略,地理信息获取实时化、处理自动化、服务网络化程度越来越高,测绘地理信息生产力水平大幅提升。

抓项目、严实施,数据资源极大丰富。国家基础测绘设施项目竣工,传统测绘技术体系全面实现了向数字化测绘技术体系的历史性跨越,并向信息化测绘体系迈进。积极推进现代测绘基准体系建设,2000国家重力基本网建成,2000 国家大地坐标系启用,有力促进了测绘基准体系从二维向三维、静态向动态、参心向地心的转变;26 个省(区、市)完成厘米级似大地水准面精化工作,24 个省(区、市)建成卫星定

位连续运行基准站网,并推进测绘基准信息社会化服务。国家西部测图工程全面竣工,首次实现1∶5万基础地理信息对陆地国土的全覆盖,国家1∶5万、1∶25万基础地理信息数据库持续更新,基础地理信息资源整体现势性得到全面加强,基础地理信息数据库建设步入国际先进水平。1∶1万基础地理信息覆盖陆地国土约50%,1∶2000基础地理信息基本覆盖了全国城镇地区,形成的全要素、多尺度、多时态的基础地理信息资源体系。海岛(礁)测绘工程进展顺利,影像获取、测绘基准和长期验潮站建设正在按计划推进,海岛(礁)识别与定位任务、首批测图基本完成,南海测绘基地启动建设。极地测绘成果丰硕,测制了世界上首张南极最高冰盖区1∶5万地形图和覆盖面积达20万平方公里的南极地图。

　　瞄前沿、重创造,装备水平显著提高。高精度民用立体测绘卫星资源三号成功发射,多项技术指标达到或优于国外同类型测绘卫星,开启了我国自主航天测绘的新时代,其影像成功应用到天地图网站、1∶5万数据库更新、海岛(礁)测绘工程和国土、规划、减灾等领域,并赠送给12个国家,对于打破国外产品长期垄断意义重大。资源三号后续卫星以及激光测高卫星、干涉雷达卫星等测绘卫星已列入2011—2020年陆海卫星业务发展规划。应急测绘装备项目纳入国家应急体系建设规划。科学技术部立项支持地理国情监测应用系统、测绘装备国产化及应用示范等7项国家级重点科技项目研究。机载干涉雷达测图系统、地理信息公共平台软件等一批科技成果得到推广应用。在全国研制推广无人机航摄系统100余套、地理信息应急监测车9套,极大地提升了地理信息快速和规模化获取能力以及测绘应急保障服务能力。引进了"像素工厂"影像快速处理系统、倾斜摄影技术等高新技术与设备,极大提升了地理信息数据获取与处理效率。

　　力创新、克难关,科技兴测硕果累累。不断完善测绘地理信息科技管理政策和创新体系,为激励自主创新、规范科技管理营造了良好的政策环境。全国有340多所大专院校、科研机构开设测绘地理信息类专业,国家级重点实验室及工程技术研究中心达到 17 个,形成了以国家级测绘科研机构、高等院校为核心,重点实验室及工程技术中心协调发展、交叉融合的创新组织体系。通过设立测绘科技专项、典型应用项目带动、与重大测绘工程相结合等形式支持开展关键技术攻关,取得了大批重要成果。自主研发的机载合成孔径雷达影像测图系统填补了国内空白,达到国际先进水平。时空数据挖掘关键技术、开放式虚拟地球集成共享平台、遥感监测关键技术等多项成果取得重大突破。形成了自主知识产权的地理信息公共平台和数字城市建设软件。开发了多频多系统高精度定位芯片及板卡,结束了我国高精度卫星导航定位产品"有机无芯"的历史。我国地理信息系统软件自主化水平已达到 70%以上,数字摄影测量软件国产化率达到了 90%以上。10 年来,由国家测绘地理信息局负责推荐的科技成果共获得国家级奖励 16 项,省部级科技进步奖上千项。切实加强测绘地理信息标准化工作,共制修订102 项国家标准、104 项行业标准和一大批地方标准。

六、规范管理　树立彰显部门新形象

坚持管理与服务并重的原则,全面推进测绘地理信息依法行政,切实加强统一监管,测绘地理信息市场秩序进一步规范,有效维护了国家主权、安全和利益,为基层服务、为企业服务的水平进一步提升。

健法制、保安全,法规体系日趋完善。修订后的《测绘法》施行,国务院出台《测绘成果管理条例》《基础测绘条例》《重要地理信息数据审核公布管理规定》《地图审核管理规定》《外国的组织或者个人来华测绘管理暂行办法》《测绘行政处罚程序规定》等部门规章相继实施,《测绘资质管理规定》《测绘地理信息市场信用信息管理暂行办法》《关于加强互联网地图和地理信息服务网站监管的意见》等一系列规范性文件发挥了重要作用。与此同时,各地加快立法步伐。经过 10 年努力,我国已初步形成以《中华人民共和国测绘法》为核心,包括 4 部行政法规、35 部地方性法规、6 部部门规章、近百部地方政府规章以及一

大批规范性文件在内的测绘地理信息法规体系,为测绘地理信息事业发展提供了坚实的法制基础。

优服务、强监管,市场秩序逐步规范。联合多个部门开展了国家版图意识宣传教育、地理信息市场专项整治、"问题地图"专项治理、测绘成果保密检查、测绘成果质量检查、互联网地图和地理信息服务违法违规行为专项检查,加大了对涉外、涉军、涉密、涉证、涉网测绘活动的监管力度。2002年以来,全国各级测绘地理信息行政主管部门共开展各类执法检查27000余次,其中开展重大专项执法行动3600多次,切实维护了地理信息安全,有效规范了测绘地理信息市场。加强测绘资质动态监管,依法批准336家单位互联网地图服务测绘资质。建立行政许可审批大厅,实行行政审批公示制度,优化行政许可程序,缩短审批时间,推行行政许可网上审批,测绘地理信息市场信用体系建设基本建立。

超常规、快建设,创新基地一朝梦圆。在金融危机中抢抓机遇、果断决策,超常运作、规范管理,仅用8个月时间,购置建设成了占地27620平方米、建筑面积7.5万平方米的中国测绘创新基地,达到了信息化、网络化、生态化、现代化的建设要求,显著改善了测绘科研、生产、服务和管理等环境条件,数代测绘人50多年的夙愿得偿。中国测绘创新基地被命名为中央党校教学基地、全国科普教育基地,已接待省部级领导800多人次、社会各界人士数万人参观,成为展示测绘地理信息部门高素质、高科技、高水平的窗口与平台。

七、夯实基础　支撑事业迈上新台阶

构建测绘地理信息强国,班子是关键,人才是根本,宣传是推手,文化是灵魂,合作是动力。认真抓好队伍建设,完善测绘人才队伍结构,强化人才整体素质,为事业发展增添新的活力。弘扬测绘精神,淬炼文化核心,加大宣传力度,扩大测绘地理信息影响。加强部门合作与国际交流,推动测绘地理信息更好地融入世界。

提素质、激活力,人才智力支撑坚实。深入开展保持共产党员先进性教育、学习实践科学发展观和创先争优活动,创建"五型机关",各级党组织的战斗堡垒作用和广大党员的先锋模范作用得到进一步发挥。加强党风廉政建设和反腐败工作,不断健全测绘地理信息惩治和预防腐败体系。制定和实施了全国省级测绘地理信息行政主管部门贯彻落实科学发展观年度测绘工作考评办法,考评工作逐渐成为推进重点工作的"指向标"、提高执行力的"推进器"。创新干部培养选拔机制,加大干部轮岗交流力度,强化了领导班子和干部队伍整体素质与合力。坚持"人才强测"战略,6 名专家当选为中国科学院或中国工程院院士,评选了 7 名国家测绘地理信息领域科技领军人才,每人获得 50 万元经费资助,12 人入选新世纪百千万人才工程国家级人选,以青年学术和技术带头人、科技领军人才和两院院士为主体的测绘科技骨干梯队逐步形成,培养造就了一大批测绘科技人才和全国测绘技术能手。与教育部联合实施卓越工程师培养计划,建立高校与测绘地理信息企业及生产单位联合培养人才的新机制,推动测绘地理信息产学研用相结合。建立了注册测绘师制度,测绘纳入国家职业规划,全国约有 13 万人获得国家职业资格证书。通过测绘学习大讲堂、测绘青年论坛等途径,培养了干部职工积极向上、敬业奉献的精神面貌,增强了队伍的凝聚力,提升了战斗力,为事业发展提供了强有力的人才智力支持。

快干好、广宣传,测绘文化生生不息。认真学习贯彻中共中央关于深化文化体制改革推动社会主义文化大发展大繁荣若干重大问题的决定,大力开展测绘地理信息文化建设,提升发展软实力。在测绘精神的感召下,广大测绘地理信息工作者抢抓机遇、奋发图强,发展淬炼出"快、干、好"的测绘地理信息文化核心,以"快"是测绘人的灵魂、"干"是测绘人的精神、"好"是测绘人的品质引领测绘地理信息事业创造了一个又一个奇迹。深入挖掘测绘地理信息工作的文化内涵和文化特征,创新地图文化,大力发展基于地理信息的文化产品,提升测绘地理信息服务的文化品位。广泛开展了时代精神教育和丰富多彩、形式新颖的群众性文化活动,引导干部职工始终保持与时俱进、开拓创新的精神状态。着力打造文化精品,营造健康向上、和谐文明的文化氛围。加强工青妇组织建设,在维护职工权益、强化民主管理、提高决策水平方面发挥了重要作用。坚持践行宣传也是生产力的理念,构建了全方位、宽领域、多载体的测绘地理信息宣传工作格局,刘先林院士先进事迹、国测一大队先进事迹和"数字城市中国行"等宣传报道在社会上产生强烈反响,测绘地理信息社会影响力全面提升。

推共享、扩开放,交流合作彰显作用。与外交、公安、国土、水利、交通、农业、林业、地震、气象、地质等部门和中国联通等大企业集团间的协调合作机制逐步建立,联系不断紧密,有效推进了地理信息资源共建共享。军地测绘融合机制进一步完善,并取得一定成效。联合商务部加快实施测绘地理信息"走出去"战略,成功举办了第21届国际摄影测量与遥感大会和联合国全球地理信息管理杭州论坛,我国一批专家学者在国际测绘地理信息组织中担任高层职务,中国测绘地理信息的国际影响力显著提高。加强多边、双边国际合作,与世界50多个国家的测绘地理信息部门和单位建立了合作关系,开展了形式多样、内容广泛的国际交流与合作,有力促进了我国测绘地理信息事业发展。

十年勇立潮头,形成测绘地理信息理念;十年惕厉奋发,铸就测绘地理信息魂魄;十年辉煌崛起,作出测绘地理信息贡献。抓班子、带队伍,和谐凝聚、士气高昂,国家测绘地理信息局(原国家测绘局)党组在团结带领全国测绘地理信息干部职工十年奋斗的历程中,也获得了许多宝贵的经验和启示。第一,领导重视是根本。党中央、国务院对测绘地理信息工作高度重视、亲切关怀,为测绘地理信息事业发展指明了方向、明确了目标、优化了环境、创造了机遇。测绘地理信息工作10年来取得的显著成就,是党中央、国务院领导高度重视的结果,是胡锦涛总书记、温家宝总理、李克强副总理等领导同志亲切关怀和指导的结果。第二,科学发展是指针。科学发展观是我国经济社会发展的重要指导方针,必须自觉把科学发展观贯彻落实到测绘地理信息工作的各个方面,坚持统筹兼顾、协调发展,正确认识和妥善处理发展中的重大关系,推进测绘地理信息事业全面协调可持续发展。第三,改革创新是动力。必须坚持解放思想、锐意进取,着力解决阻碍事业发展的深层次问题,抓紧建立和完善与社会主义市场经济体制相适应、富有活力的测绘地理信息工作新体制新机制,以改革创新精神开创事业发展新局面。第四,敢于担当是关键。必须"把党和人民赋予的职责看得比泰山还重",面对测绘地理信息事业跨越发展的机遇和挑战,要敢为人先、敢闯敢试、敢抓敢管、敢于负责,以大视野、大胸襟、大手笔的气魄和经得起历史检验的担当,为测绘地理信息工作助推经济社会科学发展勇挑重担,奋发有为、不辱使命。第五,保障服务是宗旨。必须坚持服务大局、服务社会、服务民生的宗旨,夯实测绘工作基础,大力加强测绘地理信息公共服务,促进地理信息产业发展,不断拓展保障服务领域,提升服务水平,提高服务质量。第六,科技人才是支撑。必须坚持"科技兴测"和"人才强测"战略,大力提升测绘地理信息科技自主创新能力,培养造就一支结构合理、素质优良、作风扎实、善于创新的人才队伍,推动事业全面发展。第七,依法行政是保障。必须立足行业,面向社会,坚持依法行政,加强统一监管,培育统一、公平、竞争、有序的测绘地理信息市场,为测绘地理信息事业科学发展创造有利的市场环境、政策环境和法制环境。第八,文化建设是根基。必须高举中国特色社会主义伟大旗帜,大力弘扬以爱国主义为核心的民族精神,以改革创新为核心的时代精神,以无私奉献为核心的测绘精神,继续强化以"快、干、好"为核心的测绘文化理念,以科学的文化理念启迪思想、凝聚力量、激发活力,用不断繁荣发展的测绘地理信息文化增强队伍的凝聚力、创造力和战斗力。

　　测绘大潮连天涌、地信凯歌撼地来!回首10年,我们豪情万丈;再踏征程,我们斗志昂扬。我们要科学运用10年刻苦攻坚跨越发展给我们带来的成功经验和深刻启示,始终牢记肩负的责任和使命,始终保持昂扬的斗志和激情,再立功勋,再创辉煌,为测绘地理信息事业大发展大繁荣而奋斗不息,以优异成绩迎接党的十八大胜利召开!

第二章　测绘地理信息保障服务

引　言

　　风正潮平,到中流击水。10 年来,国家测绘地理信息局(原国家测绘局)高举科学发展观大旗,面向经济建设主战场,坚持服务大局、服务社会、服务民生的宗旨,着力推进数字城市、天地图、地理国情监测三大平台和地理信息产业建设,创新开展测绘地理信息应急保障和公共服务,测绘地理信息工作在经济社会各领域全面开花硕果飘香。

　　10 年来,在国家测绘地理信息局(原国家测绘局)的大力推动下,数字城市建设在全国各地迅速推广,在强决策、精管理、惠民生、促发展等方面发挥了重要作用;天地图作为中国区域内数据资源最全的地理信息服务网站正式开通,从根本上改变了我国传统地理信息服务方式;地理国情监测这一全新的阳光工程取得重要进展,国务院批准开展地理国情监测工作,试点工作已形成首批监测成果;地理信息产业逆势增长,已经延伸到各行业、各层面,支撑着电子商务、现代物流等新的经济增长点;在汶川地震、玉树地震、舟曲泥石流等自然灾害面前,测绘地理信息部门冲锋在前,为了解灾情、指挥决策、抢险救灾等提供了及时可靠的测绘地理信息保障;围绕区域发展、新农村建设等重大决策实施,南水北调、西气东输等重大工程建设,北京奥运会、上海世博会等重大活动开展,测绘地理信息部门提供了重要的测绘地理信息服务。

　　科学发展,铸测绘辉煌。数字城市是提高城市综合管理水平的服务平台,天地图是提高百姓生活质量的服务平台,地理国情监测是提高领导决策水平的服务平台。三大平台三位一体,各有侧重,相互支撑,互为补充,形成数字中国大平台,成为测绘地理信息部门为经济社会提供保障服务的重要载体,并强力助推地理信息产业获得爆炸式成长。

第一节　数字城市全面开花

城市作为国民经济和社会发展的主体,是现代经济发展的中坚力量。党的十六大报告明确提出:"要逐步提高城镇化水平,坚持大中小城市和小城镇协调发展,走中国特色的城镇化道路。"国家测绘地理信息局(原国家测绘局)响应党中央国务院号召,以科学发展观为引领,着力构建数字中国,把数字城市建设作为服务经济建设主战场的"牛鼻子"工程来抓,大力开展数字城市建设试点与推广工作,重点突破,以点带面,在全国形成遍地开花的大好局面。10 年来,全国 270 余个地级城市开展了数字城市建设,120 余个数字城市已建成投入使用,80多个城市出台了数字城市建设应用管理办法,形成了一大批城市新型地理信息成果,已在国土、规划、城管、公安、应急、环保、卫生、房产、工商、水利、气象以及公众服务等 60 多个领域得到广泛应用,在保增长、扩内需、调结构、促改革、惠民生等方面作出了重要贡献。

一、风正潮平　数字城市应运而生

数字中国是中国信息化的制高点,着力构建数字中国是推动国民经济和社会信息化进程,促进经济又好又快发展的战略选择。数字城市是数字中国的重要组成部分和优先发展内容。城市作为经济社会发展和信息变化最快捷的区域,对测绘地理信息需求也最为迫切。为贯彻落实中央领导同志指示精神,服务经济社会科学发展,国家测绘地理信息局(原国家测绘局)切实履行这一重要职责,着力构建数字中国,全面推进数字城市建设。

（一）科学发展引领

数字中国地理空间框架是地理信息数据及其采集、加工、交换、服务所涉及的政策、法规、标准、技术、设施、机制和人力资源的总称，由基础地理数据体系、目录与交换体系、政策法规与标准体系、组织运行体系和公共服务体系五部分构成。其中，数据体系是核心，也是主要建设内容，应用服务是宗旨，共建共享是关键，组织运行是支撑，政策法规标准是保障。

胡锦涛总书记在2003年召开的中央人口资源环境工作座谈会上，对测绘工作作出重要指示："推进'数字中国'地理空间框架建设，加快信息化测绘体系建设，提高测绘保障服务能力"。温家宝总理也强调："加快国家基础地理信息系统建设，构建数字中国地理空间基础框架。积极促进国民经济和社会信息化，全面提高测绘保障能力和服务水平"。

2006年8月23日，国务院办公厅转发《全国基础测绘中长期规划纲要》，提出到2020年，基本建成数字中国地理空间框架。2007年9月13日，国务院下发了《关于加强测绘工作的意见》，意见要求"紧密结合国民经济和社会信息化需求，在各级基础地理信息数据库的基础上，加强资源整合和数据库完善，为自然资源和地理空间基础信息数据库提供科学、准确、及时的基础地理信息数据；针对地方、部门、行业特色，在电子政务、公共安全、位置服务等方面，分类构建权威的、唯一的和通用的地理信息公共平台，更好地满足政府、企事业单位和社会公众对基础地理信息公共产品服务的迫切需要。使用财政资金建设的基于地理位置的信息系统，应当采用测绘行政主管部门提供的地理信息公共平台"。

2009年至2011年，中共中央政治局常委、国务院副总理李克强多次作出重要批示，明确要求测绘地理信息部门"加强自主创新，着力构建数字中国，加强信息化测绘体系建设，为保持经济平稳较快发展作出新的贡献"。特别是2011年5月23日，李克强副总理在视察中国测绘创新基地时讲话强调:"要推进数字城市建设。今后 20 年,我国城市化率将逐步提高到 60% 以上,城市将成为大多数居民的生活空间。未来的城市管理将逐步实现数字化、'网格化',城市规划、基础设施建设、项目设计以及审批核准等,都需要数字城市的支撑。要加大数字城市推进力度,推动相关成果在政府管理和居民工作生活中广泛应用,提高城市管理和服务水平。"

(二)经济社会急需

当今,城市化步伐越来越快,航天飞机上的宇航员们能够看到 450 个百万人口以上的城市之光。城市是发展最活跃、发展最快速、信息最丰富、资本最集中的区域,也是对地理信息需求最旺盛、更新要求最快、分辨率要求最高的区域。为满足经济社会的迫切需求,国家测绘地理信息局(原国家测绘局)开始全面推进数字城市建设。

加快数字城市建设是推进经济社会信息化的迫切需要。大力推进经济社会信息化,是我国现代化建设的战略性举措。人类社会的各类信息绝大部分与地理空间位置相关,只有基于统一、标准、权威的地理空间载体,才能实现自然、社会、经济、人文、环境等各类信息的集成、整合和共享,才能避免数字孤岛、数字鸿沟。建设数字城市,对于促进信息资源开发利用,避免重复建设,推进城市信息化进程等具有十分重要的作用,也是推进国民经济和社会信息化的重要内容和基础保障。

加快数字城市建设是促进城市管理科学化的客观要求。数字城市为认识物质城市打开了新的视野。在数字城市提供的地理空间载体上叠加其他业务信息,就可以实现对经济、社会和人文信息的空间统计分析和决策支持,使城市管理和服务空间化、精细化、动态化、可视化、真实化,城市管理工作就能够实现对每个地方、每个时段的准确覆盖,实现由部件管理到事件管理、由粗放管理到精确管理、由多头管理到统一管理、由被动管理到主动管理、由事后管理到事前管理。因此,建设数字城市,既有利于整合政府资源,节约行政成本,克服过去管理不到位的弊端,又可以推动管理手段的现代化、决策的科学化,实现精确、快速、高效的城市管理。

　　加快数字城市建设是服务民生的重要举措。数字城市的电子政务服务系统,加强了政务服务提供者与使用者之间的沟通和互动,为城市相关部门通过网络为广大市民和企业服务提供了新的途径。社会公众通过浏览数字城市地图网或地理信息服务网,可以全方位了解城市社会经济发展状况,便捷查询与日常生活密切相关的衣、食、住、行等信息。有关商家也可借助这个平台便捷、实惠、直观地推介商品和服务,提高销售收入。因此,建设数字城市,对于服务民生、提高人们生活质量、建设开放型政府具有积极意义。

二、全力推进　数字城市热潮涌动

　　为了贯彻落实中央领导同志的重要指示精神,提升测绘服务大局、服务社会、服务民生的能力和水平,满足城市对测绘地理信息保障服务的旺盛需求,国家测绘地理信息局(原国家测绘局)党组高度重视数字城市建设,多次专门开会研究部署,在以往工作成果的基础上,加大人力、财力和物力投入,加快构建数字中国地理空间框架的步伐。国家测绘地理信息局(原国家测绘局)党组书记、局长徐德明强调,构建数字中国、数字城市是党中央国务院赋予测绘地理信息部门的重要职责,数字城市建设在国民经济和社会发展中具有举足轻重的作用,测绘地理信息部门要高度重视数字城市建设工作,务必当做"牛鼻子"工程来抓。连续几年来,测绘部门发扬"快、干、好"的优良作风,以最快的速度、最有效的方式建设数字城市,边建设边完善,边应用边提高,在全国上下形成数字城市热潮涌动的大好局面。

　　(一)发挥政策合力

　　国家测绘局和国务院信息化办公室于2006年联合印发了《关于加强数字中国地理空间框架建设与应用服务的指导意见》,要求加快数字中国地理空间框架建设,促进地理信息资源开发、整合、共享和应用,更好地为国民经济和社会信息化服务。2006年,在财政部的大力支持下,国家测绘局启动了数字区域地理空间框架建设示范基础测绘项目。当年开展了第一批试点,四川德阳等 7 个城市成为第一批试点城市;2007 年开展了第二批试点,郑州、佳木斯等 23 个城市成为第二批试点城市。各试点城市热情高涨,积极投入资金,大力加强城市地理信息资源建设。2008 年 4 月,国家测绘局在浙江省嘉兴市召开全国数字城市地理空间框架建设工作会议,明确提出了今后的任务:全面启动和实施国家推广计划,加快框架建设进程,促进地理信息公共平台在更大范围和更深层次上应用。

针对推广工作的部署和要求,国家测绘局起草了《关于加快数字城市地理空间框架建设推广的意见(讨论稿)》。全面推进数字城市地理空间框架建设与应用,促进城市地理信息资源的统筹开发与共享利用,进一步提升测绘地理信息为经济建设主战场服务的能力,成为测绘地理信息部门推动事业科学发展的又一项重要战略举措。

当前,国家测绘地理信息局对数字城市建设的推广应用力度进一步加大,正朝着覆盖广、应用深、效果佳的方向迈进。国家测绘地理信息局将继续对试点城市和推广城市在政策标准、航空摄影、公共平台建设、国家基础测绘成果使用等方面予以支持,全面免费配发平台软件;进一步扩大试点范围,对已建城市在影像数据获取方面给予长期支持,优先考虑配套无人机航摄系统装备;还将开展智慧城市建设研究,编制《智慧城市空间信息云平台建设大纲(试行)》。

（二）强化科技支撑

为了充分发挥科技创新的支撑和引领作用,数字城市建设开展了联合技术攻关,在城市基础地理信息三维数据采集与建模、公共平台数据整合与服务等关键技术上,实现了突破和创新,为试点城市地理空间框架建设和公共平台的稳定运行,提供了可靠的技术保障。

为了保证数字城市建设成果的标准化和权威性,国家测绘地理信息局陆续发布了《数字城市地理空间信息公共平台技术规范》《地理空间框架基本规定》《地理信息公共平台基本规定》《基础地理信息数据库基本规定》《关于加强数字中国地理空间框架建设与应用服务的指导意见》《数字省区地理空间框架建设技术大纲》《数字城市地理空间框架建设试点技术大纲》《国家地理信息公共服务平台技术设计指南》等一系列技术标准和技术大纲,基本形成了数字城市地理空间框架建设的标准体系。

为确保分头建设的数字城市纵向可与数字中国、数字省区、数字县域贯通,横向可与相邻地区相连,专业上可与各种专题信息集成叠加,国家测绘地理信息局(原国家测绘局)制定了近30项国家标准、10余项行业标准,形成了数字城市建设完整的标准体系,并攻克了一系列技术难关,率先在国际上实现了"分布式存储、多节点协同、一站式服务",形成了一批具有我国自主知识产权的软件产品,部分功能和性能指标优于国外同类产品,多项创新成果获得国家奖励。

（三）全国上下联动

数字中国从酝酿提出到热潮涌动,已走过10余年的历程。国家测绘地理信息局(原国家测绘局)高举构建数字中国的大旗,在全国遴选重点城市开展数字城市试点和推广工作,得到了各省级测绘地理信息主管部门和相关城市人民政府的积极响应。同时,国家、省和城市人民政府三级基础地理信息共建共享机制逐步建立。为切实推进数字城市建设,国家测绘地理信息局(原国家测绘局)在政策、标准、总体设计、航空摄影、公共平台建设、国家基础测绘成果使用及系统集成等方面予以支持,并负责组织项目竣工验收;省级测绘地理信息行政主管部门指导项目建设工作,负责项目进度与质量的管理和监督,在基础资料提供、技术设计以及项目组织协调等方面给予支持;城市人民政府负责项目的组织实施,落实项目主要经费,负责项目建设和成果的推广应用,建立地理信息公共平台长效运行机制,对平台进行管理、维护与更新并提供相应的保障。

通过国家、省级测绘地理信息行政主管部门和地方人民政府联动,实现了一次数据获取三方共享的机制,打破了人为的基础地理信息数据尺度上的分割,避免了重复建设,节约了财政资金。实践充分证明,这种模式和机制有利于调动各方的积极性,有利于发挥各方的技术优势、资源优势和管理优势,有利于促进地理信息资源的共建共享。同时,这种模式和机制进一步拉近了测绘地理信息工作与政府、与经济建设的距离,使其基础性作用得到更直接、更充分的体现。

在数字城市建设中,城市人民政府主导、相关部门共同参与,建立健全更新维护与应用推广的长效机制,以地方法规或政府文件的形式确立公共平台的权威性、唯一性和通用性地位,有效带动了地方测绘地理信息管理机构建设和职责落实。截至目前,临沂、郑州、潜江、太原、嘉兴、温州、鄂州、聊城等50多个城市成立了市测绘地理信息局,80多个城市出台了数字城市建设应用管理办法。部分城市如临沂,各区县均加挂了测绘地理信息局的铭牌。

(四)掀起宣传热潮

自2006年以来,我国数字城市建设突飞猛进,各大中央媒体对数字城市的建设进展、应用成效进行持续报道,引起社会广泛关注。2010年,国家测绘局组织了由10家新闻媒体参加的"数字城市中国行"大型宣传报道活动。记者们先后实地采访了山东、江苏、浙江等7个省下辖的7个市以及北京市西城区,历时40多天。《人民日报》、新华社、中央电视台等各大媒体和测绘系统新闻媒体连续在显著位置发表了消息、长篇通讯评论等,累计发稿231篇、25万字、新闻图片95幅,不少政府和社会网站转载了有关报道。此次宣传活动充分展示了数字城市建设的成效和作用,形成了数字城市建设的良好氛围,起到了舆论先行、舆论引路的作用。2011年各大媒体继续关注数字城市建设,《人民日报》、新华社、《北京日报》、新浪网、腾讯网等纷纷刊发文章对数字城市建设情况进行报道,在社会上掀起数字城市建设及应用的热潮。

为进一步拓宽数字城市建设的广度和深度,在中共中央组织部的大力支持下,国家测绘地理信息局(原国家测绘局)连续3年举办"数字城市建设专题研究班",累计培训了近百名城市领导;举办学制3年的数字城市研究生班,为各省市测绘地理信息部门培养研究生层次的高级技术人员 30 多名;在政策、标准、技术、软件等方面陆续开展有针对性的短期技术培训 50 余次,累计为省、市培训技术骨干 3000 多人次。目前,全国范围内已形成了以青年骨干为主体的上万人的数字城市建设技术队伍。

三、中流击水　数字城市渐入佳境

遵循"边建设、边应用"的原则,数字城市建设工作开展以来,国家测绘地理信息局(原国家测绘局)积极履责、主动作为,充分发挥测绘地理信息部门人才队伍、高新科技等优势,全力服务经济建设主战场。在各级政府的大力支持和各级测绘地理信息部门的通力合作下,数字城市建设渐入佳境,在辅助领导决策、丰富信息资源、转变服务方式、推动产业发展等方面取得突破性成就。正如李克强副总理在视察中国测绘创新基地时指出的,"目前我国的数字城市建设有些方面已迈入了世界先进行列,有力地提高了城市管理工作的科学化、精细化水平,提升了政府形象。"

（一）辅助领导决策

测绘地理信息是准确掌握国情国力、提高管理决策水平的重要手段。在数字城市建设中,测绘地理信息工作紧密结合政府工作需要,提供了大量地图与地理信息服务,开发了一系列地理空间辅助管理与决策支持系统,有力地促进了管理和决策的科学化,提高了政府工作效率。目前,数字城市已在推进城市精细管理、高效和低碳运营、优化调整城市产业结构等方面发挥了重要作用,成为转变城市发展方式、促进城市经济社会科学发展的重要保障和依托。数字城市建设以测绘地理信息为基础,使城市管理和服务空间化、精细化、动态化、可视化、真实化。决策者足不出户就能准确掌握城市资源环境状况并作出科学判断,合理配置资源,优化城市发展空间和功能布局。

数字城市搭建了城市地理信息公共平台,为政府和各专业部门提供了信息空间定位、集成交换和互联互通的基础,全面展示了基于空间位置的城市经济、社会、民生各方面信息,使相关城市市委、市政府领导对城市的总体经济运行、发展状况了然于胸,大大提升了城市科学管理的水平。同时,在安全、城管、城建、地震、电力、电信、房产、工商、公安、测绘、公众、规划、国土、海洋、环保、交通、教育、林业、旅游、民政、农业、企业、气象、人防、社区、市政、水利、水务、税务、司法、统计、卫生、文物、应急、园林、招商和港航等领域上千个专业部门,数字城市得到广泛应用,显著提高了政府公共服务、社会管理和应急抢险的科学性与准确性,成为科学决策的重要手段和有力支撑。

(二)丰富信息资源

数字城市是城市信息化建设的基础设施,搭建了统一、权威的地理信息公共平台,避免了重复投入、重复建设。在数字城市统一的地理空间框架基础上,各部门、各单位的资源能够有效共享、整合,有助于破除信息孤岛,促进政务等信息资源高效利用。网络化的城市管理信息系统,打破了城市管理的条块分割,建立了城市管理联动新机制,有效提升了城市信息化管理水平。

2006年来,通过数字城市地理空间框架建设,相关部门对200余个城市20多万平方公里范围进行了高精度、高质量、高分辨率的航空摄影;采集处理了多种比例尺、各种类型、各种时相的海量基础地理信息数据;采集了覆盖各市、能够架起地理信息和社会经济信息联系桥梁的地名地址数据;生产了一大批城市重点区域的精细三维模型;采集了一批城市实景影像和全景影像;建成了一批规范、完整的基础地理信息数据库群。数字城市建设的全面推进,极大地丰富了市县地理信息数据资源,不仅从根本上扭转了城市建设管理与信息化建设中地理信息资源匮乏的问题,也为数字省区、数字中国的建设夯实了坚实的数据基础。

(三)转变服务方式

数字城市的出现,将客观世界中的物质城市转化为数字世界中的虚拟城市,立体的、三维的、直观的显示效果改变了人们认知城市的视角和方式。人们可以从空中俯瞰整座城市,楼宇、建筑、道路、绿地等一览无余;还可以漫步在虚拟的街道上、公园中,感受信息化生活的新体验。如徐州市通过数字城市这个平台,展示了徐州优美、靓丽的新形象以及现代、开放的新理念,吸引了大批知名企业进驻、投资,收到以往传统招商难以达到的效果。数字城市已成为城市对外宣传和展示风貌的有效窗口。

数字城市建设的地理信息公共平台为其他专题信息的空间定位、有机集成和综合分析奠定了基础,实现了对经济、社会和人文信息的空间统计分析和决策支持。在数字城市的支持下,城市管理工作能够准确覆盖每个地方、每个时段,实现由部件管理到事件管理、由粗放管理到精确管理、由多头管理到统一管理、由被动管理到主动管理的转变,从而精确、快速、高效地开展城市管理,大大提高管理效率和水平。

数字城市建设直接服务民生,方便群众生活。人们通过数字城市这个平台,足不出户就可以详细了解各个城市的风土人情、餐饮食宿、购物娱乐、旅游景点等信息,也可以对旅行行程进行合理规划;通过登录各部门网站,可以从不同角度、全方位地了解城市经济社会发展和城市建设的情况,分享数字城市带来的便捷与高效、时尚与快乐。

（四）推动产业发展

数字城市正在悄悄改变人们的生活,不断提高人们的生活质量。数字社区、数字医疗等系统,便利了人们日常生活;数字公交系统实现了智能化调度,为广大市民提供了安全、便捷的公交出行服务;网上房地产信息系统,方便了人们购房置业;旅游地理信息系统使游客直观方便地了解城市风土人情,最大限度挖掘旅游资源的潜力。正如社会评价的那样——"数字城市让生活更美好!"

企业依托地理信息公共平台,便捷、实惠、直观地推介商品和服务,提高知名度和影响力,增加销售收入;借助数字地图和地理信息技术,企业还能进行新店选址、日常经营和管理分析、消费行为分析、物流跟踪和规划等,从而拓展商业发展空间,提高经营活动效率,促进企业良性发展。

数字城市建设的重要性深入人心,数字城市建设的效益逐步彰显。目前,国家、省、市财政投入的数字城市建设资金逐步增加,带动了影像获取、软件开发、系统集成、软硬件设备等领域的众多企业积极参与建设,拉动投资约 100 亿元,吸引了世界银行贷款、战略投资基金等不同形式资金的进入,形成了地理信息系统(GIS)产业链,培育了新型的地理信息产业市场,极大地提高了地理信息产业市场规模,推动了产业加快发展。

四、广泛应用　数字城市硕果飘香

10 年来,在党中央、国务院的高度重视和正确领导下,测绘地理信息部门扎实推进数字城市建设,由点到面,逐渐铺开,数字城市建设成果的社会化应用全面推进,在国民经济和社会发展的各个领域生根开花,为推动经济社会又好又快发展、促进社会和谐稳定发挥出重要作用。

(一)服务防灾减灾

四川汶川特大地震发生后,测绘地理信息部门每天 24 小时不间断地为抗震救灾提供测绘成果,全力服务抗震救灾,累计向中央办公厅、国务院办公厅、武警部队等 100 多个部门和单位提供地图 5.3 万张、基础地理信息数据 12 万亿字节(TB),为了解灾情、决策指挥、空投空降、抢险救灾等提供了强有力的支持。按照温家宝总理批示,及时向社会公布了灾区地形变化监测结果,社会反响良好。测绘地理信息部门在保障服务中实现大提速、高效率,得益于多年来对数字城市建设的不懈努力,初具规模的数字中国地理空间基础框架为快速应急服务打下了坚实的数据基础,提供了过硬的技术支撑。

2008 年 8 月 30 日 16 时 30 分,四川省攀枝花市境内突然发生 6.1 级地震。得益于数字攀枝花地理空间基础框架建设,攀枝花市有关部门仅用几分钟的时间就提供出全市建筑物数量、分布等相关数据,随后又及时整理出反映受灾范围、受灾程度等信息的资料,为灾情评估分析和后期灾后重建规划提供了地理空间数据集成展示和分析平台,为市委、市政府采取迅速有效的抗震救灾对策发挥了重要作用。

（二）服务国土监管

在山东省临沂市,依托地理信息公共平台建立的国土资源数字执法信息系统,使土地监察工作状况得到改观,为土地违法案件早发现、早报告、早制止、早查处等提供了一个高效、便捷、权威的平台。外业监察员利用全球移动定位系统（GPS）,实时采集违法用地的地理位置,运用无线通信的方式,将采集的坐标点位传输到业务中心服务器,在5至10秒内就可以获知用地信息。违法用地的地理位置在执法信息系统中得以实时标注和显示,以直观的方式实现了国土资源的动态监测和管理。

江苏省徐州市国土资源局以地理空间信息管理服务平台为空间定位基础,实现土地调查成果、遥感、航摄影像、基本农田以及基础地理信息等多源信息的整合,并与国土资源的计划、审批、供应、补充、开发、执法等行政监管系统叠加,构建统一的综合监管平台,从而达到在土地资源开发利用中"天上看、网上管、地上查",实现了土地资源动态监管的目标。作为数字徐州地理空间框架的应用示范项目,徐州市国土资源全过程管理系统及地理信息系统（GIS）支撑下的新版国土资源电子政务系统业已研发完毕,其在实施耕地保护、规范土地市场秩序、全面提高国土资源科学管理和服务水平以及切实推行依法行政与执政为民等方面,将会提供强有力的技术支撑和信息保障。

（三）服务环境治理

山西省太原市是个能源和重工业城市,下大力气整治环境污染,特别是将数字太原地理空间信息公共平台应用在大气环保质量监测中,成效明显。通过地理空间信息公共平台,有关部门对重点企业设置了133个监测点,安装摄像头,对重点污染源实施实时监控;从空中实行远程视频监控,监控大气污染和非法排污。目前,太原全市100多家排污企业全部纳入在线监测,摄像头通过光纤接到监控中心,工作人员可以随时掌握重点企业的排污数据,发现问题立即进行处理。在平台上,全市污水排放量、流向、污水处理厂的分布情况及处理污水能力、有多少污水得不到处理等信息一目了然,还可综合处理加以统计分析,做出污染扩散模型,为领导决策提供依据。此外,太原市环保部门还对100多辆环保执法车进行了卫星定位,并利用平台信息编制了危险物品分布图、水系结构分布图、重点企业分布图等100张专题地图,同时依托平台建立应急指挥系统,进一步提高环境监测的效能。

陕西省西安市环保部门基于数字西安地理空间框架,建设了西安环境在线监测系统,对重点污染源、大气、污水、噪声等实施在线监测,促进了环境管理与决策水平的提高。西安环境在线监测系统于2009年二季度建成并投入运行。在这个平台上,水源地、河流断面、大气质量、道路噪声、区域噪声、重点污染企业、河道排污口等多项管理监测内容集中整合,并可根据业务工作要求对各类历史数据、实时数据进行显示、处理和统计分析,使环保部门工作效率和工作质量得到提升。在地理空间平台上建立的污染源数据库,对60多家重点污染企业实时在线监控,执法人员根据系统报警信息,及时发现企业排污超标情况,迅速确定排污企业位置,合理安排现场执法检查,提高了环境现场执法的针对性和时效性。在地理空间平台上,配合环境监测采集系统可以实现对区域内大气环境的动态监测,及时发现大气环境的变化趋势和发展趋势。

(四)服务城市规划

在浙江省嘉兴市的数字城市共享平台上,通过城区三维电子沙盘,人们可以从任意角度观察规划方案的立体效果,直观了解容积率、绿化率与光照分析等规划指标。嘉兴市城乡建设高速发展,高速城市化的同时,急需实现科学发展,而数字城市建设恰恰为此提供了有力的支撑。

　　湖北省潜江市利用数字城市成果完善了城市功能、改善了城市景观。当地规划部门利用数字城市建设的最新测绘成果启动了市域内三个开发区、工业园区总规划和详细规划编制工作,做到了数字化测绘成果随时用、随时提供。为加快城市基础设施建设,潜江市在数字城市空间平台上完成了城市道路和污水管网的规划与施工设计,完成城南河、百里长渠景观改造,使城市面貌焕然一新。

　　广东省惠州市在开展旧城镇、旧厂房、旧村庄改造工作中,基于数字惠州地理空间框架快速建立了三旧改造管理信息系统,实现了地理空间框架对惠州市三旧改造管理的深层次应用和决策支持,提升了政府综合管理与决策效能。用户以网页方式登录三旧改造管理系统门户后,根据授权模块提供的数据使用权限和功能权限,可以调用空间框架中的公共管理基础地理信息数据库、三旧改造专题数据库及其他相关专题数据库,对感兴趣的区域进行图层叠加、空间分析、三维浏览、街景浏览、查询统计等操作,以及完成项目管理、辅助决策分析、业务协同办公、项目全程监管和信息发布等活动。

　　(五)服务城市管理

　　基于数字城市地理空间平台的城市管理系统能够有效整合分散的城市管理力量,有利于实施统一的协同联动,实现对城市的信息化、实时化管理,为城市高效管理提供高新技术支撑。

　　北京市西城区在2009年国庆之际,基于数字西城地理信息公共平台,搭建了西城区国庆综合保障指挥决策系统,实现了地理信息和国庆安保专题信息的有效结合,达到了实时监测、决策支持、指挥调度的应用目的。系统通过地理信息技术、数字视频技术的综合运用,实现了对西长安街沿线周边重点区域重要目标的主要指标数据、现场动态视频和应急预案的展现,实现了对这些重要目标的全天候监控和预警,并通过监控图像的排序和轮动功能,实现了阅兵路线沿途视频的自动切换。西城区安保工作以"国庆平安行动"为依托整体推进,坚持超常规组织、高标准落实,构建起了多层次、全方位、无缝隙的防控网络,圆满实现了"平安国庆"的目标。

山东省临沂市基于数字城市公共服务平台,建成公安警务地理信息系统,将空间位置信息与警务要素信息有机集成在一起,大大提高了快速反应能力。公安警务地理信息系统主要实现了七项功能:一是报警定位,指挥中心工作人员接到报警,可以根据报警电话在电子地图上准确定位报警人所在的具体位置;二是警力定位,各刑警中队、警务区所在位置、巡逻车辆警力所在位置都能在电子地图上准确显示并且能实现实时通话、调度;三是实时监控,系统实现了视频链接,坐在指挥中心就可以实时查看案件现场状况;四是布控抓捕,系统实现了报警定位、警力定位和现场实时监控,为快速反应和制订抓捕行动方案争取了时间;五是交通指挥,系统实时显示市区交通状况和各个交警中队、警务工作站的地理位置及其属性,显示 122 报警人在临沂市范围内高速公路路段内的具体位置;六是社会治安辅助应用,显示重点场所、娱乐场所的具体位置及其属性,显示重点人口的家庭住址、人口信息等情况,显示全市派出所的地理位置;七是人口管理,和户政实有人口数据库链接,显示各个小区、家属院、居民楼的人口情况。

(六)服务卫生监控

湖北是我国血吸虫病疫情最严重的省份之一,许多疫情指标居全国之首。中央领导到湖北视察时多次提到:"湖北有两件天大的事,一是防汛,二是血防。"潜江又是湖北 12 个血吸虫病重疫区县之一。近两年,潜江借助数字潜江地理空间信息公共平台,防治处理血吸虫病,成效非常明显。潜江全市共 334 个村,2006 年疫区村就有 299 个,占全市总村数的 89.52%。借助地理空间信息公共平台,可以看到往年的疫区分布情况,如果综合几年的数据进行分析,就可以直观地判断出血吸虫病的发展趋势,制定下一步治理措施。如通过 2006 年、2007 年两年统计数据的集成,来分析确定 2008 年的重点防治区域。两年的数据一比对,系统自动显示出各类区域的疫情变化情况,可以看到,2006年是重度疫区的浩口镇疫情已减轻,变成中度疫区,即黄色区域;2006

年是疫区的杨市街道、周矶街道、熊口农场等已变成非疫区,即绿色区域;2006 年属于非疫区的张家湖地区变成了重度疫区,即红色区域,这将是重点防治区域。放大地图,可以看到,张家湖地区的水面覆盖率极高,包括了河流、干渠、支渠以及大面积的水田,为血吸虫病的传播提供了条件。在准确分析了该地的地理情况后,卫生局制订了控制方案,在该区域内的 24 个点共投放灭螺药物氯硝柳胺 3 吨。自 2008 年 2 月份以来,该地区的疫情已得到有效控制,未上报一例新增患者。通过这个系统,在传染病防疫时,当地卫生局可以随时获得相关的农场、学校、企业等信息,快速制定出处理预案。以前收集资料就要花费 3 至 5 天的时间,而通过地理空间公共平台,不超过 5 分钟,就能够获取所需的数据,准确地标示疫情点、快速地划定防疫范围。

（七）服务社会生活

数字城市建设的各项成果逐渐渗入社会生活的方方面面,使人们沐浴在信息化的春风之中。

黑龙江省齐齐哈尔市通过数字城市地理信息公众服务平台,满足了社会公众对地理信息的基本需求。"中国·齐齐哈尔"门户网站是齐齐哈尔市对外宣传服务的主要窗口之一。通过该网站公交线路、旅游景点、宾馆等文字图片信息与地理信息公众服务平台地理空间信息的链接与集成,提高了市政府门户网站对外服务的质量和效果。全国第十一届冬季运动会在齐齐哈尔市召开期间,通过将冬运会官方网站中的比赛场馆、食宿场所等文字图片信息与地理信息公众服务平台地理信息有机集成应用,达到了直观生动、方便快捷的服务效果。

山东省临沂市建成数字临沂地理信息网,以实景临沂的模式,采用影像、图片、三维模型、动画等形式,将临沂市的各类标志性建筑、商业街、热销楼盘、宾馆酒店、大型商场超市、公园等生动地呈现出来,给人以身临其境的感觉。临沂地理信息网的建成为市民的衣、食、住、行提供了方便、实用、快捷、高效的基础信息服务平台。

第二节　天地图横空出世

天地图是国家测绘地理信息局(原国家测绘局)主导建设的国家地理信息公共服务平台的公众版,是中国区域内基础地理信息数据资源最全的中国自主互联网地图服务网站,可以向社会公众提供权威、可信、统一的在线地理信息服务。天地图集成了海量的地理信息资源,主要包括全球范围的1:100万矢量地形数据、250米分辨率卫星遥感影像,全国范围的1:25万公众版地图数据、导航电子地图数据、15米分辨率卫星遥感影像、2.5米分辨率卫星遥感影像、全国300多个城市0.5米分辨率卫星遥感影像。天地图中我国范围内的数据尤为详尽,覆盖范围从宏观的中国全境到微观的县市乃至乡镇、村庄,数据内容包括不同详细程度的交通、水系、境界、政区、居民地等矢量数据和不同分辨率的遥感影像数据等。自2010年10月开通以来,天地图影响越来越大,应用越来越广,已成为我国互联网地理信息服务具有影响力的民族品牌。

一、顺应潮流　天地图快速建成

地理信息资源是国民经济和社会信息化的重要内容。随着我国信息化建设的加快推进,物联网、数字中国、智慧地球迅速发展,经济社会的各个领域、各个方面对统一、标准、权威地理信息资源的需求越来越旺盛、越来越迫切。党中央、国务院非常重视地理信息资源的开发利用。李克强副总理特别强调,基础地理信息是全社会的宝贵财富,要求测绘地理信息部门加快构建数字中国,建设地理信息公共服务平台。

国家测绘地理信息局(原国家测绘局)认真贯彻落实中央领导指示精神,结合深入学习实践科学发展观活动,及时作出了建设国家地理信息公共服务平台的重要战略决策,并于2009年正式启动了国家地理信息公共服务平台(以下简称"平台")规划建设工作。平台建设目标是打造纵向连通全国测绘行业、横向联结相关部门的全国地理信息服务"一个平台",为各类用户提供"一站式"在线地理信息服务。平台针对不同的用户群体分为公众版、涉密版、政务版3个版本。

2010年年初,国家测绘局启动了平台公众版——天地图的建设,并作为"天字号"工程予以重点推进。2010年6月,基本建成了天地图,并完成了网站备案,通过了地图审核。2010年7月,国家测绘局、公安部、国家安全部、国家保密局、解放军保密委员会办公室、总参谋部二部、总参谋部三部、总参谋部测绘局、武警总部司令部9部门对天地图进行了安全会商,认为天地图符合国家有关规定,整体性能优良,已具备开通运行条件。2010年9月21日,经国家测绘局、公安部、国家安全部、国家保密局、总参谋部二部、总参谋部三部、武警总部、总参谋部测绘局8部门会签,国土资源部向国务院上报了《国土资源部关于报送国家地理信息公共服务平台公众版有关情况的报告》(国土资发〔2010〕154号)。2010年10月21日,天地图测试版上线试运行。2011年1月18日,国务院新闻办举行新闻发布会,国家测绘局宣布天地图正式版上线,并回答记者有关提问。

天地图建设工作量巨大,技术含量高,涉及范围广,建成这样的大型网站,有人估算,按正常进度最少需要10年。天地图从启动建设到正式开通,只用了短短不到10个月的时间,靠的是测绘地理信息人科学决策、超常运作的过人胆识,靠的是国土资源部、公安部、国家安全部、国家保密局、总参谋部二部、总参谋部三部、武警总部、总参谋部测绘局等有关部门和单位的鼎力相助,靠的是测绘地理信息全系统、全行业上下齐心、团结一致的高度凝聚力和战斗力,靠的是测绘地理信息科技工作者致力于发展民族品牌、立足自主创新的爱国情怀和拼搏精神。天地图的成功打造,有利于加快我国地理信息核心技术的自主创新,解决地理信息资源共享困难、开发利用难度大等问题,加快推动我国信息化建设;有利于降低公众对国外地理信息服务网站的依赖,对于维护国家安全和利益至关重要;有利于通过地图声明我国领土主权,引导公众使用标准的国家版图数据,对于维护我国领土完整意义重大。

天地图建设汇集了测绘行业的技术力量,按照"政府主导、整合资源、市场运作、企业经营、增值服务"的原则,由国家测绘地理信息局(原国家测绘局)组织领导,国家基础地理信息中心组织实施,国信司南(北京)地理信息技术有限公司、武大吉奥信息技术有限公司、北京东方道迩信息技术有限责任公司、北京四维图新科技股份有限公司、北京天目创新科技有限公司、四维航空遥感有限公司、北京吉威数源信息技术有限公司等企业参与建设,有效整合了来自国家测绘地理信息部门和相关企业的平台建设技术力量和丰富的地理信息资源。

天地图汲取了国内外先进技术理念,全部采用具有自主知识产权的软件产品,构建了包括在线地理信息服务、二次开发接口在内的服务系统,很好地解决了地理信息资源开发利用中技术难度大、建设成本高、动态更新难等突出问题,是一个高起点、高科技的地理信息服务平台,为测绘地理信息事业加快发展提供了广阔的空间。在设计思路上,天地图把全国地理信息资源整合为逻辑上集中、物理上分散的一体化数据体系,实现了测绘地信部门从离线提供地图、数据到在线提供信息服务的根本性改变。在保密处理方面,天地图按照国家关于测绘成果保密管理的有关规定,妥善解决了测绘成果保密与应用之间的矛盾。在技术实现上,天地图采用了集成创新的模式,利用具有我国自有知识产权的软件产品,在短时间内实现了全国多尺度、多类型地理信息资源的综合利用和在线服务。天地图不仅可以满足社会公众对地理信息日益增长的需求,丰富百姓日常生活,更预示了我国地理信息公共服务能力和水平的显著提升,彰显了测绘技术及地理信息资源在社会民生中的广泛应用,展现了地理信息产业的快速健康发展,有力地推动了国民经济发展和社会信息化进程。

二、备受关注　天地图影响深远

自 2010 年 10 月上线以来,天地图备受社会各界的关注,国内外主流新闻媒体对天地图进行了大量报道。舆论普遍认为,天地图的建设,意味着中国正在为掌握互联网地理信息服务的主导权迈出重要步伐,必将对我国互联网地图服务格局产生深远影响。

（一）中央领导重视

2011年6月1日,胡锦涛总书记在湖北考察时,专门观看了天地图的演示。2010年10月,天地图刚刚开通,温家宝总理、中央政治局常委李长春同志就分别在武汉观看了天地图的演示,并给予了高度评价。2011年5月23日,李克强副总理到中国测绘创新基地视察时,观看了天地图的演示,并指出:天地图既是政府服务的公益性平台、产业发展的基础平台,又是方便群众的服务平台、国家安全的保障平台,是抢占国际竞争制高点的重要方面,甚至是突破口。李克强副总理还站在全国工作大局的战略高度,对做大做强天地图作出重要指示,提出明确要求。

（二）媒体大量报道

天地图开通后,《人民日报》、《光明日报》、《中国日报》、中央电视台、中央人民广播电台、新华网等国内主流新闻媒体进行了报道。2011年1月18日,中国网、中国政府网直播了天地图正式版上线新闻发布会。媒体报道主要集中在天地图的意义、功能、特点等方面,认为天地图将成为大众生活的好助手,有利于推动地理信息产业发展、促进地理信息公共服务。有的媒体还对天地图的发展提出了意见和建议。

（三）网民广泛关注

天地图开通以来,许多网民就数据现势性、影像分辨率、软件功能、二次开发等方面提出了意见和建议。有超过20%的网民大力赞扬,认为"这件事做得漂亮,抢占了地理信息服务制高点,树立了中国测绘的一面旗帜","采用具有我国自主技术的服务软件,一定会带动国家相关核心技术的自主创新和快速发展,促进产业繁荣","祝天地图天天在前进,越办越好像名字一样,成为顶天立地的网站"等。有75%的网民提出了意见和建议,希望"多更新,图像再清晰些,倍数再大一些",

"多开发一些与天地图相匹配的应用软件,让天地图适应更广泛的领域"。

(四)境外反响强烈

英国路透社、美国《华尔街日报》、加拿大华人网等境外媒体对天地图进行了报道,认为天地图的诞生标志着我国正式涉足网络卫星地图这一领域,给一直以来在网络世界一家独大的谷歌带来强大的冲击。

三、积极推广 天地图应用广泛

天地图以门户网站和服务接口两种形式提供 24 小时不间断的"一站式"地图服务。门户网站具备二维与三维地图浏览、地名分类搜索定位、距离和面积量算、兴趣点标注、驾车路线规划、中英文地名切换等功能,主要面向公众地理位置查询、出行、旅游、教育学习等方面的需求。服务接口包括 10 类标准服务接口和超过 1000 个应用程序编程接口,所有单位和个人用户都可以利用标准服务接口调用天地图的地理信息服务,并利用编程接口将天地图的服务资源嵌入已有系统中或搭建一个新的应用系统。

各级政府部门、有关单位在建设基于地理位置的政务信息系统或专题应用系统中,可充分利用天地图提供的丰富地理信息资源和开发接口,整合、管理和发布本部门、本单位相关信息,避免地理信息数据重复采集。相关企业可以利用天地图直接构建业务应用系统或进行增值开发,推出更多的社会化地理信息服务产品,满足经济社会各方面的需求。社会公众可以通过天地图获得多尺度、多类型的地理信息,了解地理环境,规划旅游出行,制作个性地图,方便学习和生活。

目前,基于天地图地理信息服务资源的各类公益性、商业化应用系统不断涌现,在1000多个领域得到广泛应用,比较典型的应用案例有:

(一)公共管理类应用

1. 武汉江夏区数字行政决策辅助系统。武汉江夏区政府利用天地图开发了数字行政决策辅助系统,实现了各类政务信息、城管监控信息、舆情信息、规划信息等与地理信息的集成，为政府管理决策提供了强有力的地理信息支撑。

2. 广西大地测量基准成果管理与服务系统。基于天地图的地理信息服务，实现了大地测量基准成果管理、连续运行参考站系统（CORS）用户实时监控等功能，供用户浏览基准站分布等相关信息、上传和下载相关资料、在线坐标转换、后差分解算、大地水准面成果计算和相关信息查询服务。

3. 全国中小学校舍信息管理系统。基于天地图地理信息服务，展示中小学基本情况、校舍排查鉴定情况、中小学校舍安全工程建设进度与建设详细情况，跟踪资金使用情况，监督资金有效合理使用，并实现基于全国、省、地市、县、学校五级用户的中小学校舍安全工程建设可视化过程管理。

4. 广播电视网上直报状态监控和安全监管。利用天地图矢量与影像数据服务，实时跟踪各级行政区统计调查单位和社会影视制作机构的统计信息报送状态，实现了信息报送全过程的可视化管理。天地图结合网址（IP）地理信息库，展示和定位非法用户的登录情况以及登录位置，提供及时的安全提醒和报警，保障系统正常运行、信息安全和有效管理。

5. 全国组织机构代码信息服务平台。采用天地图作为基础底图，对全国组织机构1500多万个（全国95%以上的企业档案信息）企业地址进行位置匹配，并在地图上进行展现，通过检索、查询等展示企业信息。服务平台已部署于全国组织机构代码服务中心及分支机构哈尔滨代码中心。

6. 927工程安全监管系统。采用卫星定位技术和先进的网络技术，基于天地图卫星影像数据服务，提供船舶、人员的导航定位，同时监控中心可以实时监测船舶和人员的位置信息，以实现外出人员、船舶"看得见、能通讯、可计量"，确保船舶和人员的安全。系统已注册海事卫星监控终端80个。

（二）新闻报道类应用

1. 天地图应用于中央电视台《东方时空》栏目。自 2012 年 1 月 19 日中央电视台《东方时空》栏目首次使用天地图以来，已多次通过调用天地图的三维场景、地形晕渲或者遥感影像直观展示新闻事件。目前，中央电视台《东方时空》栏目已经常态化使用天地图制作新闻地图，天地图已经成为《东方时空》栏目报道与位置相关新闻的重要地理信息支撑。

2. 基于天地图的新闻地图。2011 年 7 月 18 日，新疆和田市一公安派出所遭暴徒袭击，新华网、凤凰网在报道此事件时，用天地图标明了事发地点。

（三）位置服务类应用

1. 黑龙江位置服务中心。通过全球定位系统（GPS）采集的车辆位置信息与天地图集成，实现了车辆行驶状况的实时监控，包括车辆位置、行驶轨迹、行驶里程等。

2. 红色地图。"白山黑水红色游"网站将红色旅游景点与天地图的地图及影像服务集成，通过天地图的搜索查询与路径导航等功能，不仅可以为用户提供红色旅游的地理信息服务，也可以让用户领略革命先烈的奋斗足迹。

3. 2011 中国城市规划年会。利用天地图，结合照片等多媒体信息，提供酒店、餐饮、旅游等地理位置信息服务，同时提供路径规划、导航等服务。

（四）信息发布类应用

1. 空气质量监测发布。将空气监测站点测到的空气污染指数信息发布在天地图上，可以实现基于地理位置的空气质量监测及信息发布，并实现空气污染指数地理分布规律分析。

2. 动态灾情地理信息。在民政部国家减灾中心和国家测绘地理信息局门户网站，基于天地图发布每日发生在全国各地的自然灾害信息。用户可方便、快捷地按时间、地域、灾害类型等对灾害信息进行查询与统计,生成各种不同形式的统计图表。

3. 中国证监会网站电子地图系统。该系统调用天地图在线地理信息服务,使用户可以快速检索到监管机构、行业协会、证券经营机构、证券营业部、基金公司、期货公司、上市公司等2000多家机构或公司的具体位置信息和联系方式。

4. 人口普查数据发布系统。将人口数据与天地图的地理信息服务集成,建立模拟数据库,能够实现人口信息的查询检索、地理定位、图表制作等功能。

5. 资源三号卫星数据服务网。该服务使用天地图作为成果目录查询底图,用户可通过天地图查看资源三号卫星数据影像成果的分布与覆盖范围,以及有关数据产品信息等。

四、志存高远　天地图方兴未艾

国家测绘地理信息局把天地图列为"天字号"工程,全力以赴将天地图建成数据覆盖全球、内容丰富翔实、应用方便快捷、服务优质高效的地理信息服务平台,建成国人信赖、国际一流的地图服务网站。

2012年7月20日,国家测绘地理信息局专门印发《关于加强天地图建设与应用工作的通知》,将通过统筹推进天地图各级节点建设、做好天地图运行维护、加强天地图的推广应用、建立健全天地图建设与应用长效机制等措施,进一步推动天地图建设与应用工作。

（一）打造一流的公众服务平台

目前,地理信息服务已经贯穿于国民经济建设和社会发展的各个领域,延伸到人民群众生活衣食住行各个方面。随着调整经济结构、转变发展方式、建设小康社会的深入推进,各方面对地理信息服务的需求日益旺盛。作为测绘地理信息部门提供公共服务的重要载体和平台,服务大局、服务社会、服务民生,是天地图义不容辞的职责和光荣使命。必须通过天地图这一平台的建设,整合资源,完善功能,促进共享,扩大应用,向各级政府及相关业务部门、向公众提供权威、可信、统一的地理信息服务,提供各种地图查询浏览、公益性开发应用服务,从而赢得公众信赖,拓展市场空间,不断增强自身竞争能力,在激烈的市场竞争中形成优势,真正打造出我国互联网地理信息服务优秀民族品牌。

(二)打造一流的产业发展平台

天地图汇集了全国测绘地理信息行业的信息资源和技术力量,突破了地理信息资源开发利用中许多突出的问题。要通过天地图的推出,进一步推动我国地理信息产业核心技术自主创新,带动产业链上游(数据生产)、中游(产品开发)和下游(增值服务)相关技术的发展,推动行业技术进步,并为一大批企业进行地理信息资源的增值服务提供开发环境,不断推出具有特色的各类地理信息应用服务,满足政府、企业、社会大众对地理信息的需求。

(三)打造一流的安全保障平台

近年来,随着空间技术和网络技术的迅速发展,我国地理信息安全监管面临的挑战越来越严峻。对此,国家测绘地理信息局不是被动防御,而是主动出击,果断推出天地图,进一步提高我国地理信息掌控能力。天地图以维护国家安全为第一责任,不仅在建设过程中保持与国家有关部门的合作,而且采用的全部是公开的商业地理信息数据,对用户上传标注功能实行严格的审查制度。要积极推广使用天地图,在满足各方面对地理信息服务需求的同时,降低公众对国外地理信息服务网站的依赖,增强民族自信心,维护国家安全和利益。

(四)打造一流的信息融合平台

天地图是公益性的服务平台,也是信息化的基础平台。天地图在作为我国地理信息公共服务主要运行形态和手段的同时,也要成为国家信息化的重要基础,形成与有关部门共建共享、联动更新、协同服务的地理信息资源共建共享机制。为此,天地图建设必须加强政府主导,突出政府的领导地位,同时需要各级政府部门的财力、物力支持,整合各方的资源。

放眼未来,天地图必将勇立时代发展的潮头,乘势而上,大放异彩。

第三节　地理国情监测顺势起航

地理国情监测,就是综合利用全球导航卫星系统(GNSS)、航空航天遥感技术(RS)、地理信息系统(GIS)等现代测绘技术,综合各时期测绘成果档案,对地形、水系、湿地、冰川、沙漠、道路、城镇等要素进行动态和定量化、空间化的监测,并统计分析其变化量、变化频率、分布特征、地域差异、变化趋势,形成反映各类资源、环境、生态、经济要素的空间分布及其发展变化规律的监测数据、地图图形和研究报告等,从地理空间的角度客观、综合展示国情国力。地理国情监测是准确掌握国情国力的有效途径,美国、欧盟、加拿大、日本等许多发达国家或地区近年来都纷纷开始注重对地理环境的动态监测与趋势分析,并把监测结果与人口、经济、生态环境、资源管理以及发展规划的制定、效益评估相结合,从而寻求可持续的发展道路。我国测绘地理信息部门近年来积极开展地理国情监测,取得了可喜的成绩。

一、积极作为　测绘地信部门不辱使命

（一）中央领导的明确指示

为适应经济社会发展、国防建设和科学管理需要,更好地反映我国各类地理环境要素的分布与关系,党和国家领导人高度重视地理国情监测工作,从战略高度审时度势,对地理国情监测工作作出了一系列重要指示。李克强副总理在对 2010 年全国测绘局长会议的批示中指出"要加强基础测绘和地理国情监测"。2011 年 5 月 23 日,李克强副总理在视察中国测绘创新基地时指出:"地理国情是重要的基本国情,是搞好宏观调控、促进可持续发展的重要决策依据,也是建设责任政府、服务政府的重要支撑。我国正处在工业化、城镇化快速发展时期,也是地表自然和人文地理信息快速变化的时期。如何科学布局工业化、城镇化,如何统筹规划、合理利用国土发展空间,如何有效推进重大工程

建设,地理国情监测至关重要。要充分利用测绘的先进技术、数据资源和人才优势,积极开展地理国情变化监测与统计分析,对重要地理要素进行动态监测,及时发布监测成果和分析报告,为科学发展提供依据"。2011年12月,李克强副总理再次对进一步做好地理国情监测工作作出重要批示,要求"加强数字中国、天地图、监测地理国情三大平台建设,大力促进地理信息产业发展,全力推动测绘地理信息事业再上新台阶"。

(二)科学发展的重要手段

改革开放以来,我国经济社会的快速发展令世人瞩目,但与此同时,耕地减少、资源短缺、环境污染、生态退化、灾害频发、空间结构不合理、城乡和区域发展不协调等问题日益严重,建设资源节约型、环境友好型社会的紧迫性更加突出。多年来,由于技术与认识的局限,我国一直没有全面、综合、系统地开展地理国情监测工作,造成地理国情信息掌握不全面、不及时、不协调、不一致,对政府各部门宏观决策和科学管理带来了很大影响。我国要保持经济社会持续快速健康发展,促进人与自然的和谐,实现经济社会发展与人口、资源、环境的协调,必须以尊重科学和客观规律为前提。地理国情信息涵盖面广、综合性强,不仅能够客观、准确地反映地表特征和地理现象,而且还能够反映地表变化情况及其相互关系,揭示经济社会发展与自然资源环境的内在联系和演变规律。要解决"不均衡、不协调、不可持续"问题,必须要拿全面、科学、准确、权威的地理国情信息作为决策依据。地理国情监测是加快生态文明建设的迫切需要,是促进科学管理决策的迫切需要,是催生阳光透明政府的迫切需要。及时监测和掌握地理国情信息,是制定国家和区域发展战略与发展规划、调整经济结构布局、转变经济发展方式、推动经济社会科学发展的前提,对贯彻落实科学发展观具有重要的现实意义。

(三)历史赋予的重要使命

面对历史的机遇和挑战,国家测绘地理信息局以高度的紧迫感、责任感和使命感,全盘谋划,系统设计,精心安排,大力推动地理国情监测工作的展开。

　　自2009年3月起,国家测绘地理信息局(原国家测绘局)就开展测绘发展战略研究,全面总结测绘发展历史规律,深刻分析国际国内技术发展趋势,准确把握我国经济建设、国防建设、社会建设、生态文明建设等领域对测绘地理信息的需求情况,按照推动测绘转型发展的总体要求,确定"十二五"及今后一段时间测绘地理信息发展总体战略,即:构建数字中国,监测地理国情,发展壮大产业,建设测绘强国。地理国情监测战略思想的确定,意味着我国测绘地理信息在经历了几十年以基本比例尺地形图的生产和提供为主要业务的测绘发展阶段后,进入以"综合地理信息服务"为主要目标的转型发展阶段。

　　地理国情监测是综合地理信息服务的有效表现形式。地理国情监测是现阶段技术发展潮流下测绘地理信息工作的必然方向和趋势,也是提高测绘地理信息服务能力和服务水平的必然要求。确定监测地理国情这一新的测绘未来发展方向,是国家测绘地理信息局着眼于服务大局、服务社会、服务民生,站在科学发展的高度,审时度势,作出的一项战略选择。《中华人民共和国测绘法》对地理国情监测有了明确的阐述,开展地理国情监测是测绘地理信息部门履行《中华人民共和国测绘法》赋予的职责。《国务院关于加强测绘工作的意见》(国发〔2007〕30号)进一步对测绘地理信息部门开展地理国情监测工作提出了明确的要求,"积极开展基础地理信息变化监测和综合分析工作,及时提供地表覆盖、生态环境等方面的变化信息,为加强和改善宏观调控提供科学依据"。国家测绘局更名为国家测绘地理信息局,不仅仅是名称的改变,更是职能的强化、责任的强化,突出、明确了测绘地理信息、监测地理国情的重大意义。2011年9月,国土资源部经会签科技部、国家发展和改革委员会、财政部向国务院上报的《关于国家测绘地理信息局开展地理国情监测的请示》得到了国务院同意实施的批复。批复指出:"由国家测绘地理信息局牵头组织实施地理国情监测工作,所需经费由中央财政和地方财政按承担的工作任务共同分担,并按现行渠道和程序办理。在现有基础测绘成果的基础上,利用先进的测绘技术监测地表变化,开展地理国情监测,将地理信息与经济社会数据进行整合,实现对经济社会发展指标的综合监测和统计分析"。

二、探索创新　地理国情监测稳步推进

(一)健全机构明要求

为加强对全国地理国情监测工作的整体领导,国家测绘地理信息局(原国家测绘局)专门成立地理国情监测领导小组,徐德明局长担任组长,李维森副局长和胥燕婴总工程师为副组长,国土测绘司、规划财务司、地理信息与地图司、科技与国际合作司、中国测绘科学研究院、国家基础地理信息中心、卫星测绘应用中心、中国测绘宣传中心主要负责人为小组成员,在国家测绘地理信息局(原国家测绘局)党组的领导下,负责地理国情监测的组织领导和管理工作,把握政策方向,决策重大事项,协调重大问题。领导小组办公室设在国土测绘司,作为领导小组的日常办事机构,负责项目组织与日常管理工作。同时,领导小组下设总体设计组和组织实施组。总体设计组挂靠在中国测绘科学研究院,组织实施组挂靠在国家基础地理信息中心。从部门职责出发,明确了领导小组各成员和实施单位的职责和任务分工。规划财务司负责地理国情监测专项立项、经费落实,加强财政政策研究;地理信息与地图司负责了解部门需求,加强成果发布、部门合作机制研究和探索;科技与国际合作司负责解决技术难题,加强标准研究,制定普查和监测的标准体系,争取科技部立项;国土测绘司要全面做好组织实施工作,与国家基础地理信息中心充分考虑管理制度、管理办法的制定;中国测绘科学研究院牵头,与国家基础地理信息中心、国家测绘地理信息局(原国家测绘局)卫星测绘应用中心一起认真做好顶层设计。

国家测绘地理信息局(原国家测绘局)在《测绘地理信息发展"十二五"总体规划纲要》《全国基础测绘"十二五"规划》等文件中均将开

展地理国情监测列为重点任务,将"地理国情监测"作为当前及今后一段时间的重点工作,列入"3＋1"重点工作向全国各省级测绘地理信息行政主管部门、各相关单位进行部署。明确要求通过深化现代测绘技术和地理信息资源应用,建立完整、统一和综合的地理国情监测体系,努力实现地理信息获取实时化、处理自动化和服务网络化,促进测绘地理信息工作由静态变为动态、由测绘某一时间点的地表形态变为监测某一时间段的地表变化、由提供测绘成果变为报告监测信息,实现地理国情信息对政府、社会、公众的综合性服务。

为确保全国地理国情监测工作的推进和落实,国家测绘地理信息局(原国家测绘局)积极开展重点工作联系督办,制定《重点工作联系督办方案》,安排局机关司局级领导每人负责督办1至2个省级测绘地理信息行政主管部门,负责指导和督促,针对工作进展情况、存在的问题以及需要协调、解决的困难等研究制定有关工作方案和措施,切实加快推进该项重点工作。

(二)准备充分工作实

为了不断完善地理国情监测的基础理论,国家测绘地理信息局(原国家测绘局)在《中国测绘报》等媒体上开设《监测地理国情大家谈》栏目,组织广大测绘地理信息领域的专家学者展开了大讨论。全国测绘地理信息系统、行业和高校、科研单位的专家、相关单位负责人深入思考,提出了一系列建设性的意见和建议,发表文章几十篇。中国测绘宣传中心等单位在此基础上,对有关材料进行汇编、整理、加工、补充,编辑了《地理国情监测研究与探索》一书。本书成为指导此项工作开展的一部理论总结性著作,对于进一步深入探讨、统一思想、提高认识、扩大宣传,起到了积极的指导作用。国家测绘地理信息局(原国家测绘局)发展研究中心组成课题组,聘请国家发改委经济研究院、地区经济司等部门的专家,对地理国情监测进行专项研究,对已有的工作、已有的观点进行整理分析,并更多地从理论、理念上对地理国情监测的内涵和外延、主要工作内容和应用领域等进行探讨,对与此相关的资源、环境等工作进行调研,形成了《地理国情监测理论与政策问题》研究报告。这些举措,取得了丰富的地理国情监测理论成果,探索出非常宝贵的工作思路。

国家测绘地理信息局积极贯彻落实李克强副总理在视察中国测绘创新基地时的重要指示精神,按照国务院办公厅对《关于国家测绘地理信息局开展地理国情监测的请示》批复要求,及时总结试点项目取得的成果,凝练可行的技术方法、工作流程和工作机制,认真选择监测对象和内容,科学编制《地理国情监测总体设计》和《地理国情监测经费预算》,并经过院士、专家多次论证,于2012年3月正式报财政部申请核批项目经费。同时,积极开展地理国情普查实施方案、技术规范、技术设计的编制,构建普查生产作业技术平台,航空航天遥感影像需求分析和专题数据整合分析等,为全国地理国情信息普查顺利启动奠定了坚实基础。积极组织人员培训,与人力资源和社会保障部联合,于2012年4月在陕西杨凌举办地理国情监测关键技术高级研修班,2012年5月在云南香格里拉举办全国地理国情监测信息技术高级研修班,为地理国情监测开展高层次技术管理人才培训,并进行了相关知识储备。重视装备建设,加大设备投入力度,在全国测绘地理信息系统开展无人飞机航摄系统推广应用等工作,为监测工作提供了装备保障。

(三)目标内容有特色

国家测绘地理信息局(原国家测绘局)从政府各部门实际需求出发,从测绘地理信息资源、技术、人才、装备等方面所具备的基础条件出发,从突出测绘地理信息部门特色出发,从测绘地理信息事业的发展方向出发,对地理国情监测的对象和内容进行了认真梳理和深入研究,既保证工作的延续性、可行性,又突出工作的创新性、战略性,最终确定了地理国情监测目标和任务内容,即充分利用现代测绘高新技术、先进装备和各级各类基础地理信息资源,整合各类经济社会信息,开展全国重要地理国情信息普查,持续进行地理国情监测,形成多样化地理国情信息产品,实现地理国情信息对政府、企业和公众的服务,为国家战略规划制定、空间规划管理、区域政策制定、灾害预警、科学研究和为社会公众服务等提供有力保障。

2012年至2015年，以现有地理信息资源为基础，国家和地方统一开展全国地理国情信息普查，获取地形地貌、植被覆盖、水域、荒漠与裸露地、交通网络、居民地与设施、地理界线等重要地理国情信息，建成时点统一、标准一致的地理国情本底数据库；以全国地理国情信息普查成果为基础，国家和地方同步开展重要地理国情监测，监测地形地貌、地表覆盖和地理实体的变化信息，监测全国主体功能区规划实施，动态掌握各类自然和人文地理要素的变化状况；根据宏观管理、经济社会发展等实际需要，国家和地方从不同层次、不同角度出发，开展针对不同专题的典型地理国情监测；整合地理国情信息本底数据集和重要、典型地理国情监测信息，建立动态更新的、分级分布的地理国情信息综合数据集，建成互联共享的地理国情动态监测信息系统；基于地理国情动态监测信息系统，进行综合统计分析，形成监测报告和多样化地理国情信息产品；基本建成地理国情监测技术体系、指标体系和标准体系，基本具备常态化监测重要与典型地理国情信息的能力，逐步建立地理国情监测工作机制。

2016年至2020年，地理国情监测工作进入业务化运行阶段，提供地理国情信息常态化服务。全国每年实施一次重要地理国情信息变化监测，形成标准一致、格式固定的监测报告和监测产品。根据各级政府及部门的特殊需求，适时开展特定区域或特定专题的典型地理国情监测，形成标准统一、格式灵活的监测报告和多样化监测产品。及时发布地理国情监测报告，服务政府科学管理和决策。进一步完善地理国情监测技术体系、指标体系、标准体系及工作机制，不断提高监测服务能力和水平。

（四）试点试验巧探索

从2011年3月起，国家测绘地理信息局（原国家测绘局）开展了国家、省、市三级地理国情监测试点，进行地理国情监测的分类指标、技术体系、工作机制等前期研究,探索与各业务部门已有成果或与地理国情相关专业信息的衔接和整合,并优先选择与国民经济和社会发展、与国家和人民群众关心关注的热点难点问题密切相关的内容开展监测试点试验。依据技术、人才、数据、工作经验等方面具有一定基础,具有开展地理国情监测的良好环境,监测内容体现生态建设、资源利用等关系经济社会发展的重要要素等条件,选取陕西省、浙江省、重庆市作为省级地理国情监测试点,选取黑龙江省齐齐哈尔市、四川省"5·12"汶川大地震重灾区、辽宁省抚顺市作为市级(区域)地理国情监测试点。

各试点充分利用已有的基础测绘成果,充分利用基础测绘工作中与地理国情监测相关的方面探索出的成功经验,根据区域特色,分阶段稳步扎实推进。各试点分别围绕城镇建设、道路交通、居民地变化、地表覆盖状况、重点开采区地表沉降、渭河流域综合治理、湿地资源、滩涂资源、大陆海岸线长度、全省陆域面积、矿山环境、林业资源等监测内容展开工作,从各自的角度、任务出发,提出具体技术方案和实施方案,认真组织、积极探索,试点工作各有特色,初见成效。具体体现在:一是高度重视,积极行动。试点地区和单位的一把手、主要领导都积极地从本地本单位的角度和任务来思考、来准备,提出具体方案,推进试点工作。二是认真组织,稳步推进。无论是国家级、省级、市级试点都在有序开展,总体技术方案、实施方案抓紧编制,立项工作有序推进。三是善于思考,勇于探索。大家抓住工作的难点和重点,围绕地理国情监测的内容、指标体系、与其他部门的关系等问题进行了比较深入的研究和探索。

(五)部门合作共推进

地理国情信息本身具有跨行业、跨部门、跨学科的特性,测绘地理信息部门开展的地理国情监测内容,不可避免地与相关业务部门在职责范围内实施的监测内容有所重叠。但因不同部门从不同的专业角度、借助不同的技术手段开展监测,其间差异也是明显存在的。处理好与各个部门的关系,取得各个部门的配合和支持,是开展地理国情监测工作的难点。随着试点工作的开展和宣传工作的深入,地理国情监测工作逐渐得到各省级人民政府及部门的高度重视,得到有关部门的积极支持和配合。四川、吉林、陕西、湖北、浙江、甘肃、新疆、山西、福建、山东等地这两年纷纷将开展地理国情监测工作列入本省"十二五"专项规划,并得到了当地省委省政府的批准。其他各省(区、市)也将地理国情监测工作作为"十二五"期间测绘地理信息的重点工作。

为提高各省开展地理国情监测工作的积极性,国家测绘地理信息局(原国家测绘局)先后与福建、陕西、湖南、上海、天津、宁夏、海南、湖北等省(区、市)人民政府签订部省共建合作协议,将地理国情监测工作列入部省共建合作的重要内容,在航空影像、技术支撑、试点示范等方面给予支持。国家测绘地理信息局(原国家测绘局)还积极争取部委支持及合作。地理国情监测工作从立项之初,就得到了国家发展和改革委员会、财政部、科技部、国土资源部等部委的大力支持和帮助。为了保证地理国情监测常态化、业务化运行,国家测绘地理信息局(原国家测绘局)先后申请国家发展和改革委员会、科技部提供装备建设、科技支撑等方面的支持保障。向国家发展和改革委员会提交《现代测绘信息获取和应急保障装备建设项目建议书》,提出了数据获取、数据传输、数据处理、数据管理服务等保障装备建设需求。"地理国情监测应用系统"和"测绘装备国产化及应用示范"两个地理国情监测国家科技支撑项目已获得科技部立项支持。国家测绘地理信息局(原国家测绘局)积极与国土、林业、农业、交通等部门探索合作共建共享机制,推进地理国情信息在各部门业务管理工作上的应用,为各部门开展相关专业普查、调查或监测提供了基础数据。

三、成果丰硕　地理国情监测效果显现

(一)试点工作见成效

在国家测绘地理信息局(原国家测绘局)的正确领导和整体部署下,在各试点单位的高度重视、认真组织下,试点工作已形成部分监测

成果,并在政府决策、部门管理中发挥了重要作用,为全国大规模开展地理国情监测工作提供了借鉴。陕西测绘地理信息局成功监测获取了陕西省基本地理省情信息,以《陕西基本地理省情白皮书(2011)》发布,供社会公众公开使用;以《陕西基本地理省情蓝皮书(2011)》发布了近几年来陕西省10地市城市空间扩展变化、陕北煤田矿区地表沉降和塌陷、退田还林、造林治沙及沙漠湖红碱淖保护治理的现状、陕西境内秦岭北麓开发活动、陕西省尾矿库的地理空间分布等信息。浙江省完成了全省大陆海岸线、陆域面积、滩涂资源动态监测和湿地资源调查量测等。重庆市完成了全市基本地理国情、道路交通监测、城镇建设监测,其成果已被市人民政府和相关部门作为权威数据使用,有效地服务了重庆市城乡规划与建设。四川省结合地震核心灾区经济社会发展需要,完成了核心灾区城镇化进程、地质灾害、植被覆盖、人文经济信息等地理国情监测工作。黑龙江省完成了齐齐哈尔城市地表覆盖信息、扎龙自然保护区重点区域湿地信息监测。中国测绘科学研究院整合并充分利用西部测图工程成果数据,完成了青藏高原区域地形地貌、地表覆盖等重要地理国情信息普查及三江源区生态环境监测、典型冰川进退监测、城市扩展监测。国家基础地理信息中心完成了基础地理信息数据对地理国情监测的适用性分析、基于1:5万基础地理信息数据的重点要素基本地理国情本底数据集构建和基础地理国情重点要素统计分析。各试点在完成具体监测内容的同时,对监测内容与技术指标、技术路线、数据建库、统计分析等进行了研究和探索,取得了可喜的成绩和宝贵的经验。陕西、浙江两试点在工作机制探索方面取得了突破,提供了很好的示范模式,由省政府出面,成立了测绘地理信息部门牵头、各相关业务部门参与的地理国(省)情监测工作领导小组,对于前期整合专业数据、中期分工协作共建、后期监测信息审核发布及应用推广等,都起到很好的促进作用。

(二)示范建设稳推进

根据国家测绘地理信息局(原国家测绘局)构建数字中国、建设天地图、监测地理国情和发展壮大产业这"3+1"重点工作的要求,各地充分发挥自身优势,抓住区域特点,紧密结合政府社会需求,对监测对象和内容、指标体系、分类统计分析、与部门关系等重点和难点问题进行了积极探讨,对技术方法、工艺流程、工作机制等进行了研究,部分地区形成了独具特色的地理国情监测示范应用成果,并提供部门决策、管理使用。天津市充分发挥规划系统的整体优势,积极整合规划、设计、测绘、勘察、地下管网、建筑保护等多方面资源,完成了以城市建设监测、生态环境监测、土地利用监测、地表形变监测、地质市情监测、其他监测等6大类44个专题为监测内容的数据整合和数据整理工作。河北省完成了《利用现代遥感技术开展全省国土资源系统土地执法监察工作》《河北省矿业权实地核查成果开发与应用》《全省范围1:2000数字正射影像图制作》等项目,得到了省政府、省国土资源厅的肯定。上海市组织制定了《上海开展地理市情监测工作方案》,完成土地现状分类调查,利用数字地表模型(DSM)技术完成了浦东康桥地区、漕河泾松江园区、嘉定新城等土地利用监测,完成与上海市民政局合作的上海市行政区域界线监测,成果数据已提供给相关部门用于城市规划管理等工作,部分监测成果已向社会公布;还利用雷达差分干涉测量技术监测地面沉降,分析变化趋势。江西省完成鄱阳湖生态经济区地理区情监测试点初步方案,实施了鄱阳湖南矶山区域旱情监测、修水县黄龙区域泥石流地质灾害监测,形成地质灾害监测图以及相关分析报告并向省政府报告。广东省先后开展了土地利用、违法用地、"三旧"改造地块和矿业权等监测工作,完成全省三旧改造地块和矿业权地理省情调查标图建库工作,其监测成果已向省政府进行专报。贵州省对省内的47个万亩大坝的土地利用情况进行监测,启动了全省地质灾害隐患点航测监测项目,利用无人机获取了41个县、75个重大地质灾害隐患点的影像数据,为防灾救灾奠定了良好的基础。山西省完成了"山西省国土资源生态环境地质灾害遥感动态监测系统"项目,完成"利用机载激光雷达系统采集数字高程模型(DEM)结合地面变形全球定位系统

(GPS)观测网对太原盆地实施沉降监测"项目、"山西省重点城市建设用地遥感监测系统"项目的立项。2008年,黑龙江测绘地理信息局开展了全省重要地理信息统计分析工作。浙江省测绘与地理信息局开展了全省国土面积量算、滩涂资源调查与监测、大陆海岸线修测等多项地理国情监测工作,向公众公告了主要河流长度及流域面积、主要湖泊面积等。重庆市陆续开展了城镇体系遥感监测、主城区内森林资源监测、水体分布遥感监测、交通监测等工作。这些探索和经验是做好地理国情监测工作的宝贵财富。

(三)监测成果作用大

根据经济社会发展的客观需要,我国测绘地理信息部门在重要地理信息数据发布、地理国情信息统计分析、灾害监测、资源生态环境监测、土地利用动态监测、城镇建设管理监测、农林水利监测、地面沉降监测等地理国情监测方面开展了一系列探索,取得了丰硕成果,并在经济社会发展中发挥了重要作用。

——在国家西部大开发、振兴东北老工业基地、促进中部地区崛起、加快东部地区发展、《全国主体功能区规划》等重大战略宏观管理决策和相关政策的研究与制定中,地理国情监测成果提供了重要地理信息与技术支持。

——灾害监测和测绘应急保障是地理国情监测的特例,在2008年汶川大地震、2010年青海玉树地震、2010年甘肃舟曲山洪泥石流灾害、2011年云南盈江地震发生后,测绘地理信息部门快速获取和集成灾后最新影像数据,通过与历史资料进行比对,确定了受灾范围、受灾面积、道路房屋等设施的损毁程度、地形地貌变化情况等,为抢险救灾、灾害评估和灾后重建提供了及时准确的测绘地理信息。测绘地理信息部门通过对汶川地震灾区的52个堰塞湖进行持续监测,为堰塞湖风险评估和应急处置提供了测绘地理信息保障,发挥了重要的监测作用。2011年春、夏季,我国长江中下游地区遭遇严重旱情,国家测绘地理信息局(原国家测绘局)党组认真贯彻落实中央领导同志关于做好地理国情监测的要求,紧急部署、快速行动,指导湖北、湖南、江西、江苏等地测绘地理信息部门,调集测绘无人机赴灾区获取航空影像,组织技术力量加工处理数据,利用灾前灾后遥感影像和地理信息系统技术,及时对旱情进行综合分析研判,向国家有关部门和灾区地方政府提供地理国情信息,服务科学抗旱救灾,取得良好效果。2010年6月,内蒙古、黑龙江大兴安岭林区发生历史罕见的火灾。在扑灭林火战役中,黑龙江测绘局向省委省政府、军区、武警总队提供各类图件50多套,研制了黑龙江省森林防火电子沙盘指挥系统,火场前线测绘人员随时利用无线网络获取卫星拍摄的火场信息,做好火点标绘标注,及时更新电子沙盘指挥系统,为扑火指挥决策提供了保障。2010年6月,贵州省关岭县岗乌镇大寨村发生特大地质灾害。贵州省第三测绘院利用无人机航摄系统,快速获取了清晰的低空航摄遥感影像资料,并在1小时内提供给抢险救灾指挥部,满足了抢险工作的急需。2010年8月,云南怒江傈僳族自治州贡山县突发泥石流灾害。云南省测绘局立即派出无人机航摄应急小分队,拍摄了148张7平方千米0.3米高分辨率影像图,及时、全面、真实地反映了灾情。2006年,重庆遭遇百年一遇的特大干旱。测绘地理信息部门利用旱期前后遥感资料,准确掌握了干旱前后水域的变化信息,为旱情监测、预警提供了重要支撑。

再如在地面沉降监测、资源生态环境监测等方面,北京市开展了北京市东郊沉降地区沉降监测,完成水准测量外业观测约1050公里和浅层地下水的监测,提交了测绘和岩土分析报告,为城市规划建设提供了依据。天津市地质调查研究院组织开展了全市地面沉降调查与监测工作。通过实施地面沉降现状调查,建立市区地面沉降监测网,引进自动化监测和网络传输技术,研发地面沉降监测信息系统等举措,为有效监测地面沉降、综合研究地面沉降机理与发展趋势、提出沉降防控对策作出了贡献。为应对地面沉降对长江三角洲地区的影响,上海、江苏、浙江等地测绘地理信息部门建立了覆盖长江三角洲的地面沉降监测网络,实现了监测数据自动采集、传输。区域地面沉降每年监测1次,中心城市每年至少监测一次,从而为城市规划、建设提供了及时、准确的地面沉降信息,为制定科学的地面沉降防控措施打下了良好的基础。2009年,江苏省测绘地理信息局开发的太湖蓝藻水华遥感动态监测预警系统正式投入使用,为农业、渔业生产、人民生活用水等提供预警信息。甘肃省政府办公厅和省测绘局联合实施了甘肃省退耕还林还草监测应用系统建设项目。该系统实现了精确监测的目标,监测对象是上一年度确定的退耕规划图斑,监测内容包括图斑的上报面积、退耕前作物种类、退耕与否、同一区域重复上报情况、荒山育林误报为退耕还林等情况,促进了退耕还林还草工程信息化管理。

(四)潜在效益日益显

随着"十二五"地理国情监测技术、指标及标准体系的建成,定期常态地理国情信息监测机制的建立,地理国情动态监测与综合信息分析发布系统的完善,"十三五"地理国情监测工作将进入业务化、常态化运行。随着地理国情监测工作的稳步实施,地理国情监测信息不断丰富,全国覆盖、互联共享、功能强大的动态监测系统不断完善,信息共享发布渠道畅通,监测成果广泛应用于政府各部门,辅助决策、日常管理、校正纠偏、监管检验等作用日益显著。而向社会各界公开的地理国情信息,将使测绘地理信息与社会经济建设和老百姓的生活联系更为密切,服务也更为直接。通过开展地理国情监测,全面系统掌握权威、客观、准确的地理国情信息,为制定和实施国家发展战略与规划、优化各类资源配置提供了重要基础,为推进生态环境保护、建设资源集约型和环境友好型社会提供了重要支撑,为制定区域发展政策、加强科学管理和绩效评价、推进责任政府和阳光行政提供了重要依据,为做好灾害应对、维护国家利益、解决重大国际问题提供了重要保障,也为各行业开展相关普查、调查和分析工作提供了重要数据基础。我国系统地开展地理国情监测的时间还不长,但已取得了诸多成果。随着地理国情监测工作的有效开展,其将更好地发挥服务大局、服务社会、服务民生的作用,为推动经济发展方式转变、全面建设小康社会作出更大的贡献。

第四节　测绘地理信息应急保障功绩卓著

测绘地理信息是了解灾情、指挥决策、抢险救灾的科学工具和基础数据。10 年来,测绘地理信息部门建立健全体制机制,不断提升服务能力和水平,测绘地理信息应急保障在重大自然灾害等突发事件处置上的作用日益凸显。尤其是近年来,我国灾害多发频发、灾情严重,在党中央、国务院和各级党委政府的领导下,测绘地理信息部门在灾害发生第一时间启动测绘地理信息应急保障预案,积极响应、紧急行动、超常运作,迅速投入到抗灾救灾应急保障服务中,充分发挥测绘地理信息的技术优势、资源优势、人才优势,受到了各方好评,被誉为"灾区上空的眼睛"。

2011 年 5 月 23 日,中共中央政治局常委、国务院副总理李克强同志视察测绘地理信息工作时指出,"在抗击汶川特大地震、玉树强烈地震、舟曲特大山洪泥石流等重大自然灾害和灾后重建中,测绘部门冲锋在前,第一时间获取和制作灾区影像图,第一时间提供给应急工作使用,为了解灾情、指挥决策、抢险救灾及恢复重建,发挥了不可替代的特殊作用。"2011 年 7 月 20 日,李克强副总理就汶川地震灾后重建测绘地理信息保障工作作出重要批示:"测绘系统开展全程全方位高质量的测绘保障工作,为灾区人民重建家园作出了特有贡献。谨向同志们表示感谢和慰问。"

一、抢险救灾　测绘地理信息大显身手

在党中央、国务院和各级党委政府的领导下,各级测绘地理信息部门和单位增强应急处置能力,主动、积极、高效提供应急保障服务,在重大自然灾害、社会安全、公共卫生事件和日常应急中发挥了重要作用。

（一）为重大自然灾害处置提供有力保障

1. 保障汶川抗震救灾。2008 年 5 月 12 日四川汶川特大地震发生后，测绘地理信息部门全力服务抗震救灾。国家测绘局第一时间启动测绘应急工作机制，实施 24 小时应急值班制度，组织各单位及时提供测绘保障服务。迅速开通基础测绘成果提供绿色通道，5 月 12 日当晚即为党中央、国务院和应急管理办公室提供了大批地图，5 月 13 日以后持续为党中央、国务院、有关部门、灾区政府提供基础测绘成果。紧急调集包括无人机、直升机在内的 9 架飞机，对灾区实施航空摄影，协调国内外多颗遥感卫星不断获取灾区影像，总计获取航摄数据 16.2 万平方千米、卫星遥感数据 242 万平方千米，并日夜加班处理，及时提供有关部门使用。紧急研制灾区三维地理信息应急服务系统、抗震救灾综合服务地理信息平台，为党中央、国务院领导部署指挥抗震救灾和有关部门开展抗震救灾工作提供了测绘技术支撑，为中央电视台抗震救灾新闻报道等提供了保障服务。组织对灾区、青藏高原地区震后地形变化情况进行监测分析，对发电厂、重要建筑物等基础设施以及重点文物、遗址等进行形变监测和安全性分析，对灾区滑坡、崩塌、泥石流、堰塞湖等进行遥感解译和统计分析，建立了灾情监测与评估数据库，协助国土资源、水利、地震等部门开展灾情监测和次生灾害防治等工作。及时赶赴抗震救灾指挥中心现场，为救援部队空降空投实时测算、提供受灾点坐标数据，保障了救援物资和救援人员及时到位，为抢救生命赢得了时间。紧急制作、提供 98 个受灾县的分县影像地图和部分地区的 1∶2.5 万、1∶1 万、1∶5000、1∶2000 影像地形图，并制作了一批公开版灾区地图，通过互联网供社会各界免费下载使用。启动了"突发事件空间定位"系统，在国家减灾委和国家测绘局门户网站及时发布基于空间位置信息的灾情信息。全力服务抗震救灾对口支援工作，主动为对口支援省（区、市）政府提供有关地图和地理信息系统。期间累计向中央办公厅、国务院办公厅、武警部队等 100 多个部门和单位提供专题地图 300 多种、5.3 万张，基础地理信息数据 12 万亿字节（TB）。

随着灾区恢复重建工作的不断深入,乡镇规划及灾区村镇建设,交通、能源、电力、通讯、水利等基础设施建设,工农业生产及社会事业全面恢复等,对测绘成果的需求日益迫切。党中央、国务院在《汶川地震灾后恢复重建总体规划》中,明确要求"加强基础测绘工作,恢复建设测绘基准点,建设地理信息系统"。为此,国家测绘局集全测绘之力、集全测绘精锐之师为灾后恢复重建提供全方位的测绘保障,为顺利实现中央提出的灾后重建"三年任务两年基本完成"奠定了坚实的基础。国家测绘局负责实施中央财政投资3亿多元资金的灾后重建测绘专项工程取得丰硕成果:四川、陕西、甘肃三省全面恢复和建成汶川地震灾区高精度测绘基准体系,完成灾区1∶2000、1∶1万、1∶5万基本比例尺地形图测制,建立灾区基础地理信息数据库以及灾情分析与服务地理信息系统等,为汶川特大地震恢复重建过程中的灾情评估、重建规划、恢复建设等各方面工作提供了全程性、全方位、高质量的测绘保障。汶川特大地震灾后重建测绘保障工程所取得的测绘成果广泛应用于灾区城镇体系规划、农业生产设施建设、城乡住房建设、基础设施和公共服务设施建设、生产力布局和产业调整、防灾减灾和生态修复、自然资源和历史文化遗产保护、土地整理和复垦等灾后重建各项工作中。

2. 保障玉树抗震救灾。2010年4月14日青海玉树强烈地震发生后,国家测绘局组织迅速启动影像快速获取及专用地图紧急测制机制,调集2架高空航摄飞机和5架无人机航摄系统获取灾区航摄影像,利用地震前后航空航天影像,结合已有基础测绘成果,组织生产单位紧急测制了220平方千米1∶2000玉树县域影像图、220幅1∶2000数字正射影像、数字高程模型和影像地图、2000平方千米雷达影像灾害遥感解译图,以及各类抗震救灾专题地图,提供地形图4088张、专题图1315张、专题数据13千兆字节(GB)、基础地理信息数据396千兆字节(GB)、遥感影像图20470张、遥感影像数据6848千兆字节(GB)、应急保障信息系统40套。地方测绘地理信息部门为玉树地震抢险救灾提供灾区各类地图6363套(幅)、基础地理信息数据约1098千兆字节

（GB）。为满足青海玉树灾后重建工作对测绘基准及服务、不同比例尺基础地理信息数据的需求，启动支援青海玉树地震灾后重建测绘保障工程，在1个月的时间里完成灾区9600平方千米0.4米分辨率航空摄影，灾区9600平方千米1∶1万正射影像图（DOM）、数字高程模型（DEM）生产和195幅1∶1万影像地图测制，建立了多尺度的基础地理信息数据库。为科学决策、抢险救灾、灾情评估及基础设施修复与重建等提供了有力支持。

3. 保障甘肃舟曲抢险救灾。2010年8月7日甘肃舟曲特大山洪泥石流地质灾害发生后，国家测绘局紧急启动甘肃舟曲地质灾害测绘应急保障一级响应，及时调用1架高空高效型航摄飞机、3套无人机航摄系统执行灾区应急航空摄影任务，获取到重灾区15平方千米0.15米分辨率灾后航空影像，紧急赶制出1∶1000比例尺灾后高分辨率航空影像地图，并研建、提供了灾区三维地理信息系统，为科学救灾、灾情评估提供了科学依据。组织完成灾区三眼峪沟及罗家峪沟灾后泥石流掩埋堆积量、灾前灾后对比分析等工作，完成覆盖整个县城及周边的灾前灾后各约40平方千米的正射影像图和数字高程模型的制作。累计向国务院办公厅、国务院应急管理办公室、国家防汛抗旱总指挥部、国土资源部以及军队有关部门提供地形图285张、专题图279张、基础地理信息数据278千兆字节（GB）、遥感影像图1520张。

4. 保障云南盈江抗震救灾。2011年3月10日，云南省盈江县发生5.8级地震，国家测绘局高度重视，紧急启动应急测绘保障预案，一方面组织国家基础地理信息中心、中国测绘科学研究院、云南省测绘局等单位，紧急利用已有的基础测绘成果，加工制作灾区震前行政区划图、卫星影像图和地形图，提供给有关部门；另一方面紧急派遣云南省测绘局、北京天下图数据技术有限公司组成无人机应急小分队，连夜奔赴灾区，实施无人机航拍任务，获取第一手监测数据。12日上午，测绘无人机获取的首张盈江县灾区震后全区域高清影像图制作完成。国家测绘局在第一时间将包括这张图在内的第一批盈江地震灾区震前、震后专题地图提供给国务院应急管理办公室、国家减灾委员会、国土资源部、中国地震局、云南省有关部门等,为灾情评估、救援方案制定和灾后重建规划提供了高精度的数据支撑和及时优质的保障服务,受到有关部门的高度赞扬。

5. 保障各地泥石流救灾。2010 年 8 月 18 日凌晨,云南怒江傈僳族自治州贡山独龙族怒族自治县普拉底乡突发泥石流灾害。当晚,云南省测绘局派出无人机航摄应急小分队,连夜驱车赶赴 700 千米外的贡山,首次成功利用无人机对贡山泥石流灾区实施航摄,及时获取了灾区影像,为救灾决策指挥提供了及时的测绘保障。2011 年 6 月,江西省多处出现山体滑坡、泥石流等地质灾害。为直观反映修水泥石流灾害现状,推演灾害变化,辅助领导决策,省测绘应急保障服务中心立即派出无人机小组连夜赶赴灾害发生地执行应急航拍任务,连夜对影像进行处理分析,并与灾害发生前的影像进行对比,泥石流流经区域一目了然,数据提供给有关部门,为地质灾害监测及时提供了测绘保障。2012 年 6 月 28 日,四川凉山彝族自治州宁南县白鹤滩镇遭受局部特大暴雨,导致白鹤滩水电站前期工程施工区矮子沟发生特大山洪泥石流灾害,造成38 人失踪、3 人遇难。四川测绘地理信息局快速反应,以最快速度制作出救灾影像专用图并提供使用。

此外,测绘地理信息部门积极做好应急保障工作,为长江中下游地区连旱、南方洪涝灾害提供了抢险救灾急需的各类测绘成果,为抗击自然灾害、科学救援提供了准确信息、赢得了宝贵时间、减少了灾害损失。

（二）为公共卫生社会安全提供及时保障

2003 年 4 月,我国突发"非典"疫情。测绘工作者立即编制提供"非典"防治专题地图,迅速开发"非典"疫情实时查询检索系统,为防治"非典"建立了辅助指挥决策和快速反应地理信息系统。为卫生部门建立了基于基础地理信息的疫情发布系统,对于疫情分析控制与预警、保护人民群众生命安全、稳定社会治安秩序发挥了重要作用。

在 2008 年西藏"3·14"和2009 年新疆"7·5"严重暴力犯罪事件

中,先后为中央办公厅、国务院办公厅、总参谋部作战部、武警总部、国家安全部等部门提供了西藏、新疆维稳专用数据50千兆字节(GB)及维稳专题地图50幅。

为2009年国庆60周年阅兵庆典活动直播报道开发三维地理信息辅助系统,并派员到中央电视台职守,直接为央视提供现场服务,还研制了阅兵空中梯队三维模拟训练与推演系统并应用于阅兵训练中。

在处置利比亚撤侨事件中,紧急赶制利比亚政区图、重要城市影像图、中方企业和人员分布情况图,及时送至国务院办公厅、国务院应急管理办公室等部门,为撤侨工作的顺利进行提供了有效保障。

在北京奥运会、上海世博会、广州亚运会等重大活动的安保指挥中,快速获取了大量急需的测绘地理信息成果资料等,满足了党中央、国务院、中央有关部门、地方党委政府等多方面工作的需要和社会公众的需求,受到各方好评。

(三)为大量日常应急需要提供重要保障

为国务院应急管理办公室建立应用服务系统,实现了遥感监测信息、地震灾情信息和社会经济信息三维集成可视化与综合分析展现。建立了灾情信息互联网发布机制,在国家测绘地理信息局(原国家测绘局)官方网站发布涉及27种灾害类型的灾情信息5924期。组织开展领导机关用图编制工作,为国务院领导办公室制作了《世界全图》《中国全图》和世界五大洲地图,为领导工作决策提供服务。先后为中央办公厅、中央组织部、国家统计局、国家林业局、国家发展和改革委员会、财政部、总参谋部等党、政、军部门应急需要无偿提供《世界全图》《中国全图》近150幅(套)。为外交部、公安部、水利部、国务院台湾事务办公室、国务院扶贫开发领导小组办公室、武警司令部等部门编制应急工作用图。积极为国家减灾委员会及其成员单位提供基础地理信息数据和技术支持。向民政、公安、安全、交通、林业、水利、气象、地震等部门提供了大量地理信息数据,用于灾害预警、灾情发布、防灾减灾和相关研究工作。

二、打牢基础　测绘应急保障理顺机制

为了加强测绘地理信息应急保障工作,更好地满足应对各类突发事件对测绘地理信息应急保障的需求,测绘地理信息部门加强制度建设,逐步建立和完善应急保障体制机制,为强化应急保障职能,提高应急保障工作水平奠定了良好基础。

（一）制度建设得到加强

测绘地理信息部门不断总结应急保障实践经验,加强测绘应急保障制度建设。国家测绘局于 2007 年年底颁布实施《基础测绘成果应急提供办法》,为应对突发事件申领使用基础测绘成果提供绿色通道,确保在最短时间内完成基础测绘成果应急提供。《办法》指出,基础测绘成果应急提供应遵循时效性、安全性、可靠性、无偿性原则。申请基础测绘成果应急服务,采用简化申请程序的方式办理。基础测绘成果应急提供时,各级测绘行政主管部门可无偿调用所缺的基础测绘成果。被调用方接到调用方加盖本机关印章的书面通知(传真)后,应在 8 小时内(特殊情况不超过 24 小时)准备好相关基础测绘成果,并及时通知调用方领取。测绘成果保管单位应当根据相关批复或者调用通知(情况特别紧急时,可依据相关测绘行政主管部门的电话通知),在最短时间内完成基础测绘成果应急提供,一般提供时限为 8 小时,特殊情况不超过 24 小时。

2009 年国务院颁布的《基础测绘条例》赋予县级以上测绘行政主管部门制定和实施基础测绘应急保障预案、组织开展基础测绘应急保障工作的职责,确立了基础测绘应急保障工作的法律地位。《测绘地理信息发展"十二五"总体规划纲要》将加强应急测绘保障服务能力建设纳入了建设信息化测绘体系的发展规划,为进一步提高应急保障服务能力提供了支撑。

（二）应急机制逐步健全

国家测绘地理信息局(原国家测绘局)认真履行"组织提供测绘应急保障"职责,成立了测绘应急保障领导小组,领导、统筹全国测绘地

理信息应急保障工作,印发了《国家测绘应急保障预案》和应急保障工作流程。各省级测绘地理信息行政主管部门及局属有关单位也成立了测绘应急保障领导和办事机构,制定了本地区本单位的测绘地理信息应急保障预案和工作流程,统筹组织本行政区域突发事件测绘应急保障工作。全国基本建立起分工清晰、责任明确、运转协调、有机联动的测绘地理信息应急保障运行机制。国家测绘地理信息局(原国家测绘局)每年印发通知,对全国测绘地理信息应急保障工作进行统一部署,推动全国测绘地理信息应急保障工作有序开展。各地加强应急保障机构建设和应急演练。江西省成立了测绘应急保障服务中心,四川省成立了测绘应急指挥中心,浙江省组建了应急测绘分院。吉林、新疆等地开展了无人机应急保障演练,四川省开展了整体作战式防汛救灾测绘应急综合演练。机制的逐步完善有力推动了应急保障工作的顺利开展。

三、重点建设　测绘应急能力全面提升

近年来,测绘地理信息部门着力突出重点、确保全面提升,大力加强应急保障队伍建设、努力提升技术装备水平、增强应急资源储备、提高应急反应速度,应急保障服务能力和水平得到很大提升,为提供高效有力的测绘地理信息应急保障服务夯实了基础。

（一）应急人才队伍基本建立

各级测绘地理信息部门和单位抽调精干人员,组织建立了国家级和省级测绘地理信息应急保障队伍,承担全国测绘地理信息应急保障工作。通过开展应急保障管理人员培训和应急演练,增强了测绘地理信息应急保障能力。组织动员测绘地理信息行业单位参与应急保障工作,提高了应急保障队伍的社会参与程度。目前,全国已基本形成了领导有力、协调有序、专兼并存、保障有力的测绘地理信息应急保障队伍体系,为测绘地理信息应急保障工作提供了强有力的支持。据统计,全国测绘地理信息部门2010年度参与防灾减灾的人员合计达6385人。

（二）应急技术装备水平提高

测绘地理信息部门积极推进具有国际先进水平的无地面控制航空摄影、机载合成孔径雷达、应急监测移动平台系统等高新测绘地理信息技术装备在应急保障工作中的运用。各种快速获取、采集、传递灾区现场信息以及数据处理、加工合成、输出打印等现代测绘装备的应用，极大提高了测绘应急保障的质量和效率。

无人机航摄系统是传统航空摄影测量手段的有力补充，具有机动灵活、高效快速、精细准确、作业成本低、适用范围广等特点，在小区域和飞行困难地区高分辨率影像快速获取方面具有明显优势。尤其是在汶川大地震抗震救灾中，无人机体积小巧，机动灵活，不需专用跑道起降，受天气和空域管制的影响较小，通过地面遥控快速采集影像，主要用于局部监测，反映地质灾害情况，为领导迅速了解灾情、科学指挥救灾及灾后重建规划提供了重要依据。2010年，国家测绘局分两批完成全国各省、自治区、直辖市测绘行政主管部门，有关直属单位和新疆生产建设兵团的无人机航摄系统装备工作，并适时举办无人机航摄系统操控与管理培训班。在玉树抗震救灾工作中，测绘地理信息部门调动无人机航摄系统赶赴灾区及时获取航空影像资料，采用了机载合成孔径雷达、遥感影像快速处理系统等高新测绘技术装备，灾后21个小时就制作完成了灾区1∶2000正射影像图，7天就测制完成了重建规划用图，极大地提升了测绘生产力水平。

2012年5月，ZC－A型国家地理信息应急监测系统通过专家验收。这套系统由中国测绘科学研究院中测新图（北京）遥感技术有限责任公司项目组历经1年刻苦攻关研制成功。该系统由国家地理信息应急监测车和地理信息应急指挥中心两部分构成。国家地理信息应急监测车基于车载平台，集应急三维地理信息与任务规划、无人机遥感影像获取、地面视频采集、遥感影像数据快速处理、卫星远程传输、应急运输保障、移动会商等7个子系统为一体，形成了灾区遥感影像快速获取、现场实时处理和输出、即时卫星远程传输和应急指挥的新型车载应急测绘保障服务模式。地理信息应急指挥中心集成了卫星通信地面固定站系统和三维地理信息应急指挥系统。通过卫星通信地面固定站系统,及时接收监测车采集和处理的遥感影像、实时视频影像,为应急指挥中心提供灾区第一手测绘成果。通过三维地理信息应急指挥系统,能实时监控应急监测车的位置,快速集成灾区地理信息,为应急指挥中心领导了解灾情和制定救灾方案提供服务。它技术先进、快速高效、机动灵活,使应急测绘航空遥感数据获取时效由24小时提升到5小时以内,数据现场快速处理效率由20小时提升到3小时以内,实现了现场成果输出、提供使用,并首次集成了卫星远程传输系统,实现了应急测绘数据实时快速远程传输,可为重大自然灾害、社会公共安全等突发事件的处置提供全流程应急测绘保障。目前,多个省、自治区测绘地理信息部门已配备该系统。

2012年5月31日,由陕西省基础地理信息中心开发的测绘应急快速出图地理信息系统项目通过验收。该系统根据应急响应要求和响应效率的不同,分别设计了1小时内调用陕西省公共服务平台地图服务或检索已有数据成果并打印输出、2小时内调用应急图库电子地图图件并打印输出、4小时内完成指定标准比例尺地形图输出、4小时至8小时完成较复杂应急图库电子地图编辑并打印输出等4种出图方式。系统建设完成后,可以在发生应急事件后的第一时间为政府相关部门提供测绘应急图件。该系统与地理信息应急监测车相结合,实现了快速获取现势数据与快速出图,大幅度提升了应急测绘保障能力。

(三)应急保障反应迅速有力

为保障测绘应急反应及时,各项应急工作迅速启动,测绘地理信息部门建立了测绘应急响应机制。一旦发生突发事件,各部门、各单位根据需要迅速启动应急预案和应急响应,各有关部门和单位应急人员及时到岗,实行24小时值班制度。立即开通成果提供绿色通道,积极向有关部门和单位提供已有适用的各类测绘地理信息。根据实际需要和要求,及时开展航空摄影信息获取、实地测绘、数据处理和加工制作,确保快速出图、快速提供。

各级各地测绘地理信息部门和单位不断提升测绘地理信息应急保障水平,积极主动为自然灾害等突发事件提供及时有力的应急保障服务,受到了各级政府、有关部门和社会各界的充分肯定,扩大了测绘地理信息工作的社会影响力,奠定了测绘地理信息应急保障在国家应急保障工作体系中的重要地位,极大彰显了测绘地理信息在国家处理经济社会发展重大问题中的服务保障作用。

测绘地理信息部门积极开展应急测绘资源储备工作,收集整理自然灾害、突发事件高发易发区域的各种地理信息资源,加强部门间的合作和资源共享,建设储备数据库、资料库以及应急地理信息服务平台,测绘应急资源储备不断增强。

第五节　测绘地理信息公共服务广泛深入

党的十六大以来,测绘地理信息部门紧紧围绕党中央、国务院的部署,准确把握科学发展对测绘地理信息公共服务提出的新要求,立足发展、开拓思路、主动服务,公共服务能力和水平不断提高,服务的手段和方式不断改进,为构建和谐社会、促进科学发展提供了重要的基础保障服务。

一、注重创新　测绘公共服务水平全面提升

公共服务是测绘地理信息工作的出发点和落脚点。近年来,测绘地理信息部门进一步增强服务意识,加强制度建设,丰富服务资源,创新服务方式,公共服务能力和水平得到很大提升。

（一）服务制度更加健全

《基础测绘成果提供使用管理暂行办法》《国家涉密基础测绘成果资料提供使用审批程序规定》《基础测绘成果应急提供办法》陆续出台,为规范和促进测绘成果提供使用提供了制度保障。《公开地图内

容表示若干规定》《公开地图内容表示补充规定(试行)》《遥感影像公开使用管理规定》等政策的出台,促进了地图和影像有序公开使用。《重要地理信息审核公布管理规定》推动了公众关注的重要地理信息数据的发布工作。基础地理信息要素细化分层管理制度和保密技术处理制度的完善促进了测绘成果的广泛应用。地图导航定位产品监管和互联网地图服务管理制度保障了地图服务质量,保护了消费者利益。

(二)服务资源更加丰富

全国已建成1∶400万、1∶100万、1∶25万、1∶5万数据库,为更好地服务经济社会发展提供了有力支撑。特别是1∶5万基础地理信息数据库更新工程和西部空白区测图工程的完成,进一步丰富完善了我国基础测绘地理信息资源。1∶5万基础地理信息数据库全面更新了全国80%陆地国土面积的1∶5万基础地理信息数据,更新后的数据库内容更加丰富、信息更加翔实,我国基础地理信息数据库建设水平步入国际先进行列。各地测绘地理信息部门积极开展基础地理信息数据库建设,部分省、自治区、直辖市建成1∶1万基础地理信息数据库,形成了多要素、多尺度、多时态的基础地理信息数据资源,大力提升了基础测绘保障服务能力。

(三)服务方式更加多样

建设全国测绘成果目录服务系统,开通了全国测绘成果目录服务系统网站,为社会各界提供基础地理信息数据查询检索服务。开发公众版地图,满足百姓使用公开测绘成果的需求。开展部门间地理信息共建共享,深化测绘成果推广应用。打造"国家动态地图网"、"减灾地理信息网"等国家公益性地理信息服务门户网站,为公众提供权威、标准的公益性地理信息服务。启动国家地理信息公共服务平台建设,建成天地图公共服务平台,为社会大众提供权威、可信的地理信息服务。测绘地理信息公共服务的方式更加主动、专业和多样化,更加贴合社会需求。

二、发挥优势　测绘公共服务领域不断拓宽

10年来,测绘地理信息部门围绕科学发展的主题和加快转变经济发展方式的主线,努力为领导决策和经济社会发展各领域提供了大量的公共服务。

（一）保障重大决策部署

10年来,测绘地理信息部门围绕科学发展的主题和加快转变经济发展方式的主线,为贯彻落实党中央、国务院重大决策部署提供测绘地理信息服务,发挥测绘保障服务基础先行作用。

1.服务新农村建设。为了贯彻落实党中央建设社会主义新农村的重大决策部署,国家测绘局于2006年出台《关于做好社会主义新农村建设保障服务的意见》,调动全国测绘地理信息系统的力量,充分发挥高新技术和地理信息数据资源优势,积极开展社会主义新农村建设测绘保障服务工作,主动服务新农村建设规划、农村基础设施建设、精准农业发展等,推出了大量适农惠农测绘产品。组织开展了新农村建设测绘保障服务示范项目,示范项目成果积极服务于当地的新农村建设,创造了很好的社会和经济效益。各省级测绘地理信息行政主管部门也积极行动,主动服务,积极开展农村基础地图测制、影像地图生产、区域地图编制、实用专题地图制作、县域基础地理信息平台建设和涉农地理信息服务系统开发。大力实施乡村用图和百镇千村测绘工程,一县一图、一乡一图、一村一图的目标顺利推进,充分发挥了测绘服务在新农村建设中的基础性作用。多地针对"三农"的特点和需求,开发了农村交通旅游图、新农村建设示范村镇分布图、行政村现状分布图、新农村专题图、新农村示范村道路建设规划图集、新农村行政区域挂图、新农村建设综合治理晕渲图等专题地图,适农测绘图件和产品逐步丰富,为新农村建设规划、农村基础设施建设、生态环境治理、基本农田保护、农村信息化建设、防灾减灾、农村旅游开发以及丰富农民的物质文化生活等提供了快捷、实用的测绘保障服务。

2.服务区域发展战略。党的十六大以来,测绘积极主动为区域经

济发展战略实施提供保障服务。为支持西部大开发战略的实施，先后启动西部测图工程、西部市县挂图工程，并建成若干西部地理信息系统，为西部地区基础设施建设、资源开发利用、生态环境建设与保护等提供支撑。2011 年西部测图工程的建设完成，实现了约占中国陆地国土面积 20% 的 1∶5 万地形图的"从无到有"，为西部大开发和国家可持续发展战略的实施，西部基础设施建设规划、设计和施工，资源调查与开发，生态建设和环境保护，反恐反分裂、维护边界安全以及西部科学文化的进步提供了可靠、适用、及时的基础地理信息服务。测绘地理信息部门积极为主体功能区战略实施和规划编制提供地理信息支撑服务。湖北省测绘局为全省主体功能区规划编制提供统一工作底图和技术支持，建成全省主体功能区规划基础地理信息系统平台，为开展全省主体功能区规划工作提供地理空间信息服务。黑龙江测绘地理信息局制作《黑龙江省主体功能区规划图集》，为全省编制各级国民经济和社会发展"十二五"规划提供快速、便捷、全方位的地理信息服务。此外，在振兴东北等老工业基地、促进中部地区崛起、加快东部沿海地区发展和城镇化发展等区域战略的规划、实施、监测和评估过程中，测绘地理信息部门也提供了全程性和多方位的地理信息服务保障。

3. 服务保增长、扩内需。为贯彻党中央、国务院扩大内需、促进经济平稳较快增长的重大决策部署，2008 年，《国家测绘局关于为国家扩大内需促进经济增长做好测绘保障服务的若干意见》出台，要求举全国测绘之力，紧密围绕党中央的决策部署，主动服务大局、服务社会、服务民生，为扩大内需促进经济增长，为保障性安居工程建设、农村基础设施建设、重大基础设施建设、生态环境建设等国家和地方重大工程提供可靠、适用、及时的测绘保障服务。河北省测绘地理信息局发挥测绘在推进京津冀区域经济合作，加快冀东、冀中南经济区建设中的基础保障作用，在城乡规划、产业布局、基础设施建设、公共服务一体化等方面做好保障服务；山东省出台措施降低基础测绘成果收费，对保增长重点项目使用基础测绘成果实行无偿提供；湖南省围绕拉动内需促发展的大局,积极为重大工程建设提供及时的测绘保障服务。浙江省测绘与地理信息局开展测绘保障服务需求调研,有针对性地为浙江省保增长和重大工程建设项目提供测绘保障服务。

4. 服务援疆援藏。为贯彻落实党中央、国务院有关援藏、援疆工作的重大决策部署,国家测绘局印发《关于加强测绘援藏工作的意见》《关于加强测绘援疆工作的意见》,积极为推动西藏、新疆经济社会发展提供有力测绘保障服务。"十一五"期间,国家测绘地理信息局(原国家测绘局)向西藏地区提供了大量1∶5万、1∶25万数字化基础测绘成果,包括数字线划图、数字高程模型(DEM)、数字栅格图、正射卫星影像、大地测量控制点数据等,累计约12000幅(点),数据量达到80千兆字节(GB),基本保障了西藏自治区各级政府和部门对西藏地区基础地理信息的需求,较好满足了西藏地区经济建设、社会发展等的需要。特别是专门组织力量,快速、及时为"3·14"拉萨打砸抢烧暴力事件应急处置、2008北京奥运圣火登顶珠峰及在西藏的传递等制作了系列地图和其他地理信息产品,发挥了测绘保障服务作用。无偿为新疆经济社会发展和公益性事业提供全疆范围的国家基础测绘成果,加强对新疆重大战略和重大工程决策、规划、设计、实施、评估等过程中的测绘地理信息支持。推进地理信息资源在新疆资源管理、环境保护、防灾减灾、应急保障、公安安全以及民政、科技、教育、文化、卫生等领域的应用。

（二）促进科学管理决策

积极支持电子政务建设,为政府科学管理决策提供地理信息辅助支撑。开发完善电子政务空间辅助决策地理信息系统,为政党外交信息化工程、全国农家书屋工程建设信息管理系统、广播电视统计信息管理系统、中国环境监测总站网站、中国文物普查地理信息系统、全国组织机构单位空间分布系统等电子政务系统提供地理信息辅助支撑,服务部门覆盖中央办公厅、国务院办公厅以及中央对外联络部、环保部、交通部、广电总局、新闻出版总署、质检总局、地震局、文物局、防汛抗旱总指挥部等部门。建成了中越边界谈判信息系统、行政区域界线勘界信息系统、国土资源动态监测信息系统、人口地理信息系统等，为提高政府部门的综合管理和决策水平作出了重要贡献。为国务院办公厅建设了全国空间信息系统，在 2006 年至 2010 年共向领导同志报送 8 期重大灾害与突发事件影像地图刊物，获得了国务院领导同志的好评。完成了全球地理底图数据库建设及数字地图产品编制项目建设，为各级政府部门的管理决策提供技术支撑服务，至今，已先后为国家发展和改革委员会、安全部、外交部、总参谋部、中国卫星气象中心等部门和单位建立专题信息系统、制作专题地图提供了大量基础地理底图数据，在反恐维稳、国家安全、陆地国界信息管理等方面发挥了良好的作用。协助地方政府有关部门建立了基于地理信息的电子政务系统，推动了政务信息化建设。如福建省党政专用网、山东省工商管理经济户口地理信息系统等均为地方政府及有关部门提供了很好的保障服务。成功研发了北京市东城区万米单元网格管理系统等城市管理、规划信息系统，为更加精确、快速、高效、全时段、全方位地管理城市提供了有效手段。加快地理信息公共服务平台建设步伐，推动区域和城市信息化、现代化建设，为提高地方政府信息化管理和科学决策水平、促进经济发展方式转变提供了有力支撑。

（三）服务国家经济建设

紧密围绕国民经济和社会发展大局，积极为南水北调、三峡工程、西气东输、国土资源调查管理等国家和地方重点工作与重大工程建设，青藏铁路、沪宁高速、京津城际铁路、上海磁悬浮列车运营线、北京奥运会、上海世博会工程等重要基础设施建设，塔里木河流域、三江源地区、黄河流域等区域环境治理和生态工程建设提供了强有力的测绘成果和技术服务。为加强生态环境管理，保护和开发利用生态环境资源提供决策依据。积极协助全国土地资源调查，提供了大量航空航天遥感影像、控制点、地形图、数字高程模型（DEM）数据等基础资料，较好地满足了土地利用调查、土地宏观调控及国土资源管理的需要。全力配合统计部门提供完整的经济普查区图,建立普查区统计电子地理信息系统,为更加全面了解我国产业发展布局,促进统计电子化管理、加强和改善宏观调控,提供了重要的地理信息数据和基础平台。利用基础地理信息数据和空间定位技术建设 120 指挥系统,建立地理信息系统协助疫情控制,为保障人民生命健康作出了积极贡献。为核电站建设、油田开发、矿山开采、地质调查、南极科考提供重要地理信息服务,极大地促进了国民经济各部门各领域的快速发展。据统计,10 年来测绘地理信息部门为南水北调、第二次全国土地调查、全国水利普查等关系到国计民生的国家重大工程提供各类基础地理信息数据共计 7588.219 千兆字节(GB)。

（四）服务群众社会生活

稳步推进公众版测绘成果开发与应用。开展了公众版测绘成果开发工作,完成了覆盖全国范围的 819 幅 1∶25 万公众版地图,促进了测绘成果社会化应用,进一步满足了广大人民群众对基础地理信息的迫切需求。开通全国测绘成果目录服务系统网站,为社会各界提供基础地理信息元数据查询检索服务。这是新中国成立以来全国范围内的基础测绘成果目录,按照统一的规划、设计和标准,第一次以一个完整的体系向社会公众发布,实现了国家级和省级基础测绘成果资源目录的集中展现和一站式服务,是测绘地理信息部门主动服务社会的体现。开通国家动态地图公益网站,及时更新展现我国自然地理、社会历史和经济文化状况等基本国情,为政府管理决策、科学研究和教学提供参考资料,也为科学普及和公众生活提供有益的信息源。成功推出了基于互联网的公众版国家地理信息公共服务平台——天地图网站,为公众提供了权威、可信、统一的地理信息服务。根据国务院授权,审核公布 74 座著名山峰高程数据和中国陆地最低点高程数据,便于社会大众在行政管理、新闻传播、对外交流、教学等活动中使用。积极鼓励、引导和规范地理信息产业健康快速发展,支持智能交通、现代物流、车载导航、手机定位等新兴服务业的发展,促进地理信息社会化应用服务,让更多的地理信息产品和技术"进入寻常百姓家"。

三、协作共赢　信息资源共建共享稳步推进

地理信息资源共建共享是测绘地理信息部门深化测绘成果应用服务的一项重要举措。通过签署协议,建立共建共享机制,推动各部门、国家与地方、军队与地方之间地理信息资源交换共享,有利于避免重复建设,减少资源浪费,更新、优化和丰富了基础地理信息资源,提升了基础地理信息的应用服务能力和水平,促进了地理信息资源的有效利用,充分发挥了基础地理信息在国民经济建设和社会发展中的服务保障作用,形成了双赢局面。

（一）建立共建共享机制

按照"相互支持,优势互补,避免重复,实现双赢"的原则,开展了测绘地理信息部门与相关部门之间、国家与地方测绘地理信息部门之间以及军队与地方之间的地理信息资源共建共享。与农业部、交通运输部、公安部、国家安全部、林业局、气象局、地震局、国土资源部信息化办公室、国防大学、总参测绘导航局、武警总部、国家防汛抗旱总指挥办公室等部门签署地理信息数据资源共享与合作协议书,建立了稳定的数据资源交换和更新机制。各省级测绘地理信息部门与本省交通、地震、公安、安全、气象、民政、国土、水利等部门以及其他省级测绘地理信息部门间签订共建共享协议,建立数据交换和更新制度,联合开展多种形式的项目合作,积极开展共建共享与合作工作。国家测绘地理信息局向各省级测绘地理信息部门免费提供并委托分发本地区 1∶5 万国家基础地理信息数据。各省级测绘地理信息部门签订《国家地理信息公共服务平台共建工作目标责任书》,向国家测绘地理信息局提供平台建设所需的基础地理信息数据或者电子地图数据,为平台建设奠定了良好的数据基础。

（二）实现数据交换共享

测绘地理信息部门向共建共享单位无偿或优惠提供大量所需基础

地理信息数据及更新数据,并合作开展专题数据库和平台建设。2012年3月,国家测绘地理信息局向国务院办公厅电子政务办公室、公安部、民政部、国土资源部、交通部、农业部等10部门赠送了2011版最新1∶5万基础地理信息数据成果。在为各部门提供基础地理信息数据的同时,测绘地理信息部门也获得了较丰富的专业数据资料,包括:交通运输部提供的全国道路数据和内河航道数据;中国地质调查局提供的加密重力调查资料;中国气象局提供的气象统计资料;公安部提供的全国分县市人口统计资料;国土资源部提供的矿产资源数据;林业局提供的森林资源分布数据;中国地震局提供的水准、重力和全球定位系统(GPS)成果资料;外交部提供的有关边界资料,农业部提供的国有农场名录和渔业良种场名录数据,环保部提供的国家环境监测信息数据等。

四、满足需求　地图服务保障能力不断增强

（一）切实维护国家主权

地图是国家版图最常用、最主要的表示形式。地图上国家版图出现问题,将严重损害国家主权和利益。党的十六大以来,测绘地理信息部门通过多种形式的公益地图服务,在全国大力开展国家版图意识宣传教育活动,普及国家版图知识,进一步遏制"一中一台"、错绘国界线、漏绘南海诸岛、钓鱼岛及其附属岛屿等"问题地图",全民的国家版图意识普遍得到提高。联合外交部编制并经国务院批准发布《1∶100万中国国界线标准画法样图》,为公开地图中我国界线绘制提供了依据。在国家测绘地理信息局门户网站开通标准地图下载服务,编制并不断更新标准电子地图,提供社会各界免费浏览、下载和使用。通过公众版国家地理信息公共服务平台——天地图,以互联网地图的形式发布我国国家版图,宣示和维护了国家领土主权和海洋权益,引起了越南、印度、日本等周边国家对国界线画法及标注的强烈关注,并进一步引导政府部门、企业和公众使用具有正确国家版图的互联网地图。2006年4月至10月,与中央宣传部、外交部、教育部等10部门联合开

展"爱我中国——国家版图知识竞赛",约20万人参与答题,广播听众约5000万人次,观看电视竞赛节目观众超过1亿人次,极大地提高了公众的国家版图意识。与中央宣传部、外交部、教育部等13部门联合组成全国国家版图意识宣传教育和地图市场监管协调指导小组,指导编制国家版图意识宣传教育标准挂图并在全国推广使用。组织编制南海诸岛地图、钓鱼岛等地图,进一步维护我国海洋权益。

(二)大力推动产品丰富

目前我国每年公开出版的地图约2500种,包括中国和世界的政区类地图、交通类地图、旅游类地图、生活类地图和文化创意类地图等,充分满足消费者的不同需求;过去10年间,中国导航电子地图应用市场及其相关产业已形成,并呈现出磅礴发展的态势,导航电子地图的应用已经从初期的单一应用(车载导航仪)发展为现有的多元应用(包括车载导航仪、手机、互联网等),用户群体不断增加,与大众日常生活的联系日益紧密、影响也日益深远;互联网在线地图服务自2005年以来发展迅猛,目前已成为社会上最为新型、应用面最广的互联网使用工具,在线地图服务市场也成为最有潜力的互联网应用市场之一。

(三)全力保障领导用图

测绘地理信息部门充分发挥自身优势,着眼经济社会发展全局,围绕管理决策需求,编制各类领导工作用图,为领导人日常办公和出访,为领导机关了解国内国际形势、处置突发事件、进行宏观管理决策等提供地图保障服务。仅2011年,国家测绘地理信息局为中央办公厅、国务院办公厅、外交部、国家发展和改革委员会等20余个部门提供领导工作用图共计百余幅。30余个省级测绘地理信息行政主管部门开展了领导工作用图编制与服务工作。辽宁省测绘局组织编制的《辽宁省领导工作用图》,载有全省自然地理、城市布局以及人口与劳动力、综合经济、人民生活与社会保障、社会发展综合评价、发展规划等社会经济要素,提供省五大班子领导和省直部门领导使用,得到各级领导高度评价。为保障援疆工作顺利进行,新疆编制全疆分地州系列对口援疆领导工作用图地图册,确保援疆人员能够全面、直观地了解各地州的自然、资源、经济、社会发展等各方面的信息。海南根据省委省政府2011年博鳌亚洲论坛年会的专项用图要求,编制了系列领导工作用图。

(四)积极服务重大活动

测绘地理信息部门以地图为载体充分发挥测绘在重大事件与活动中的作用。为全面反映汶川特大地震,国家测绘局联合科技部、民政部、国家发展和改革委员会编制了《汶川地震灾后恢复重建总体规划》和《汶川地震灾害地图集》,对深入研究汶川地震灾害和开展灾后恢复重建,以及今后的防灾减灾等都具有重要的参考价值。为确保北京奥运会的顺利举办,测绘地理信息部门协助编制了火炬传递路线工作用图,为提前做好火炬境内外传递路线的设计预案起到了至关重要的作用。联合17个部委编制出版了《地图见证辉煌》地图集,以地图形式全面反映了我国改革开放成就。开展纪念中国共产党成立90周年"红色地图"编制与服务工作,全国测绘地理信息部门30余家单位出版和发行百余种"红色地图"产品,讴歌中华民族实现伟大复兴的奋斗历程,颂扬中国共产党的丰功伟绩。"红色地图"产品大量提供给宣传、文化、旅游等有关部门和地方党委政府以及新闻媒体、中小学、大专院校使用,在爱国主义教育和红色旅游中发挥了重大作用。

第六节　地理信息产业迅猛发展

地理信息产业是以现代测绘和地理信息系统、遥感、卫星导航定位等技术为基础,以地理信息开发利用为核心,从事地理信息获取、处理、应用的高新技术产业、新型高端服务业,是知识技术密集、物质资源消耗少、成长潜力大、综合效益好的战略性新兴产业,主要细分为测量产业、地图产业、导航定位产业、遥感产业、地理信息系统产业,具有科技含量高、环境污染少、市场前景广阔、吸纳就业能力强、产业关联度大等特点。发展地理信息产业对于推动经济增长、转变经济发展方式、提高信息化水平、维护国家安全利益具有重要意义。我国地理信息产业萌芽于 20 世纪 90 年代末,党的十六大以来,经过 10 余年的快速发展,已经形成了一定规模,产生了重要影响。

一、领导重视 产业环境更加优化

(一)党和国家高度重视

近年来,党中央、国务院高度重视发展地理信息产业。早在 1996 年,江泽民同志就提出"加强测绘工作,发展地理信息产业"。胡锦涛总书记多次就测绘工作作出重要指示。2009 年 4 月,胡锦涛总书记在山东视察地理信息企业并作重要指示。

2006 年,温家宝总理就地理信息产业发展相关内容作出重要批示,强调"测绘和地理信息产业关系到经济、社会发展和国防建设"。2011 年 3 月,温家宝总理在十一届全国人大四次会议上所作的《政府工作报告》明确要求积极发展地理信息新型服务业态。

2009 年 7 月,中共中央政治局常委、国务院副总理李克强参观全国地理信息应用成果及地图展览会。2011 年 4 月,李克强副总理对国家发展和改革委员会关于大力发展地理信息产业的相关建议作出重要批示。2011 年 5 月 23 日,李克强副总理专程到中国测绘创新基地考察调研,发表重要讲话,指出地理信息产业是新兴的战略性产业,是一个有着广阔前景的产业,要进一步提高对做好测绘地理信息工作、发展地理信息产业重要性的认识。他还就制定有利于地理信息产业发展的规划政策等作出重要指示。

2007 年,《国务院关于加强测绘工作的意见》提出了促进地理信息产业发展的政策措施。《国民经济和社会发展第十一个五年规划纲要》和《国民经济和社会发展第十二个五年规划纲要》都明确提出了要"发展地理信息产业"。2011 年 5 月,经国务院批准,国家测绘局更名为国家测绘地理信息局。

（二）各级政府大力促进

国家发展和改革委员会发布《产业结构调整指导目录（2011年本）》，将地理信息相关技术列入40个鼓励类产业门类中，提出加强地理信息产业引导和示范，设立卫星应用高技术产业化专项，支持卫星导航、卫星遥感等领域的产业化发展。

科技部、财政部、国家税务总局2008年印发的《国家重点支持的高新技术领域》中，对地理信息系统、遥感图像处理与分析软件技术、空间信息获取及综合应用集成系统、卫星导航应用服务系统都予以了明确支持。

国家制定了对中小企业、高新技术企业、软件和集成电路企业、技术创新企业、对外出口企业的相关政策，对相关企业给予财政税收优惠支持，如《国务院关于印发进一步鼓励软件产业和集成电路产业发展若干政策的通知》《国务院关于进一步促进中小企业发展的若干意见》等，这些政策也为地理信息产业发展提供了重要支持。

国家还以设立基金和项目的方式，鼓励相关技术创新和产业化。如国家设立的"863"课题、"973"课题、测绘科技项目等，都对地理信息产业予以了支持。

地方政府和有关部门也高度重视地理信息产业发展。浙江省政府印发了《关于促进地理信息产业加快发展的意见》，山西省测绘地理信息局印发了《山西省地理信息产业发展指导意见》。

（三）测绘部门全力推动

测绘地理信息行政主管部门认真履行"监督管理地理信息获取与应用"、"指导地理信息应用服务"等职责，不断完善法规政策，提升公共服务水平，加强监督管理，大力推动地理信息产业发展。

一是为产业发展提供政策支持。国家测绘地理信息局（原国家测绘局）先后印发了《测绘管理工作国家秘密范围的规定》《公开地图内容表示补充规定（试行）》和《关于导航电子地图管理有关规定的通知》等规范性文件；出台了《关于加强测绘质量管理的若干意见》，颁布了

《导航电子地图安全处理技术基本要求》《基础地理信息标准数据基本规定》等标准,与国家标准化管理委员会联合制定了《地理信息标准化工作管理规定》;印发了《关于为国家扩大内需促进经济增长做好测绘保障服务的若干意见》。2008 年,经国务院同意,国家测绘局等 8 部门联合印发了《关于加强互联网地图和地理信息服务网站监管的意见》。2009 年国务院办公厅转发了国家测绘局等 7 部门《关于整顿和规范地理信息市场秩序的意见》。2009 年国家测绘局修订出台了《测绘资质管理规定》和《测绘资质分级标准》,适时增加了测绘资质种类,细化了专业分类及标准,对地理信息系统工程、互联网地图服务等测绘活动实行了适度宽松的市场准入政策。2011 年会同保密局、总参测绘导航局研究促进地理信息广泛应用的政策措施,出台了《遥感影像公开使用管理规定(试行)》,实现了遥感影像公开使用的重大突破;制定印发了《测绘地理信息"十二五"规划纲要》,对发展地理信息产业作出了具体部署。积极开展我国地理信息产业发展政策研究,2012 年组织起草并上报了《国务院关于促进地理信息产业发展的意见》。

二是积极扶持地理信息企业发展。完善了地图审核、涉密测绘成果提供使用审批工作机制,提高了行政许可效率和水平;组织科研力量开展了地理信息安全处理技术研究,并会同保密局、总参测绘导航局将研究成果应用于导航电子地图、互联网地图等领域,成功解决了制约地理信息产业发展的瓶颈问题,有力推动了基础地理信息社会化应用和产业化发展;加强测绘科技自主创新,加大了对重点实验室和工程技术研究中心的支持力度;充分发挥社团组织的作用,竭诚为企业提供服务、促进产业发展,中国地理信息产业协会自 2001 年开始每年都组织开展地理信息系统软件测评和优秀工程评选,中国全球定位系统技术应用协会也致力于推进地图导航定位产品测评工作。

三是强化地理信息市场监督管理。测绘地理信息部门在有关部门的支持配合下,积极开展地理信息市场日常巡查和各种专项执法检查,依法查处无资质或超资质范围测绘、侵权盗版、恶性竞争、泄密等违法违规案件,努力营造统一、竞争、有序的地理信息市场环境。经国务院同意,2005 年由国家测绘局牵头,中央宣传部、外交部、教育部、商务部、海关总署、国家工商总局、新闻出版总署等部门组成了全国国家版图意识宣传教育和地图市场监管协调指导小组,积极推进国家版图意识宣传教育和地图市场监管工作;2007 年由 13 个部门组成了网上地理信息安全监管工作协调组,开展了互联网地图和地理信息服务违法违规行为专项治理;2008 年国家测绘局会同外交部、公安部、工业和信息化部等 8 部门在全国范围内开展了专项整治活动,进一步规范了互联网地图和地理信息服务活动;2009 年国家测绘局会同 7 个部门开展了全国地理信息市场专项整治工作,地理信息市场得到有效规范,保障了国家地理信息安全。

二、势如破竹　产业规模迅猛增长

2007 年以来,地理信息产业规模以年均超过 25% 的速度持续快速增长。据不完全统计,2011 年,我国地理信息产业总产值接近 1500 亿元,从业人员超过 40 万人。210 多所高校开设了地理信息技术专业教育,200 多个研究机构开展了地理信息相关技术研究工作。

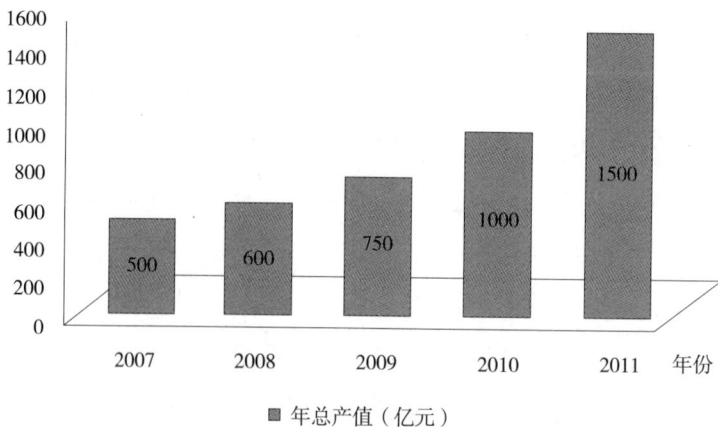

2007—2011 年我国地理信息产业年总产值

(一)产业发展迅速壮大

地理信息产业主要细分为测量产业、地图产业、导航定位产业、遥感产业、地理信息系统产业。

测量产业主要包括测量服务、测量软件和测绘仪器。测量服务包括大地测量、航空摄影、工程测量、地籍测绘、房产测绘、行政区域界线测绘、海洋测绘等方面,其中工程测量服务总值所占比重最高,达到48%。从地区分布来看,北京地区的测量市场总值最高,达到11%。JX4、VirtuoZo 和 DPGrid 等数字摄影测量系统成功实现商品化、产业化发展,占领了国内摄影测量数据处理系统90%以上的市场,还批量出口国外。国内测绘仪器厂商主要有南方测绘、苏州一光、博飞、欧波、中海达和华测等,产品质量和市场占有率逐年上升。

地图产业主要包括传统地图出版和互联网地图服务。2011年8个专业地图出版社共出版公开版地图3912种,总定价约23亿元,较2006年增长190%。与此同时,互联网地图服务市场迅速兴起。当前我国获得互联网地图服务测绘资质单位300多家,相关企业已超过1000家。据市场研究机构统计,2011年互联网地图服务总值达到16亿元,使用过互联网地图的用户约有1.5亿人。互联网地图服务内容不断丰富,服务形式更加多样,除了平面电子地图,还推出了高分辨率的遥感影像地图、城市三维地图和街景地图,移动互联网地图服务也呈爆发式增长。

导航定位产业主要包括导航电子地图制作、导航定位软件、卫星导航与定位服务等。我国北斗卫星导航系统已于2011年12月正式提供试运行服务,并将在2012年形成覆盖亚太大部分地区的服务能力。与北斗兼容的多频多系统高精度定位芯片开发成功,结束了我国高精度卫星导航定位产品"有机无芯"的历史,打破了国外品牌一统天下的局面。较为完善的导航产业营销和服务网络体系初步建立,形成了一批拥有导航电子地图核心技术的骨干企业。目前,我国共有12家导航电子地图生产资质单位,导航电子地图已覆盖中国大陆全部地级城市和县级行政区划单位,覆盖公路里程95%以上。

　　遥感产业主要包括遥感数据获取与处理、遥感数据应用服务以及遥感数据代理。2012年我国成功发射了首颗民用立体测绘卫星——资源三号,在推动遥感领域的产业化发展方面产生了积极效应,同时后续系列测绘卫星也在积极筹划和发展之中。目前,中巴资源卫星、北京一号、天绘一号、资源三号卫星影像的应用逐渐增多,应用水平不断提升。高分辨率(优于1米)卫星遥感影像获取主要依赖国外,目前约有10多家企业从事国外卫星遥感影像代理及增值服务,主要销售代理QUICKBIRD、GEOEYE等卫星影像产品。

　　地理信息系统产业主要包括地理信息应用系统集成、地理信息外包服务等。随着地理信息系统在各个行业应用的不断成熟,大量地理信息系统软件不断涌现,如北京超图软件公司SuperMap、武汉中地数码公司MapGIS、武大吉奥公司GeoStar、北京数字政通公司的数字城管地理信息系统等。伴随信息化和数字城市建设的不断推进,地理信息系统集成应用已拓展到经济社会各个领域。

　　(二)信息资源更加丰富

　　改革开放以来,我国不断加快推进基本比例尺地形图测制工作,基本比例尺地形图的覆盖范围稳步扩展,数量快速增长,现势性逐步提高。1∶1万基础地理信息数据覆盖范围已达国土面积的48%,其中北京、天津、山西、吉林、上海、江苏、浙江、福建、山东、河南、海南等16个省(区、市)基本实现了陆地国土全覆盖。全国已有220多个城市开展了数字城市建设,100余个数字城市已经建成并提供服务。

　　通过不断加强传统测绘基准体系改造和现代化测绘基准体系建设。全国25个省(区、市)完成了C级全球定位系统(GPS)网的全域覆盖,显著提高了空间定位的精度和速度。建立了极地科考地区测绘基准,在东、西南极和南极内陆地区埋设了几十处具有高精度坐标点位的永久性测量标志等。

　　各行业地理信息资源建设取得重要进展。国土资源部门完成了地质信息、矿产资源信息基础数据库和全国土地信息资源基础数据库建设。交通部门建立了包含有丰富交通地理空间信息的交通基础数据库。水利部门建成了全国水利系统地理空间信息基础资料数据库。农业部门建立了以空间信息技术为基础的农业资源信息服务系统。环境部门全面采用遥感技术系统,开展了生态环境监测与调查评估工作,建立了生态环境现状数据库。林业部门通过"全国林业连续清查"、林业监测及数据采集地理空间基础设施建设等获取林业地理空间信息,建立了数据库,并形成了多种类型的信息产品。气象部门建立了基于地理信息的气象综合观测系统。这些专业地理信息系统为我国地理信息的产业化应用提供了重要信息资源。

三、积极主动 应用服务快速拓展

(一)服务领域范围日益延伸

地理信息服务已经走向各行各业,走进千家万户,成为各领域不可或缺的信息资源支撑,成为人民群众衣食住行的得力助手。不管是应对气候变化、发展低碳经济、构建低碳社会等宏观层面经济社会问题,还是城市规划建设、资源环境管理、应急救灾保障等中观层面社会课题,抑或是人民群众衣食住行、单位企业信息化建设等微观层面社会领域,都对地理信息及其技术应用提出了迫切需求,展现了广大的潜在市场。

我国地理信息应用已经逐渐从传统的资源管理、城市规划、基础设施建设等领域向金融、人口与经济管理、生态环境保护、医疗卫生、文物保护、企业信息化等领域扩展,以互联网地图服务和移动位置服务为代表的地理信息服务迅速兴起,并向大众领域渗透。地理信息被广泛应用到车载导航、位置搜索、移动目标监控、智能交通、便携式移动导航等方面,不仅为广大互联网用户提供位置查询和交通出行服务,还为用户提供衣、食、住、玩等方面的日常生活信息服务。

（二）企业竞争实力不断增强

据不完全统计,2011年,我国已有地理信息企业2.2万家,其中拥有测绘资质的企业1.2万多家。

金融资本涉入地理信息产业。目前,我国已有多家地理信息企业在国内外上市,完成了从私人权益资本市场向公开资本市场的历史性跨越,标志着地理信息企业开始了一个崭新的生命历程,其融资活动、产权结构、公司治理和经营管理都将表现出新的形式。企业上市也说明了地理信息产业发展已经得到资本市场的关注,其发展潜力得到充分显现。地理信息产业的发展进入了一个新的更加快速的发展阶段。

我国地理信息企业上市情况

序号	企业名称	上市时间	上市场所	企业业务
1	北斗星通	2007年8月	深交所	导航
2	中信安	2008年5月	纳斯达克	应用软件开发和系统集成及全面GIS解决方案
3	北大千方	2008年7月	纳斯达克	交通信息化、国土资源,以及数字城市
4	超图软件	2009年12月	深交所创业板	GIS基础平台制造
5	合众思壮	2010年4月	深交所中小板	硬件终端制造,卫星导航
6	数字政通	2010年4月	深交所创业板	基于终端、平台、数据的行业应用开发
7	四维图新	2010年5月	深交所创业板	导航电子地图研发、生产与经营
8	高德软件	2010年7月	纳斯达克	地图数据内容、导航和位置服务解决方案
9	国腾电子	2010年8月	深交所创业板	北斗卫星导航应用
10	中海达	2011年2月	深交所创业板	GNSS研发、生产、销售

大型信息技术(IT)企业涉入地理信息市场。随着地理信息新应用与新服务的不断产生,互联网搜索、电子商务、通信服务、汽车厂商等都纷纷涉足地理信息产业,如百度、华为、中兴、中国移动、阿里巴巴等,为地理信息产业发展开辟了新的市场空间。

企业积极"走出去"参与国际市场竞争。2002年以来,我国地理信息企业参与国际竞争明显增多。抽样调查表明,我国目前已有18%的地理信息企业参与了国际市场竞争。我国现已出现多家以出口为主的地理信息企业,部分地理信息企业成立了对外商务部门和翻译部门,设立了国外分支机构和产品代理商,积极参与国际竞争。企业的主要出口业务为数据处理外包服务、软件出口、对外工程测绘、硬件(测绘仪器)出口和对外地图出版。日本、美国、欧洲、韩国、东南亚、澳大利亚是目前我国地理信息产业对外出口的主要市场。我国全站仪和电子经纬仪等测绘仪器产品出口至世界100多个国家和地区,基本占据国际中、低端市场;地理信息系统平台软件也成功进入日本、欧洲等市场,显示了一定的国际竞争力。

四、推动集聚　产业园区效益彰显

目前我国已基本建成国家地理信息科技产业园(被科技部命名为北京国家地理信息高新技术产业化基地)、黑龙江地理信息产业园、西安导航产业基地、武汉国家地球空间信息产业化基地、山东正元地理信息产业基地等,浙江、江西、云南、广西等地也先后启动了地理信息产业园区建设。

(一)全力打造产业航母

国家地理信息科技产业园位于北京市顺义区国门商务区,距首都国际机场T3航站楼约1.5公里,总占地面积约10万平方米,建筑面积约180万平方米,项目总投资150亿元人民币,是由国土资源部、北京市政府、国家测绘地理信息局、顺义区政府按照"优势互补、相互支持、共同发展"的理念和"市场配置资源、企业创造价值、政府主导服务"的原则,共同打造的我国首个国家级地理信息科技产业园,是促进我国地理信息产业集聚发展、服务首都科学发展和转变经济发展方式的重大举措。该项目已分别列入国家测绘地理信息局、北京市"十二五"发展规划,被北京市纳入市政府扩大内需重大项目绿色审批通道和2011年北京市级重点工程。

2011 年 3 月 6 日,国家地理信息科技产业园开工建设。按照"超常运作、规范管理、打破常规"的要求,在相关部门的大力支持下,建设工作推进顺利。2011 年 11 月 28 日,一期 80 万平方米主体工程正式封顶,实现了当年设计、当年施工、当年封顶。截至目前,已有 40 多家企业(集团)签约入驻。

(二)积极扶持入园企业

国家地理信息科技产业园的建设内容包括:建设国际地理信息产业基地、国家地理信息软件基地、国家地理信息创业孵化基地和国家基础地理信息公共服务平台。园区集研发、生产、服务、居住为一体,分为产业功能区、公共设施区和生活配套区。其中,产业功能区将引入信息获取、数据处理、地图制作、软件开发、系统集成、互联网信息服务等相关企业上百家,就业人员数万人;公共设施区包括服务园区企业并兼顾社会需求的会展中心、培训中心、孵化基地等设施;生活配套区包括服务园区企业的配套住宅、餐饮服务等设施。

为扶持入园企业做大做强,推动国家地理信息科技产业园提升水平,各有关方面分别制定了优惠政策。入驻产业园并符合相应条件的企业可享受中关村"1+6"鼓励科技创新和产业化系列先行先试改革政策以及顺义区"1+X"系列政策。国家测绘地理信息局还专门制定了市场准入、资质申请、人才培养、科技创新、行政审批、政府采购、国际交流等方面的一系列优惠政策。2012 年 6 月,国家地理信息科技产业园被科技部认定为国家高新技术产业化基地,可享受国家关于高新技术产业化基地科技创新、成果产业化等方面的支持政策。

(三)创新推动产业升级

国家地理信息科技产业园的基本定位和发展目标是,在产业核心技术领域取得突破性进展,产业规模效益明显,培育若干龙头企业和知名品牌,带动一批充满活力、专业性强、有特色的上下游企业,使产业园产值占我国地理信息产业总产值的比重大幅度提高,形成特色鲜明、创新能力强、产业配套完备、具有强劲国际竞争力的国家级地理信息产业基地,成为地理信息产业发展、结构升级和区域发展的重要引擎,在促进科学发展、增加就业机会和提高人民群众生活质量等方面发挥重要的作用。园区建成投入使用后,将吸引国内外地理空间信息企业100家以上,年产值达千亿元,形成以地理信息及其相关产业为主体、以金融服务等第三产业为支撑的国家级地理信息产业平台,形成具有全国辐射力和国际影响力、产业链相对完整、覆盖地理信息及相关产业的国家级产业园,成为带动北京、辐射全国、影响世界的地理信息产业"硅谷"。

国家地理信息科技产业园不仅是我国地理信息的产业化基地,也是提升我国地理信息服务能力达到世界一流水平的摇篮;不仅是向世人展现我国地理信息产业蓬勃发展的窗口,也是中国测绘地理信息事业实施"走出去"战略的前沿阵地和推进我国由地理信息产业大国向地理信息产业强国转变的加速器。

第三章　基础测绘建设

引　言

　　党的十六大以来,在党中央、国务院的亲切关怀和国家有关部门与地方各级党委政府的大力支持下,我国测绘地理信息工作坚持以科学发展观为指导,着力加强基础测绘建设,加快构建数字中国地理空间框架,取得了丰硕的成果,使我国基础地理信息资源建设步入世界先进行列。

　　10年来,基础测绘建设发展环境明显优化,《国务院关于加强测绘工作的意见》《基础测绘条例》《全国基础测绘中长期规划纲要》进一步明确基础测绘的公益性地位,基础测绘战略地位进一步夯实,中央及地方财政对基础测绘建设的投入大幅增长。

　　10年来,数字城市建设工程、天地图建设工程、我国西部1∶5万地形图空白区测图工程、基础地理信息数据库建设与更新工程、海岛(礁)测绘工程、现代测绘基准体系建设工程等国家及地方基础测绘重大工程圆满竣工或启动实施,我国基础地理信息资源积累大幅上升,信息内容更加丰富,信息更新更加快捷,全国测绘地理信息服务"一个网一张图一个平台"正在形成。

　　10年来,测绘地理信息部门积极做好南北极科考测绘保障服务,成功测绘出全球首张南极冰盖地形图和影像图,助力昆仑站选址南极内陆冰盖最高点,成功测定并经国务院授权向全世界公布珠穆朗玛峰岩石面海拔新高程 8844.43 米,极地测绘再造辉煌。

第一节　科学谋划基础测绘建设全局

党的十六大以来,国家测绘地理信息局(原国家测绘局)坚持以推动基础地理信息资源建设科学发展为主线,先后两次组织开展大规模发展战略研究工作,积极推动国务院印发《国务院关于加强测绘工作的意见》《基础测绘条例》《全国基础测绘中长期规划纲要》,着力加强基础测绘建设规划计划管理,全国基础测绘建设得到又好又快发展。

一、制定战略　描绘事业发展蓝图

思想决定思路,思路决定出路,出路决定未来。10 年来,国家测绘地理信息局(原国家测绘局)紧紧围绕推动测绘地理信息事业科学发展,转变思想观念,破解发展难题,深入开展发展战略研究工作,理清发展思路,明确发展目标,凝练重点任务,为国家有关测绘地理信息领域重要文件的出台、测绘地理信息各项规划的制定等提供科学依据。

(一)测绘地理信息事业发展 2020 年发展思路

党的十六大提出了全面建设小康社会的宏伟目标,测绘地理信息事业迎来了新的发展机遇。为切实贯彻落实科学发展观,抓住机遇,迎接挑战,2003 年 11 月,国家测绘局组织开展了测绘地理信息事业发展战略研究工作。该研究集中了社会各界的智慧和力量,取得的成果为《国务院关于加强测绘工作的意见》《全国基础测绘中长期规划纲要》等重要文件的制定奠定了坚实基础。

测绘地理信息事业发展战略研究工作历经近两年的努力,形成了《中国测绘事业发展战略研究报告》,取得了丰富的成果。一是明确了测绘地理信息事业发展的思路和目标。分析了我国测绘地理信息事业发展的现状和趋势,指出了现阶段存在的问题,提出了事业发展的战略思路,明确了事业发展的战略目标,为事业未来发展描绘了一幅蓝图。

二是确定了测绘工作的方针和政策。提出测绘地理信息事业发展要实行"统筹规划、协调发展、安全保障、高效利用"的战略方针,体现了科学发展观的要求。三是提出了测绘发展的任务及重点工程。将加强基础测绘工作、发展地理信息产业确定为测绘地理信息事业发展的战略任务,同时提出了数字中国地理空间框架数据体系、基础地理信息动态监测、国家制图、地理信息服务与应用、信息化测绘基础设施建设等重点工程,战略任务定位准确。

（二）测绘地理信息事业发展2030年发展思路

2009年3月,国家测绘局组织开展了测绘地理信息发展战略研究。该研究是测绘地理信息领域首次在国家层面上开展的战略研究工作,对于站在经济社会发展全局的高度,统筹解决测绘地理信息事业发展中的重大问题,为经济建设、社会发展、人民生活以及国土资源工作提供更加有力的测绘地理信息保障服务,具有重大的推动作用。

测绘地理信息发展战略研究是国土资源战略研究的重要组成部分,与综合、土地、矿产、地质、海洋等5个课题相互衔接、统筹协调,共同凝练成《国土资源战略纲要》。2012年6月18日,测绘地理信息发展战略研究课题顺利通过专家验收。

测绘地理信息发展战略研究工作经过3年多的努力,广泛征求各方面意见,立足实践,深入研究,反复修改,凝聚了各方面的智慧和力量,取得了高质量的研究成果。国家测绘地理信息局在战略研究成果的基础上,凝练出到2030年测绘地理信息事业的战略方向,即:构建数字中国、监测地理国情、发展壮大产业、建设测绘强国。战略研究工作提出了到2030年测绘地理信息事业发展的战略目标,即:全面建成拥有丰富地理信息、高效网络运行、信息及时更新的数字中国,地理国情监测成为测绘地理信息工作的重要内容和政府科学管理的重要手段,地理信息资源有效覆盖全球,测绘地理信息服务全面及时高效,测绘地理信息科技总体水平进入世界前列,地理信息产业成为推动国民经济增长的重要力量,中国测绘地理信息的国际影响力显著提升,基本建成测绘强国,具备五个方面核心能力,即先进装备控制力、先进技术创新力、产业核心竞争力、信息资源支撑力、人才与标准影响力。

研究工作所提出的阶段发展目标、建设任务等已经部分被《测绘地理信息发展"十二五"总体规划纲要》《全国基础测绘"十二五"规划》所采纳。

二、出台意见　推动事业加快发展

2007年9月13日,国务院印发了《关于加强测绘工作的意见》(以下简称《意见》)。《意见》从党和国家的中心任务、经济社会发展的大局和宏观战略的高度,全面阐述了加强测绘工作的重要性和紧迫性,提出了当前和今后一个时期加强测绘工作的指导思想、基本原则、主要任务和政策措施。《意见》的印发,充分体现了党和国家对测绘工作的高度重视,对于推动我国测绘地理信息事业全面协调可持续发展具有十分重要和深远的意义。

《意见》深刻阐述了测绘工作对贯彻落实科学发展观、构建社会主义和谐社会的重要作用。《意见》明确指出,"加强测绘工作对于加强和改善宏观调控、促进区域协调发展、构建资源节约型和环境友好型社会、建设创新型国家等具有重要作用","全面提高测绘保障服务水平,对于经济社会又好又快发展具有积极的促进作用"。《意见》要求,要把为经济社会发展提供保障服务作为测绘工作的出发点和落脚点,完善体制机制,着力自主创新,加快信息化测绘体系建设,构建数字中国地理空间框架,加强测绘公共服务,发展地理信息产业,努力建设服务型测绘、开放型测绘、创新型测绘,全面提高测绘对促进科学发展、构建社会主义和谐社会的保障服务水平。

《意见》提出了加强测绘工作的具体举措:一是要切实提高测绘保障能力和服务水平。加快基础地理信息资源建设,构建基础地理信息公共平台,推进地理信息资源共建共享,拓宽测绘服务领域,促进地理信息产业发展。二是要加快测绘科技进步与创新。完善测绘科技创新体系,增强测绘科技自主创新能力,加强现代化测绘装备建设。三是要加强测绘工作统一监管。健全测绘行政管理体制,完善测绘法规和标准,加强测绘成果管理,加强地图管理,加大测绘市场监管力度。四是要加强对测绘工作的领导。加强对测绘工作的组织领导和统筹协调,完善测绘投入机制,加强测绘队伍建设。

《意见》印发后,各级测绘地理信息部门迅速掀起了学习贯彻《意见》精神的热潮,同时向各级政府、各有关部门通报情况,取得支持。在《意见》精神的指引下,全国测绘地理信息工作驶入了发展的快车道。

三、科学规划　统筹基础测绘全局

2006年8月,国务院办公厅转发了《全国基础测绘中长期规划纲要》(以下简称《纲要》),这是根据《中华人民共和国测绘法》批准实施的第一个测绘方面的国家级专项规划,由国家测绘局会同国家发展改革委、原国防科学技术工业委员会、民政部、财政部、国土资源部、交通部、水利部、总参谋部测绘局和原国务院西部开发办公室共同组织编制。规划范围为我国陆地国土区域。规划期为2006年至2020年。

《纲要》明确提出,到2020年我国基础测绘发展的总体目标是:建立起完善的基础测绘管理体制和运行机制,基本建成数字中国地理空间框架,形成信息化测绘体系,全面提升基础测绘保障能力和服务水平,满足全面建设小康社会和构建社会主义和谐社会对基础测绘的需求。其中,2006年至2010年,要全面提高基础测绘的管理水平,进一步完善基础测绘的政策和法制环境;基本建成现代化国家测绘基准体系,基本实现陆地国土1:5万基础地理信息的全覆盖、1:1万基础地理信息的必要覆盖、1:2000或更大比例尺基础地理信息对城镇建成区的全覆盖以及多分辨率和多类型正射影像对全部国土的必要覆盖;基础地理信息更新和共建共享机制基本建立,现势性明显提高;形成一批具有影响力的基础测绘公共产品;基本满足经济社会发展对基础测绘的需求。2011 年至 2020 年,要建立起高效协调的基础测绘管理体制和运行机制,形成以基础地理信息获取空间化实时化、处理自动化智能化、服务网络化社会化为特征的信息化测绘体系,建成结构完整、功能完备的数字中国地理空间框架,更好地满足经济社会发展对基础测绘的需求。

《纲要》明确了 2006 年至 2020 年全国基础测绘的 7 项主要任务:一是现代化测绘基准体系建设与维护。要形成覆盖全国的新一代高精度、动态测绘基准体系。二是航空航天遥感资料获取。形成航空航天遥感相互配合和优势互补、国家和地方航空航天遥感影像资料获取统筹协调和资源共享的机制,实现多种类、多分辨率航空航天遥感影像对全部国土的全面覆盖以及对重点区域的及时覆盖。三是基本比例尺地形图测绘与更新。全面实现国家基本比例尺地形图的必要覆盖和及时更新。四是基础地理信息数据库建设与更新。形成较为完善的数字中国地理空间框架数据体系,建成基础地理信息变化监测体系。五是信息化测绘基础设施建设。显著提高基础地理信息获取、处理和服务能力,建成完善的基础地理信息共享与服务网络体系。六是基础测绘成果开发与应用服务。要大力开发基础测绘公共产品,实现基础地理信息的网络化共享和服务。七是测绘科技创新和标准化建设。要加强测绘科技基础研究和原创性、战略性科技攻关,形成信息化测绘技术体系。

为了保证规划目标和任务的实现,《纲要》还提出加强基础测绘管理和法制建设、加大基础测绘财政投入和经费管理力度、加强基础测绘队伍建设、促进地理信息资源共建共享、加强规划实施的监督评估等五个方面的政策措施。

《纲要》实施以来,在各级政府、各部门的支持下,各阶段性目标按计划圆满完成,所确定的"十一五"建设目标基本实现,7 项主要任务基本完成。其中,西部测图工程、1∶5 万基础地理信息数据库更新等重大工程顺利完成,标志着国家基础地理信息覆盖和更新实现了历史性跨越;资源三号测绘卫星成功发射并投入应用,缓解了测绘地理信息资源获取的瓶颈性问题;海岛(礁)测绘项目有序推进,实现了地理信息覆盖范围从陆地向海洋的拓展;现代测绘基准体系基础设施建设已开始实施,进一步夯实了测绘地理信息发展的基础。在《纲要》的推动下,我国基础测绘保障服务能力得到极大提升,基础测绘在国民经济发展中的地位和作用更加彰显。

随着测绘地理信息事业发展内外部环境的变化,需要对《纲要》进行适当修编,以更好地推动基础测绘科学发展。《纲要》修编工作已被国家发展和改革委员会纳入《"十二五"期间报国务院审批的专项规划整体预案》。国家测绘地理信息局党组高度重视修编工作,进行了统一部署。《纲要》的修编工作目前正在有序进行中。

四、实施规划　引领事业健康发展

测绘地理信息规划对事业发展起着统领和带动作用,是各项工作有序开展的基本依据。十六大以来,围绕党和国家中心工作,在科学发展观的指引下,按照国民经济和社会发展第十至第十二个五年规划纲要的总体部署,结合测绘地理信息事业发展实际,先后编制了《测绘事业发展第十个五年计划纲要》《测绘事业发展第十一个五年规划纲要》和《测绘地理信息发展"十二五"总体规划纲要》,以及其他专项规划,有力地引领了事业健康、协调、可持续发展。

(一)"十五"规划开启数字中国地理空间框架建设

"九五"末期,正值发达国家大力推进国家空间数据基础设施建设,"数字地球"战略引起各国高度重视。党中央、国务院也高度重视数字地球的发展,时任党中央总书记江泽民同志指出:"数字地球"是继"信息高速公路"和"知识经济"之后的又一新的国际科技发展动向。顺应国际发展趋势和国内经济社会发展需求,《测绘事业发展第十个五年计划纲要》(以下简称《"十五"规划纲要》)中明确提出,"十五"期间测绘事业发展的主要目标是:加速国家基础地理信息系统数据库及其网络体系建设,构建数字中国地理空间基础框架;基本满足国民经济和社会发展对基础地理信息服务的需要。

《"十五"规划纲要》确立了"十五"期间事业发展的 3 项主要任务:一是完善测绘管理体系和运行机制。要建立适应市场经济要求的测绘事业基本构架体系;加强测绘法制建设;加大基础测绘管理力度;进一步培育和规范测绘市场。二是加快建设数字中国地理空间基础框架。建设我国现代化的测绘基准和空间定位服务系统;提高基础地理信息影像数据的获取处理能力;推进基础地理信息系统数据库建设;建设基础地理信息数据交换网络服务体系。三是开创基础地理信息服务和应用的新局面。要为各级政府的管理决策、国家的重大战略、国家和地区的重大工程服务,为丰富人民群众的文化生活服务。

在《"十五"规划纲要》的指导下,"十五"期间,我国测绘地理信息事业发展以满足经济社会发展需求为出发点,不断完善测绘管理体制和运行机制,加快数字中国地理空间框架建设,推进地理信息资源开发利用,取得了一系列可喜的成就。

(二)"十一五"规划全力加快信息化测绘体系建设

"十五"末期,我国测绘地理信息事业面临难得的发展机遇。各行业信息化建设快速推进,科技进步为测绘发展提供了强劲动力,信息化测绘成为国际测绘发展的大趋势。为切实提高测绘地理信息工作信息化水平,《测绘事业发展第十一个五年规划纲要》(以下简称《"十一五"规划纲要》)将基本形成信息化测绘体系作为"十一五"时期的重要发展目标之一,同时提出要基本建成数字中国地理空间框架,建立测绘公共服务体系,大力发展地理信息产业。

《"十一五"规划纲要》确立了"十一五"期间事业发展的 9 项主要任务:一是加强测绘管理和法制建设,全面推进依法行政;二是加强基础设施建设,改善测绘发展支撑条件;三是加强基础测绘工作,丰富基础地理信息资源;四是加强公共产品开发,推进测绘公益性服务;五是加强地理信息社会化应用,繁荣地理信息产业;六是加强自主创新,推动测绘科技进步;七是加强测绘标准化工作,促进地理信息资源共建共享;八是加强人才资源能力建设,提高测绘队伍整体素质;九是加强国际合作交流,提升我国测绘的国际影响力。

在《"十一五"规划纲要》的统领下,国家测绘局制定了《测绘科技发展"十一五"规划》《国家地理信息标准化"十一五"规划》《关于加强"十一五"测绘人才工作的意见》《"十一五"测绘教育培训规划》等,对"十一五"期间的各项测绘地理信息工作作了系统、全面的部署。

为了评估"十一五"规划的落实成效,同时为编制"十二五"规划奠定基础,国家测绘地理信息局组织开展了《全国基础测绘中长期规划纲要》"十一五"执行情况评估,全国大部分省(区、市)开展了本地区测绘地理信息发展"十一五"规划执行情况评估工作,并形成了评估报告,其中,北京、浙江、广西、西藏、甘肃、新疆等省(区、市)的评估报告已报送当地政府。

"十一五"的5年,在各项规划的指导下,测绘地理信息发展取得新跨越、新突破、新成就,是上层次、上水平、上台阶的5年,是作用大彰显、地位大提高、影响大提升的5年,在诸多领域有重大创举和重要突破,为测绘地理信息更好更快发展奠定了坚实的基础。

(三)"十二五"规划奏响测绘地理信息强国最强音

"十二五"期间,随着我国进入全面建设小康社会的关键时期和深化改革、转变经济发展方式的攻坚时期,测绘地理信息发展也进入了全面构建数字中国的关键期、测绘社会产品需求的旺盛期、地理信息产业发展的机遇期、加快建设测绘强国的攻坚期。测绘地理信息发展正处于大有作为、能够作为的黄金战略机遇期。面对良好机遇,《测绘地理信息发展"十二五"总体规划纲要》(以下简称《"十二五"规划纲要》)中明确提出,"十二五"时期,测绘地理信息发展要坚持服务大局、服务社会、服务民生宗旨,着眼于"构建数字中国,监测地理国情,发展壮大产业,建设测绘强国"总体战略,努力实现测绘信息化和建设测绘强国的目标。

　　《"十二五"规划纲要》确立了"十二五"时期的10项主要任务:一是强化基础测绘地位,加快推动数字中国建设。重点围绕推进数字中国建设,加速推进测绘基准体系现代化,丰富和完善基础地理信息资源,开展全球测图工作,加快推进地理信息资源整合和数字城市建设;二是加强地理国情监测,提升测绘服务保障能力;三是丰富测绘地理信息公共服务内容,提升公共服务水平;四是加快地理信息社会化应用,促进地理信息产业繁荣;五是加快测绘科技创新,建设信息化测绘体系;六是加强区域测绘地理信息的统筹,促进区域协调发展;七是实施"走出去"战略,提升测绘地理信息国际地位;八是强化军民测绘融合,促进军民测绘协调发展;九是完善测绘体制机制,提高测绘监督管理能力;十是促进人才队伍全面发展,不断提升测绘软实力等。

　　根据《国务院关于加强测绘工作的意见》和《全国基础测绘中长期规划纲要》的要求,为妥善应对经济社会发展需求的新挑战,积极推动基础测绘"十二五"期间转型发展,2011年年底,国家测绘地理信息局、国家发展和改革委员会、民政部、财政部、国土资源部、交通运输部、水利部、国防科技工业局、总参谋部测绘局等9部门联合印发了《全国基础测绘"十二五"规划》,明确了基础测绘"十二五"期间的发展目标和主要任务。"十二五"期间的发展目标是:大力加快现代化测绘基准体系建设,完善丰富基础地理信息资源,提高基础测绘水平,全面构建数字中国、实景中国、智能中国地理空间框架,为建设功能齐全、应用广泛的测绘公共服务平台提供强力支撑,努力实现测绘信息化和建设测绘强国目标。主要任务是:大力开展地理国情监测工作,加速推进测绘基准体系现代化,丰富和完善基础地理信息资源,加强基础地理信息资源开发利用,着力转变基础测绘公共服务方式,大力加强基础测绘设施和装备建设,加快测绘科技创新和标准化建设。为保证规划目标顺利实现,《全国基础测绘"十二五"规划》制定了包括地理国情监测等在内的10项重大工程。

　　国家测绘地理信息局还先后印发了《测绘地理信息科技发展"十

二五"规划》《测绘地理信息"十二五"人才发展规划》《测绘地理信息标准化"十二五"规划》等一系列"十二五"专项规划,《促进地理信息产业发展"十二五"规划》正在编制过程中,将成为全国第一个地理信息产业方面的专题规划,对于在全国层面上整合地理信息产业资源,统筹推进地理信息产业发展,做大做强地理信息企业,切实维护国家安全具有重要而深远的意义。

地方各级测绘地理信息部门积极争取将本地区测绘地理信息发展"十二五"规划纳入本地区政府批准的专项规划序列,其中,吉林、浙江两省的两个规划均已纳入政府批准的"十二五"专项规划序列,《山东省"十二五"基础测绘规划》已被纳入山东省政府"十二五"第一批重点专项规划。

五、强化管理　保障规划计划落实

为加强基础测绘计划的统一监督管理,保障国民经济和社会发展对基础测绘成果的需求,2007 年 3 月,国家测绘局与国家发展改革委联合印发了《基础测绘计划管理办法》,进一步规范了基础测绘计划管理的程序和内容,基础测绘计划管理工作得到切实加强。同年 4 月 3 日,国家发展改革委、国家测绘局联合召开贯彻落实《基础测绘计划管理办法》视频会议,就贯彻落实该办法进行了全面部署。

为贯彻落实《基础测绘计划管理办法》,进一步做好基础测绘计划管理,推动《全国基础测绘中长期规划纲要》的实施,从 2007 年年底开始,国家测绘局组织开展了基础测绘年度计划指标体系修订工作,联合国家发展改革委对指标体系进行调整。调整后的指标体系更加符合信息化测绘发展规律,更能适应全国基础测绘的生产、管理和服务方式发生深刻变化的形势,同时也使得基础测绘计划管理制度更加完善。

在《基础测绘条例》和《基础测绘计划管理办法》两个指导性文件的基础上,山东、山西、浙江等地相继制定了基础测绘规划管理相关政策,基本形成了全国上下规划相衔接、全国基础测绘一盘棋的良好发展局面。

第二节　重大工程提速基础测绘建设

党的十六大以来,国家测绘地理信息局(原国家测绘局)以基础地理信息资源建设迈入世界先进行列为目标,着力通过大项目带动事业大发展,精心设计、认真实施国家和地方基础测绘重大工程。国家西部1∶5万地形图空白区测图工程实现了国家基本图对陆地国土的全覆盖,全国1∶5万基础地理信息数据库更新工程圆满完成标志着我国基础地理信息资源建设达到世界先进水平,海岛(礁)测绘工程顺利实施,国家现代测绘基准体系建设工程启动实施,数字城市花开神州,天地图名扬五洲,基础测绘保障能力和服务水平得到大幅提升。

一、填补空白　西部测图胜利竣工

1∶5万地形图是国家经济建设、社会发展和国家安全必不可少的基础图件。长期以来,由于受自然环境、装备水平、技术条件等方面的限制,在我国西部南疆沙漠、青藏高原和横断山脉地区,一直存在着约200万平方千米的1∶5万地形图空白区,涉及四川、云南、西藏、甘肃、青海、新疆等六省区,约占陆地国土面积的21%,包含1∶5万地形图5032幅。党的十六大以来,国家测绘地理信息局(原国家测绘局)组织实施了国家西部1∶5万地形图空白区测图工程(以下简称西部测图工程),结束了我国西部地区200多万平方千米国土无1∶5万国家基本图的历史,实现了1∶5万地形图对我国全部陆地国土的全面覆盖,标志着数字中国地理空间框架初步建成。

(一)着力打造优质工程

通过工程技术人员的共同努力,西部测图工程全面实现了科技创新、管理创新、安全创新、产品创新和质量创优的"四创新一创优"预期目标。

科技创新支撑工程建设高效实施。西部测图工程实施中,针对西部地区的自然地理特征,组织开展了关键技术攻关,取得了大量科技创新成果,造就了我国测绘史上的"四个首创":首次采用卫星遥感立体影像(90%以上),实现大规模国家地形图数字化测图;首次采用大范围稀少控制点卫星影像整体区域网平差技术,大幅度减少野外控制点数量;首次采用多波段、多极化干涉雷达测图技术,实现多云雾高山区地形图测图;首次借助海事卫星建立测绘外业生产安全监控系统,用于西部测图工程的生产作业,极大地减少了外业工作量,为工程的顺利实施和作业人员的生命安全提供了保障。

产品创新促进工程成果广泛应用。西部测图工程实施中,开发了种类多样的基础地理信息产品,既丰富了国家基础地理信息数据库的内容,也满足了西部大开发建设的需要。完成了数字正射影像图、数字高程模型、数字线划地图和地形图等基本产品,完善了现有国家1∶5万基础地理信息数据库,开发了地表覆盖图、影像地形图、晕渲地形图等多种产品;利用西部测图成果和专业部门成果编制专题地图集、图片集,并配以光盘与图集优势互补,直观生动地展示了制图区域的主题内容;针对西部六省区在应急指挥、资源管理、生态建设、电子政务,以及经济开发区管理与规划等方面的重大需求,采用现代测绘地理信息技术,开发了7个地理信息公共平台。

安全创新确保平安工程目标。西部测图工程的作业区域自然环境恶劣,工程实施中,十分注重安全生产,建立了科学合理的安全制度,开发了高效的安全监控系统,确保了工程实现"零伤亡"。建立安全保障制度,成立安全生产管理机构,分级管理;建立安全保障组织,建立了以作业小组、中队、院、局前线指挥部定时报告制度为核心的安全生产保障体系,以及项目部、承担单位、工程实施单位三位一体的安全生产应急体系;采用信息化安全监控技术手段,自主研发"西部测图工程安全监控系统",确保安全生产工作始终处于时时受控、事事受控、人人受控的"三受控"状态;与西部省区和武警部队协商建立安全生产应急救援机制;在配备了适应高原高寒作业的交通工具、生活装备以及海事卫星电话等先进装备的基础上,针对特别恶劣的环境实行了"双车双组"安全外业作业模式。

管理创新保障工程顺利实施。西部测图工程作业区域大、涉及部门多、生产周期长。工程始终坚持管理创新,建立了一套科学合理的工程管理体系,在组织、生产、财务预算等方面建立了完善的组织管理机构和制度、高效的生产管理制度、健全的财务预算管理制度,确保了工程顺利实施。国家测绘地理信息局(原国家测绘局)组织成立了西部测图工程协调领导小组、实施领导小组和工程项目部等组织管理机构,分工负责项目的组织实施。制定了适用于项目实施的项目管理办法、技术管理办法、安全生产管理办法、质量管理办法。自主开发并应用了西部测图工程管理平台。明确工程各项建设任务的下达方式采用国家测绘地理信息局(原国家测绘局)指令性计划下达和引入竞争机制通过政府采购形式确定,并在生产管理上实行合同制的方式进行指标管理。在质量控制和成果验收上明确了工程承担单位和项目的职责,并引入了监理机制。

质量创优保证优质工程打造。西部测图工程实施中,始终把质量放在首要位置。建立了完整的质量管理体系,引入监理机制,建立质量管理平台,对作业人员和质检人员进行全面的上岗技术培训。在对工程成果质量进行"两级检查一级验收"的基础上,对制图数据开展了100%的检查和10%的抽查。国家测绘地理信息局(原国家测绘局)委托国家测绘产品质量检验测试中心和四川省测绘产品质量检验站分三期对项目部完成验收的成果又进行了监督检查,对数字线划地图、数字高程模型、数字正射影像和制图数据四类成果各进行了80幅内业详查和11幅外业检查,样本涵盖了各作业区域、各测绘单位且均匀分布,各类样本成果优良率均达到88%以上。在此基础上又委托中国测绘学会对工程进行了2次评估,评估结论为成果的优良品率达到80%以上,表明工程创优的目标基本实现。

（二）工程取得重要成果

西部测图工程实施中,共有 13 个工程承担单位的 36 个实施单位、8 个质检站和 2 个地图出版社参加了工程建设,外业投入人员 2500 余人次、车辆 500 余台次。外业测图生产和作业人员克服了难以想象的困难,战胜了青藏高原严重缺氧、大雪封山、生命极限的挑战,克服了塔克拉玛干大沙漠酷暑、沙尘暴袭击、干渴的死亡威胁,顺利地完成了西部测图工程外业测图任务;内业投入了 5000 余人次、6000 余台次各类设备,科技创新集体攻关,内业生产加班加点,圆满地完成了西部测图工程的内业测图任务。

完成了覆盖我国西部约 200 万平方千米陆地国土测绘。共计测绘 6 个种类 5032 幅、3.2 万余张 1∶5 万数字地形图,工程成果数据量达到 13.4 万亿字节(TB)。测绘了 1∶5 万数字高程模型、数字正射影像(分幅的和分景的)、数字线划图、地表覆盖图、地形图、影像地形图;覆盖部分区域的 1∶5 万晕渲地形图,包括阿尔泰山、昆仑山、唐古拉山、念青唐古拉山、喀喇昆仑山、喜马拉雅山等测区主要山脉区域;覆盖重点区域的 1∶1 万数字正射影像,包括青藏铁路沿线、空白区县城城区(含位于县城周边的重要自然、人文景观区域)。

建成了大量地理信息数据库。主要包括数字线划图数据库、数字高程模型数据库、数字正射影像数据库、地名数据库和元数据库等基础地理信息数据库和西部特色地理要素数据集、影像地形图数据库、地表覆盖数据集、土地利用数据集、西部大开发重点建设工程数据集、重要地理信息统计数据集、工程资料数据集等西部综合数据库。

建立了一批地理信息公共平台。国家测绘地理信息局(原国家测绘局)利用西部测图成果帮助西部省区建立了一系列基础地理信息公共平台,如:甘肃省政务地理信息平台、柴达木循环经济试验区地理信息系统、三江源区生态环境遥感动态监测地理信息系统、中国(云南)—东盟自由贸易区—南亚区域合作联盟空间信息公共平台、四川省地理空间信息公共平台、西藏自治区突发事件应急处置地理信息平台以及新疆维吾尔自治区应急平台体系基础地理信息平台。这些地理信息公共平台在西部各省区经济社会发展中发挥了重要作用。

编制了一系列西部测图工程地图集及丛书。包括《三江源地区生态环境地图集》《中国青藏高原地图集》《中国西部人文地图集》《中国西部地区典型地貌图集》《中国西部地区典型自然景观地图系列》以及西部测图纪实丛书等。

建立了一系列重大创新作业平台。包括：全球定位系统（GPS）数据处理与数据分析软件、大范围稀少控制的高分辨率遥感影像测图系统、高精度合成孔径雷达工作站、遥感影像智能解译工作站、网络模式下内外业一体化影像调绘系统、集成化空间数据库建设平台（包括空间数据库辅助设计系统、空间数据库元数据管理系统、空间数据库数据质量检查系统、空间数据库整合系统、地物样本管理系统、景观图片管理系统、西部测图工程数据库管理系统）、西部测图工程管理平台（包括生产管理子系统、技术管理子系统、资料成果管理子系统、电子办公子系统和运行维护子系统）、外业安全生产监控与救援系统平台、机载多波段多极化干涉合成孔径雷达数据获取平台。

（三）保障西部开发建设

西部测图工程始终坚持"边建设、边应用"的原则，以应用促建设、以建设促服务，工程成果已成功应用于援藏援疆工作、西部基础设施规划建设、第二次全国土地调查、第一次全国水利普查、三江源生态建设、玉树地震和舟曲泥石流应急救灾、旅游规划开发等方面，在促进西部大开发战略实施、服务西部地区信息化建设等方面发挥了重要作用，取得了显著的经济和社会效益，并在西部地区经济社会建设、重大工程建设、政府决策和信息化管理、资源勘探开发、生态环境保护、突发事件应急处置、保障国家安全等方面显示出广阔的应用前景。2008年为配合全国第二次土地调查，工程有关部门将青藏高原等区域148万平方千米3487幅正射影像图提交全国第二次土地调查办公室，用于土地调查；2009年2月，西部测图工程塔里木盆地东部区域20幅1：5万地形

图应用于"西煤东运"工程;2009 年 6 月,向有关援疆部门提供了新疆
164 幅测绘成果及新疆民丰县航摄数据及相关文档资料;2010 年 4 月
14 日,青海玉树地震发生后,工程实施单位将灾区 385 幅 1∶5 万地形
图成果紧急送往北京,用于灾区抗震救灾工作。7 个基础地理信息公
共平台为西部六省区人民政府在突发事件应急、资源开发利用、环境保
护、电子政务等领域提供了重要的基础地理信息保障和技术支持。

二、国际先进　数据资源快速更新

　　基础地理信息数据库是数字中国地理空间框架的核心内容,10 年
来,我国陆续实施了 1∶25 万和 1∶5 万基础地理信息数据库建设与更
新工程,基础地理信息数据极大丰富,现势性大大增强。

　　(一)1∶25 万基础地理信息数据库实现全面更新

　　1∶25 万基础地理信息数据库是国家重要的基础数据资源。10 年
来,测绘地理信息部门先后两次对全国 1∶25 万基础地理信息数据库
进行了全面更新。

　　全国 1∶25 万基础地理信息数据库自 1998 年建成以来,广泛应用
于国民经济各个部门,随着城镇化、新农村建设步伐的不断加快,各类
地物变化显著,1∶25 万基础地理信息数据库的现势性已难以满足用
户应用需求。2002 年,国家测绘局组织进行了 1∶25 万基础地理信息
数据库更新工作。更新收集使用了最新的卫星影像数据、全国骨干交
通网数据、1∶5 万基础地理信息数据库中的地名资料、勘界资料,以及
各省收集的现势资料等,对 1∶25 万基础地理信息数据库中的铁路、境
界、省道及以上等级道路、乡镇及以上等级点状居民地、县级及以上等
级真形居民地、五级及以上等级河流、大型工程设施等重要地物进行了
全面更新,数据现势性达到 2000 年年底。全国 816 幅 1∶25 万基础地
理信息数据中更新图幅数为 759 幅,更新图幅占总图幅数的 93%。

　　为进一步提高 1∶25 万数据库的现势性,更好地满足经济社会发
展各方面需求,2008 年 9 月,国家测绘局继续组织开展了 1∶25 万基

础地理信息数据库更新工作。通过广泛利用收集到的各种数据,对1：25 万基础地理信息数据库中的境界、公路、铁路、居民地、水系等要素进行更新与完善,补充增加了植被和土质等数据内容,更新后数据的现势性达到 2007 年。

为实现"十二五"期间国家基础地理信息数据库建设从定期更新模式到动态更新模式的转变,实现 1：25 万基础地理信息数据库与1：5 万基础地理信息数据库的联动更新,2012 年,国家测绘地理信息局启动了 1：25 万基础地理信息数据库变量更新与建库工作。该项工作将于 2012 年年底完成,实现对现有 1：25 万地形数据库数据模型和结构的升级改造,为下一步实现 1：25 万地形数据库和 1：5 万地形数据库联动更新打好基础。

(二)1：5 万基础地理信息数据库更新顺利完成

1：5 万基础地理信息数据库是我国重要的基础性、战略性信息资源,是国家和省级进行宏观决策、规划设计、基础设施建设、应急救急、国防建设等不可或缺的基础资料。2006 年,测绘地理信息部门建设完成了国家 1：5 万基础地理信息数据库,2011 年,国家 1：5 万基础地理信息数据库更新工程顺利竣工,建成了覆盖我国国土面积比例尺最大、精度最高的基础地理信息数据库,标志着我国基础地理信息数据库建设进入世界先进行列,测绘地理信息部门向建设全国"一个网一张图一个平台"的目标迈进了坚实的一大步。

从 1998 年至 2006 年,国家测绘局组织了 1：5 万基础地理信息数据库建设工作,解决了 1：5 万基础地理信息数据从"无"到"有"的问题。取得的成果包括:1：5 万数字栅格地图(DRG)数据库、1：5 万数字高程模型(DEM)数据库、1：5 万数字正射影像(DOM)数据库、1：5万核心地形要素(DLG)数据库、土地覆盖(LC)数据库、地名(GN)数据库、元数据(MD)库及数据库集成管理系统,数据库总量约 5.3 万亿字节(TB)。1：5 万基础地理信息数据库建设贯彻了"边建设、边应用"的方针,自数据库建设以来,已先后向上千个单位提供了大量数据成果,产生了很好的社会和经济效益。

　　2006年年初建成的1∶5万基础地理信息数据库,主要是通过数字化20世纪70年代至90年代测制的纸质1∶5万地形图、1∶10万地形图形成的,在信息的鲜活程度、内容的丰富性等方面仍有较大的优化空间。为确保1∶5万基础地理信息数据库数据具有良好的现势性,2006年5月,国家测绘局启动了1∶5万基础地理信息数据库更新工程,用5年时间(2006—2010年),完成了除西部空白区以外的19150幅1∶5万地形图数据的全面更新与完善。更新后的数据与西部测图工程完成的5000多幅1∶5万比例尺的地形图一起,形成了全国1∶5万基础地理信息数据的全面覆盖与更新。

　　1∶5万基础地理信息数据库更新工程实施过程中,全国31个省(区、市)测绘地理信息部门以及军队测绘部门的150多个单位6000多人次参与建设,完成了20多万张航空相片和8000多张卫星遥感影像的信息处理,更新了工程范围内的居民地和地名以及1.4亿个地理要素;首次实现1米或2.5米高精度高分辨率正射影像数据的全区覆盖更新。工程成果数据量达到12.3万亿字节(TB),主要包括:1∶5万地形要素数据、1米或2.5米数字正射影像数据、1∶5万数字高程模型、更新版1∶5万地形图制图数据,并建立了全新的数据库管理和服务系统。更新后的数据库内容丰富,信息翔实,信息要素由原来的101类增加到437类,数据内容详尽程度翻了一番多,数据现势性整体提升20年至30年,全部达到2006年以后。工程形成了新一代国家级基础地理数据库规模化更新生产技术体系和规模化生产能力,探索出了一条军地合作共建、国家与地方优势互补、相关部门配合支持的高效管理模式,通过技术创新、资源共享和优势互补,创造出了最好的效益,达到了事半功倍的目的,大幅降低了生产成本。

　　1∶5万基础地理信息数据库更新工程按照"边建设、边应用"的原则,以应用促建设、以建设促服务,成果在国家重大项目、经济发展、应急救急保障等方面发挥了重要作用。国家测绘地理信息局(原国家测绘局)已向政府决策、电子政务、资源勘查、水利普查、交通运输、能源利用、环境保护、应急救灾、基础设施建设、科学研究、国防建设等方面提供了大量的更新成果,取得了良好的经济社会效益,节约了大量财政资金,赢得了社会各界的好评。2011年5月,国家测绘地理信息局向水利部门提供了最新1:5万基础地理信息数据作为第一次全国水利普查工作底图,大幅度减少了水利普查的野外工作量,加快了普查工作进度。围绕经济发展和百姓出行急需的交通道路信息,1:5万基础地理信息数据库更新工程优先对境界进行更新,整合国家测绘地理信息局(原国家测绘局)和交通运输部有关道路地理信息数据,对道路数据进行更新,为物流运输、车载导航、智能交通等发展提供服务。2008年以来为汶川地震、江西水灾、玉树地震、舟曲泥石流、海南台风、云南盈江地震等应急救灾制作提供了8869幅专题地图以及大量灾区基础地理信息数据,为应急指挥、灾后重建提供了现势性强、适宜性高的测绘地理信息服务保障。

(三)1:1万基础地理信息数据库建设加速实施

1:1万基础地理信息数据库是数字中国地理空间基础框架建设的重要组成部分,也是省级各类地理信息系统建设和信息化建设的基础。2006年以来,1:1万基础地理信息数据库建设进入了加速发展时期。省级1:1万基础地理信息已覆盖约462万平方千米陆地国土。北京、天津、山西、上海、江苏、浙江、福建、河南、湖南、广东、海南等11个省(区、市)实现了辖区80%至100%的1:1万数据覆盖;河北、吉林、安徽、山东、陕西等5个省实现了辖区50%至80%的1:1万数据覆盖。

"十一五"期间,全国大约有1/3的省(区、市)开始对第一代1:1万基础地理信息数据进行更新,按计划进行定期全面更新的有北京、天津、上海、江苏、浙江、河南等省市,定期更新周期少则3年,一般5年,长则8至10年。浙江省测绘与地理信息局在全省范围内实现1:1万地形图每3年更新一次。北京市1:1万基础地理信息数据在平原地区1年更新一次,山区4年更新一次。上海市1∶1万基础地理信息数据更新周期为2年一次。

三、积极推进　遥感影像获取有力

航空航天遥感影像是对地表状态最直观、最客观、最真实、最全面的记载,国家基础航空航天遥感影像成果是测制和更新国家基本比例尺地形图、建设和更新国家基础地理信息数据库的基础信息源,也是测绘地理信息部门服务国家经济社会发展的基础地理信息资源。10年来,测绘地理信息部门把握机遇,积极争取相关部门的支持,逐步健全完善遥感影像获取体制机制,为经济社会发展提供了及时有效的遥感影像保障服务。

(一)健全遥感影像获取机制

航空航天遥感影像获取是一项系统工程。近年来,国家和地方各级测绘地理信息部门、军地测绘部门相互配合,加强合作,统筹协调影像获取工作,大力推进共建共享,完善了影像采购政策,充分调动各方积极性参与影像采集,遥感影像获取机制逐步健全。

遥感影像政府采购工作规范有序。通过不断努力探索和实践,影像获取政府采购相关制度和措施从无到有,逐步建立和完善。《航空影像评标细则》《国家基础航空航天影像获取项目合同一般性条款》《国家基础航空航天影像获取项目业绩与诚信考核办法》等一系列管理规定先后印发,并根据需要及情况变化多次进行了修订完善。建立并完善了测绘航空摄影服务政府采购评审专家库,推动了测绘航空摄影政府采购工作的公正化和科学化。多年来确保了政府采购工作组织有序、程序规范,体现了公开、公平和公正的原则。

遥感影像获取资金实现多方投入。为解决影像需求巨大与财政经费不足的矛盾,国家测绘地理信息局(原国家测绘局)充分调动各方积极性,形成资金投入多方参与的良好局面。尝试采用了城市高分辨率试点航摄模式、数字省区航摄模式和低价购买已有影像成果模式。在城市高分辨率试点航摄模式下,航摄经费全部由航摄公司投入,航摄公司可对航摄成果进行增值开发及商务运作,目前试点城市已达40余个。在数字省区航摄模式下,国家测绘地理信息局(原国家测绘局)、各省测绘地理信息局、航摄公司三方共同投入,航摄公司投入比例为50%以上。按照此模式,已安排福建、江西、湖北、甘肃、黑龙江、重庆等6个省区的航摄任务。在低价购买已有影像成果模式下,政府用市场价格的1/4至1/5价格购买已有影像成果。通过上述影像获取模式的尝试和探索,既调动了航摄公司的积极性,又为国家节约了大量财政经费。

遥感影像获取统筹协调机制基本形成。国家测绘地理信息局(原国家测绘局)积极加强对全国测绘地理信息部门基础遥感影像获取计划的统筹协调,建立了省级测绘地理信息部门配套影像获取经费的机制。在满足国家基础航空航天影像需求的同时,统筹协调地方基础测绘影像需求,形成了上下一致、联动更新的模式,为数字中国地理空间框架加快建设开展了有益探索,节省了大量财政资金。随着军地测绘融合发展机制的不断完善,军地国产测绘卫星的影像数据实现了成果共享、无偿使用,并在基础地理信息更新、国防建设、维护国家安全等方面发挥了重要作用。

(二)做好遥感影像服务保障

保障基础测绘建设需求。国家基础航空摄影资料为国家1∶5万基础地理信息数据库建设与更新、1∶1万地形图测图与基础地理信息数据库更新、数字城市建设等项目提供了及时、可靠的基础数据源。10年来,中央财政支持国家基础航空航天影像获取经费达7.8亿元,完成国家基础航空摄影650万平方千米,订购0.5米至5米中高分辨率卫星影像520万平方千米,获取10米至30米分辨率卫星影像约4920万平方千米。"十一五"期间,中央财政共投入经费约3.4亿元,国家基础航空摄影完成约320万平方千米,订购0.5米至5米中高分辨率卫星影像约420万平方千米,中分辨率成像光谱仪(MODIS)数据覆盖全国范围两遍。

　　保障国家重大测绘工程实施。为满足国家重大测绘工程对遥感影像在类型、分辨率和覆盖范围等方面的特殊要求,国家基础航空摄影项目提供了针对性强的服务。为西部测图工程安排了航空摄影 22 万平方千米,机载雷达影像 11 万平方千米,订购卫星影像数据 327 万平方千米;为明长城测量工程安排重要区段航空摄影 2.1 万平方千米;为海岛(礁)测绘工程安排航空摄影 3.4 万平方千米,订购 2.5 米卫星影像数据 170 万平方千米。此外,利用国家基础航空摄影项目积累的原始影像资料,为地理信息应用与公共服务平台建设等提供了影像数据。

　　保障应急救灾及灾后重建。我国是一个自然灾害频发的国家。国家基础航空摄影资料能够为灾害监测、灾害评估与救援、灾后重建等提供及时和直观的信息,以便最大限度地减少灾害造成的损失。在 2008 年"5·12"汶川大地震和 2010 年"4·14"玉树大地震救灾过程中,国家测绘局紧急调动了多个航摄机组和数颗对地观测卫星,第一时间获取了地震灾区的光学、雷达、激光雷达(LIDAR)等多种数据,及时提供给国务院抗震救灾总指挥部及地方救灾部门,满足了灾害紧急救援的需要;安排了汶川地震灾区 13.6 万平方千米的航空摄影,玉树地震灾区 9600 平方千米航空摄影,为灾后重建规划和建设提供了科学可靠的地理信息支撑和保障。

　　保障经济社会各领域建设需求。测绘地理信息部门积极与有关部门签订成果共享协议,充分发挥遥感影像资料在经济建设和社会发展中的服务保障作用,为第二次全国土地调查、全国水利普查、国土安全、国防建设等方面提供了良好服务,无偿提供了大量影像成果资料,有力支持了这些领域的建设,得到了各方面好评。

四、重大突破　基准建设全面加速

　　测绘基准体系是国民经济、社会发展和国防建设的重要基础设施。10 年来,我国测绘基准建设取得重要成绩,国家大地控制网布设方式发生根本性变革,从原有的天文大地测量方式布网全面转变为使用全球导航卫星系统(GNSS)技术布网,似大地水准面精化工作取得重要进展,重力基准建设取得长足进步。

2000国家大地坐标系正式启用。2008年7月1日,我国新一代大地坐标系——2000国家大地坐标系正式启用,该坐标系具有高精度、地心、三维、动态的特点,适应当今国际科技发展潮流,能够更好地满足经济社会发展对高精度位置信息的要求。目前,国家级基础测绘成果的坐标基准向2000国家大地坐标系的转换工作已经完成,浙江、甘肃、江西、福建、广东、山东、河南、北京、上海等9省市已经完成或基本完成了已有省级基础测绘成果坐标基准向2000坐标系的转换,推广应用取得初步成效。

卫星定位连续运行基准站建设逐步推开。全国已有24个省(区、市)开展了实时定位精度达厘米级的卫星导航定位连续运行基准站网建设,新建连续运行基准站超过1200个。26个省(区、市)开展了似大地水准面精化工作,其中25个已经完成精化工作,23个精度达到厘米级。结合似大地水准面精化,大部分省份开展了全球定位系统(GPS)C级网建设和三等水准联测工作。

国家现代测绘基准体系基础设施建设起步。2012年6月,"十二五"国家重大测绘专项——国家现代测绘基准体系基础设施建设一期工程正式启动实施。该工程将用4年左右的时间,新建150个、改造60个全球卫星导航定位连续运行基准站,新建2500个卫星大地控制点,布设12.2万千米的国家一等水准网,布设50个国家重力基准点,建设1个国家测绘基准数据中心。工程建成后,我国将形成高精度、三维、动态、陆海统一、几何基准与物理基准一体的现代测绘基准体系,现有测绘基准体系的成果精度和数据现势性将得到全面提升,步入世界先进行列。

五、精心组织　岛礁测绘进展顺利

为维护我国海洋权益,促进海洋经济发展,2009年,我国启动实施了海岛(礁)测绘工程,目前一期工程已基本完成。

海岛(礁)测绘基准体系已初具规模。完成了由770个大地控制点组成的国家海岛(礁)大地控制网和29个1°×1°陆海交界范围航空重力测量、15.3万千米船载重力测量、海岛周边水深测量、磁偏角测量、跨海高程传递等任务,卫星定位连续运行基准站和长期验潮站建设按计划推进,预计2012年11月完成。

航空航天影像获取成果颇丰。已完成190万平方千米覆盖近海海域的航天影像获取和6万平方千米重点近海海域航空影像获取,丰富了海岛(礁)测绘影像数据资料,为摸清我国海岛(礁)数量及位置,准确掌握海岛(礁)基础地理信息提供了基础数据支撑。

岛礁大比例尺测图稳步推进。2012年年底前计划完成6400个海岛的识别与精确定位、1841幅1∶2000海岛测图、2900幅1∶5000海岛测图、188幅1∶1万海岛测图,将为我国海岛(礁)的开发利用提供丰富的基础地理信息保障。

岛礁领域科技创新取得显著成效。结合科技部"863"岛礁重点项目,组织开展了一期工程科技攻关与技术试验工作,取得了大量成果,已用于工程生产,有力地推动了工程建设。

六、保障及时　一村一图服务"三农"

为了贯彻落实中央作出的建设社会主义新农村的重大决策,自2006年开始,测绘地理信息部门统一部署,在全国范围内开展了新农村建设测绘保障服务工作,实施了"百镇千村测图"和"一村一图"等测绘保障服务工程。

各省级测绘地理信息行政主管部门根据"需求牵引、统筹规划,分级投入、科技推动,因地制宜、测以致用,整合资源、信息共享"的建设原则,开展了农村基本地形图测制、影像地图生产、专题地图制作、县域基础地理信息平台建设、涉农地理信息服务系统开发等工作,取得了丰硕成果。截至 2011 年,累计测绘各类地形图和影像地图 84953 幅、编制专题地图 370 张、建设县域基础地理信息平台 15 个、开发涉农地理信息服务系统 28 个,一定程度地缓解了农村地区测绘成果短缺、更新缓慢的问题,为新农村建设规划、农村基础设施建设、生态环境治理、基本农田保护、农村信息化建设、防灾减灾、农村旅游开发以及丰富农民的物质文化生活等提供了快捷、实用的测绘保障服务。开展了相关技术试验和地理信息服务应用,摸索出低成本、高效益采集制作农村地区大比例尺、高分辨率基础地理信息数据技术,建立了一套专门针对新农村建设测绘保障的技术体系、标准体系和系列产品模式,测绘技术和成果成功应用于涉农工程。

七、不畏艰难　边界测绘圆满完成

边界测绘是国家赋予测绘地理信息部门的一项重要职责。中国与越南的陆地边界划界和勘界测绘保障工作是测绘高新技术应用于国家边界测绘的典范,测绘工作者在勘界工作中提供了有效的测绘技术保障,向党和国家交上了一份优秀的边界测绘答卷。

10 年来,测绘地理信息部门积极配合外交部边界管理事务的需求,努力推动我国陆地边界测绘保障工作的现代化,大力推广测绘高新技术在边界谈判和实地勘界、联检中的应用,为维护我国国家主权、领土完整以及周边稳定提供了有效的测绘技术保障。2002 年 9 月,中越勘界测绘野外工作启动。40 余名政治素质高、技术水平强的测绘技术骨干人员参加了勘界测绘的野外技术保障工作。测绘勘界队员始终发扬"热爱祖国、忠诚事业、艰苦奋斗、无私奉献"的测绘精神,在分布于西南边陲的云南、广西边界线上的 12 个勘界组里一干就是七八年。他们翻山越岭、风餐露宿、在原始森林和遍布地雷的边界上作业,为国家边界的勘定洒下了辛勤的汗水,体现了测绘人艰苦奋斗、无私奉献的光荣传统。他们的工作受到了外交部、国家测绘地理信息局(原国家测绘局)、当地外事部门和四川省政府的高度赞扬。勘界期间,外交部和国家测绘地理信息局(原国家测绘局)领导多次组织赴边界考察慰问,给予勘界测绘人员极大的鼓舞和鞭策。

2009 年 2 月 23 日,中国和越南在广西凭祥友谊关公路口岸举行界碑揭幕仪式,庆祝中越陆地边界勘界立碑工作圆满结束。2010 年 1月 23 日,外交部、公安部、总参谋部和国家测绘局在北京钓鱼台联合表彰中越勘界有功人员,14 名测绘人员受到了嘉奖;5 月 11 日,国家测绘局在四川省成都市隆重表彰了 96 名参加中越边界测绘保障工作的测绘人员,14 人荣立一等功,24 人荣立二等功,58 人荣立三等功。

在中越勘界测绘中,测绘地理信息部门采用先进的测绘科技手段,研制了专门用于划界谈判、界线勘定工作的“中越陆地边界谈判地理信息系统”和“勘界地理信息系统”,使用信息技术辅助划界谈判与界线勘定,推动了边界谈判工作方式从传统手工操作向现代化信息管理的根本性转变,开创了全新的工作模式,有效提高了我国在划界、勘界、联检谈判中的预知性及主动性,减轻了边界野外工作强度,降低了边界作业的危险性,极大提高了边界勘界工作的效率与水平,为整个勘界工作提供了坚强有力的技术支持。

八、团结协作　长城长度精确测定

长城是中华文明的象征和中华民族的名片,由于历史原因和技术条件所限,人们一直未能对长城这一超大线型文化遗产进行全面、科学的综合调查,尚未掌握其空间分布、保存状况、实际长度等方面的准确数据。根据国务院关于长城保护的有关要求,国家测绘局和国家文物局于 2006 年 10 月 26 日联合签署合作协议,决定发挥各自资源和技术优势,联合开展长城资源调查与测量,国家文物局负责长城考证,国家测绘局负责测量,并共同做好明长城重要地理信息发布审核工作。2009 年 4 月 18 日,国家测绘局与国家文物局正式发布明长城长度数据:8851.8 千米。

明长城调查与测量工作以遥感影像图为基础,结合野外实地调查、调绘、补测,经过内业信息采集、数据处理、长度测量等一系列工作,全面准确掌握了明长城分布、构成、走向及其自然与人文环境等基础资料。测绘工作者利用先进的航空遥感、地理信息系统、全球定位系统、影像立体量测等现代测绘技术,确保了明长城测量的精度,大大提高了长城资源调查与测量成果的准确性、科学性,有力促进了测绘技术在全国文物普查与保护中的应用。明长城测量过程中,制作生产了明长城沿线1∶1万比例尺数字正射影像图、数字高程模型、数字线划地图、专题影像地图等数字地理信息成果,以及明长城空间分布图、长城保存状况分布图等一批重要图件。这些成果将为各地划定明长城保护范围、建设控制地带、编制保护规划、制定保护修缮方案、建立长城档案、建设数字长城等提供有力支持。

第三节　边少地区基础测绘加快发展

党的十六大以来,国家测绘地理信息局(原国家测绘局)始终坚持全国测绘地理信息一盘棋,按照加快建设全国测绘地理信息"一个网一张图一个平台"的要求,高度重视对包括西藏、新疆在内的边远地区、少数民族地区测绘工作的支持和带动。七年来,通过实施边远地区、少数民族地区基础测绘专项投入,有力支持了23个边少地区和新疆生产建设兵团基础测绘工作加快发展;动员全国测绘地理信息行业力量,扎实推进测绘地理信息援藏援疆工作,着力推动西藏、新疆测绘地理信息事业快速发展。

一、强力支持　边少地区测绘明显改善

我国边远地区和少数民族地区经济建设和社会发展相对落后,为了促进这些地区基础测绘工作的发展,根据《中华人民共和国测绘法》和国家有关财政政策规定,从2006年开始,中央财政设立了"边远地

区、少数民族地区基础测绘专项补助经费"（以下简称专项补助经费），专门用于支持边远地区、少数民族地区地方政府开展基础测绘工作。在中央及地方各级财政部门的大力支持下，各级测绘地理信息部门严格执行有关规定，充分利用专项补助经费，着力解决边远地区、少数民族地区基础测绘发展和服务中的急迫问题，取得显著成效。

2006年以来，专项补助经费共支持了内蒙古、广西、贵州、云南、西藏、新疆等23个省区和新疆生产建设兵团共146个基础测绘项目。一些项目填补了边远地区、少数民族地区基础测绘发展的历史空白，在当地引起极大反响。目前，边远地区、少数民族地区测绘地理信息部门已经完成大部分项目，这些项目所形成的成果不仅成为振兴地区经济、促进地区社会和谐的重要支撑，而且在抗震救灾、维护稳定等工作中发挥了十分重要的作用。在专项补助经费的带动下，各地方政府更加重视本地区基础测绘工作，不断优化基础测绘发展环境，基础测绘发展缓慢、停滞的局面得到显著改善。

（一）极大改善边少地区基础测绘发展环境

专项补助经费的设立在推动各级政府重视和促进基础测绘发展、加大本地区基础测绘投入方面显现出较强的示范效应。

一是政府重视的程度提高，基础测绘工作发展更加顺利。云南、西藏、吉林、甘肃、陕西、新疆等省区的政府领导或亲临基础测绘生产一线调研，或对基础测绘发展作出重要批示。在各级政府的关心支持下，边远地区、少数民族地区基础测绘规划、计划、生产、服务等方面发展环境更加优化。专项补助经费所覆盖的地区中，大多数地区政府审议并通过了本地区基础测绘规划，设立了专门的规划实施经费，为有计划地推动本地区基础测绘发展、保证《全国基础测绘中长期规划纲要》的顺利实施奠定了重要基础。

二是明显调动了边远、少数民族地区政府增加基础测绘投入的积极性，推动各地形成了基础测绘稳定投入机制。专项补助经费的实施促使当地政府显著提高了对本地基础测绘的投入，大多数地区对专项补助经费项目安排了配套投入。专项补助经费项目的实施,推动形成了国家财政和地方财政共同支持基础测绘发展的有利局面,为这些地区基础测绘的稳定快速发展打下了良好的基础。

(二)极大改进边少地区基础测绘落后局面

一是极大地促进了边少地区基础测绘工作的顺利开展。自2006年设立专项补助经费以来,西藏基础测绘工作发展速度逐步加快。使用专项补助经费完成的"1∶100万西藏自治区行政区划图和地形图"项目使自治区政府和社会各界用上了现势性好的地图产品,引起了极大反响;正在组织实施的"拉萨林芝河谷地带1∶1万数字线划地形图航测成图"项目是西藏历史上规模最大的省级基础测绘项目;另一正在实施的项目《西藏自治区地图集》的编制出版将彻底结束西藏没有地图集的历史。上述基础测绘项目的实施,对西藏地区的经济发展、社会稳定和文化建设等具有重要的推动作用。

二是专项补助经费项目成果初步满足了地区经济社会发展的迫切需要。这些成果不仅成为振兴地区经济、促进社会和谐的重要支持,而且在国家重大战略规划的实施、应对自然灾害和各类突发社会公共事件的处置中得到广泛应用。云南省完成的"云南省省级大地控制网—全球定位系统(GPS)C级网观测及数据处理项目"已广泛应用于本省经济社会发展各方面,成为该省目前使用范围最广泛的基础测绘成果之一。安徽省通过实施贫困县区基础测绘专项补助项目,积极探索解决这些地区基础测绘工作落后状况的持续机制,深化了专项补助经费的使用效益。山西省应用专项补助经费项目成果制作"奇秀平顺"主题宣传片,直观、全面地展现了区域地形地貌、自然人文景观和经济概况,成为政府了解区域情况、制定规划决策的重要依据,同时还为当地旅游经济发展提供了重要支撑。新疆维吾尔自治区开展的1∶1万、1∶1000及1∶500地形图测绘,为准东、伊犁、吐哈及库拜四大煤田煤化工基地建设、塔里木河流域综合治理工程、艾比湖综合治理工程、产业园区建设等提供了及时有效的基础数据,保障了这些重大工程项目的顺利实施。

（三）切实加强专项补助经费项目组织管理

为确保专项补助经费发挥最佳效益,2006 年 9 月,财政部与国家测绘局联合印发了《关于印发〈边远地区、少数民族地区基础测绘专项补助经费管理办法〉的通知》(以下简称《管理办法》)。《管理办法》规定,财政部主要负责专项补助经费的预算和资金管理,国家测绘局主要负责专项补助经费的项目管理。按照《管理办法》的要求,并根据《全国基础测绘中长期规划纲要》文件的有关精神,国家测绘局研究确立了专项补助经费项目管理的指导思想、申报原则、重点支持领域以及申报程序、申报材料的编制等事项,将其作为对项目申报单位的要求纳入年度项目申报指南中。经过几年实践,项目申报单位的遴选过程日益规范,遴选方法更加科学,申报程序更加严格,申报材料的编制规则更加成熟,从制度和程序上保证了专项补助经费项目“项目管理、突出重点、讲求效益”的原则得到切实落实。

专项补助经费项目审核工作进一步加强。根据财政部关于预算审核的有关管理规定,结合专项补助经费项目管理特点,国家测绘地理信息局(原国家测绘局)建立了项目审核专家委员会,制定了项目审核暂行办法,形成了较为完善的专家决策机制。组织完成对各地申报项目的审核论证,从中优选出 146 个项目向财政部提出下达预算的建议。国家测绘地理信息局(原国家测绘局)注重加强对各地区专项补助经费项目实施工作的指导,召开多次专项补助经费工作座谈会,印发了有关文件,开展了实地调研,及时发现存在的问题并指导解决,大大提高了专项补助经费的使用效益。2011 年,国家测绘地理信息局(原国家测绘局)组织会计师事务所分别对云南、贵州等 7 个省(区、市)截至2010 年年底已完成的 21 个项目的经费使用管理情况进行检查,针对检查中发现的问题下发整改通知,进一步规范了经费的使用。

各地测绘地理信息部门项目申报和实施程序更加严格。各地测绘地理信息部门在当地财政部门的直接指导下,严格执行《管理办法》所确定的项目申报、评审程序,依据《全国基础测绘中长期规划纲要》和本地区基础测绘规划,本着"急用先测、促进应用"的原则,充分发挥本地各级测绘地理信息部门的积极性,深入研究本地经济社会发展对基础测绘保障服务的需求,优先申报基础测绘规划所明确的、经济社会发展所急需的项目。经过六年的实践,各地专项补助经费项目申报广泛有序,体现出如下特点:一是依据规划。在申报专项补助经费项目时,充分考虑和参考本地区基础测绘规划的有关内容。二是科学论证。为保证专项补助经费项目的科学性,各地按照《管理办法》的要求,坚持对项目进行科学论证和评审。三是精心组织。各地测绘地理信息部门加强项目实施管理,配合省级财政部门有效开展项目预决算管理,保证了工作的顺利开展。

二、全力助推　西藏新疆测绘跨越发展

西藏和新疆的发展和稳定,关系全国改革发展稳定大局,关系祖国统一、民族团结、国家安全。党的十六大以来,测绘地理信息部门通过资金补助、项目倾斜、人才支援、技术支持、成果提供等多种手段,不断加大对西藏、新疆测绘的支持力度,为西藏、新疆的经济发展和社会稳定作出了积极贡献。

（一）大力支援西藏测绘地理信息事业发展

2007年7月,国家测绘局印发了《关于继续做好人才援藏工作的通知》,进一步明确了人才援藏的工作机制,把人才援藏与干部的培养、使用结合起来,有计划、有目的地选派有培养前途的年轻干部进藏,支援当地建设。

2009年8月,为全面贯彻党的十七大精神,深入贯彻落实科学发展观,进一步推动西藏测绘工作,国家测绘局出台了《关于加强测绘援藏工作的意见》并召开了测绘援藏工作会议。《关于加强测绘援藏工作的意见》提出了测绘援藏工作的5项政策措施:一是继续加大对西藏测绘的投入。进一步以项目为依托,通过基础航空摄影、边远少数民

族地区基础测绘补助经费等专项,在资金上给予西藏基础测绘支持。二是加快数字西藏建设。加大对西藏基础地理信息数据的获取力度,在5年内基本完成数字西藏地理空间框架建设。三是不断满足西藏测绘成果应用需求。加大西藏测绘成果应用服务力度,加快西藏地理信息公共服务平台建设,大力推进反恐维稳等应用系统建设,帮助西藏建立测绘应急保障工作机制,不断丰富大众地理信息和地图产品。四是加强对西藏测绘依法行政工作的指导。加强对西藏测绘立法、政策制定方面的指导,帮助西藏进一步完善相关测绘法规。五是继续加强人才援藏和人才培训、技术培训工作。逐步提高援藏人员的待遇,加大西藏测绘管理和专业技术人员培训。

2000年以来,国家测绘地理信息局(原国家测绘局)通过直接拨款、间接投入等方式,大幅增加了向西藏基础测绘、基础设施建设的投入。"十五"以来,国家测绘地理信息局(原国家测绘局)安排了西藏地区基础航空摄影近9.85万平方千米,获取各种卫星遥感影像近222.8万平方千米。在西藏布设了2000个国家重力基本网点,使国家大地水准面在西藏地区的精度达到±0.6米,基本能够满足各方面的应用需求。"十一五"期间,国家测绘局向西藏地区提供了1∶5万、1∶25万数字化基础测绘成果累计约1.2万幅(点),数据量达到80千兆字节(GB),较好满足了西藏自治区各级政府和部门在决策规划、工程建设等方面对基础地理信息的需求,有力促进了西藏自治区经济和社会发展。

各地测绘地理信息部门将自身实际和西藏的具体需求相结合,有效地开展援藏工作,派遣过硬的技术人员,使用先进的测绘仪器,精心组织、认真实施,确保援藏项目顺利完成,为西藏建设提供了及时可靠的测绘保障服务。湖北省测绘局高度重视援藏工作,多次组织人员赴西藏山南地区开展泽当至曲松三级公路测量、琼结至措美三级公路实测和复测,完成长220千米、宽400米的带状1∶2000公路测量任务,投入人员近40人次,全球定位系统(GPS)接收机、水准仪、全站仪、平板仪等测量仪器 30 多台(套)。重庆市勘测院利用在桥梁检测方面的技术优势,在西藏昌都开展了 5 座城市桥梁检测工作,对 5 座桥梁进行检测评估,提出了有针对性的建议,以确保桥梁的运营安全。

（二）积极助力新疆测绘地理信息事业腾飞

2010 年 8 月,为了深入贯彻落实党中央、国务院关于对口支援新疆的重大决策部署,国家测绘局出台了《关于加强测绘援疆工作的意见》并召开测绘援疆座谈会。《关于加强测绘援疆工作的意见》明确了新时期测绘援疆工作的 10 项主要任务:一是建设新疆现代测绘基准体系,二是测制新疆基本比例尺地形图,三是建设新疆基础地理信息数据库,四是推进新疆地理信息资源应用,五是争取新疆测绘重大专项,六是做好对口援疆测绘工作,七是加强新疆测绘装备建设,八是加快新疆测绘技术进步,九是强化新疆测绘统一监管,十是加大人才援疆力度等。

"十一五"以来,国家测绘地理信息局(原国家测绘局)进一步加大了对新疆基础测绘的投入,实施了约 70 万平方千米 1∶5 万地形图测绘工作,开展了基础航空摄影、数字城市地理空间框架建设、新农村地理信息系统建设、边远地区少数民族地区基础测绘专项补助和支援新疆人才等项目,全面提升了测绘地理信息为新疆经济社会发展提供保障服务的能力和水平,促进了新疆经济社会的稳步发展。

根据党中央、国务院关于对口援疆的总体部署,各地测绘地理信息部门根据自身实际优势,大力开展援疆工作。2010 年 11 月,陕西测绘局深入贯彻落实中央援疆工作会议精神和全国测绘援疆工作会议精神,向新疆捐赠了多种物资,包括越野汽车、重型载重汽车、全站仪、探地雷达、计算机和笔记本电脑等硬件设备,以及摄影测量与建库和制图数据编辑一体化系统、省级基础地理信息数据坐标转换软件、实用化大地测量软件包、省长专用电子地图系统、专业制图和编辑软件、数据采集与导航系统、测绘产品质量检查系列软件等测绘装备。成立了 50 名骨干人员组成的测绘援疆青年突击队,在大地测量、航空摄影测量与遥感、地理信息数据库和系统建设、测绘产品质量监督检验等方面,分批对新疆各测绘生产单位管理和技术人员进行培训。2010年7月,江西省测绘局圆满完成了江西省新一轮对口支援新疆建设工作启动后的首个援建项目,完成阿克陶县73平方千米基础测绘任务,为江西省承担援建的阿克陶县城、14个乡镇以及交通等基础设施的规划编制提供了测绘保障服务。2011年5月,山东省国土测绘院在测绘援疆工作中,完成岳普湖、麦盖提、英吉沙三县项目区D级全球定位系统(GPS)控制网、四等水准网的布测以及26平方千米1∶1000地形图测绘、56平方千米无人机航摄及1∶1000正射影像图制作。2011年,四川测绘地理信息局向新疆维吾尔自治区测绘局援助了一批仪器设备、软件和资金。

第四节　极地科考测绘保障及时有力

"极地考察,测绘先行",在茫茫的南北两极,测绘人是科考队的眼睛。党的十六大以来,国家测绘地理信息局(原国家测绘局)派员参加了历次南极和北极科学考察工作,为极地科考活动提供了强有力的测绘保障,并在极地测绘研究方面取得一系列重大科学成果,为维护和争取我国在和平利用南北极中的权益,促进我国极地科考事业发展作出了卓越贡献。

一、基础先行　极地测绘成果丰硕

10年来,国家测绘地理信息局(原国家测绘局)以中国南极测绘研究中心、极地测绘科学国家测绘地理信息局重点实验室以及黑龙江测绘地理信息局极地测绘工程中心为平台,大力开展极地测绘基础设施和基地建设,为国家极地科学考察工作提供了强有力的测绘保障。

一是圆满完成南极长城站、中山站、昆仑站和北极黄河站建站以及多学科考察的各项测绘保障任务,包括建站选址测绘,为科考活动定位导航等。

二是建立了包括平面坐标系统、高程系统、重力基准、全球定位系统(GPS)卫星跟踪站等在内的中国东、西南极和南极内陆大地测量基准系统,在西南极乔治王岛、东南极拉斯曼丘陵、格罗夫山以及中山站至冰穹A等地区埋设了几十处具有高精度坐标点位的永久性测量标志,完成了我国南极考察地区卫星大地控制网布设,包括覆盖长城站地区1000平方千米的全球定位系统(GPS)卫星网,覆盖中山站拉斯曼丘陵地区3000平方千米的大地控制网,覆盖东南极格罗夫山地区1万平方千米的全球定位系统(GPS)卫星控制网。

三是测绘了覆盖面积达20万平方千米的南极地图。从中国首次南极科考测绘的第一幅1∶2000比例尺南极长城站地形图,到南极长城站、中山站多种比例尺地形图、航测影像地形图,再到世界上第一幅人工施测的格罗夫山核心区冰盖高原地形图及卫星影像地图,测绘工作者以实际行动填补了我国南极地图的空白,同时还研制了多用途、多种类的多媒体电子地图,建设了可供我国多学科考察研究使用的基于地理信息系统的共享服务平台。

四是命名了300多个南极地名,并得到国际南极研究科学委员会承认和公布,有力维护了我国在和平开发利用南极中的地位。

五是为我国在南极内陆冰盖最高点建设昆仑站作出重大贡献。从中国第21次南极考察开始,国家测绘地理信息局(原国家测绘局)3次派出队员挺进南极内陆冰盖,安全顺利完成考察路线导航任务,出色地寻找和测定了南极冰盖最高点,首次人工精确测绘了世界上第一张南极最高冰盖区地形图,为中国南极昆仑站建站提供了有力保障。

六是开展全南极国际全球定位系统(GPS)联测(the SCAR Epoch GPS Campaigns),为南极大地测量基础设施(GIANT)建设打下坚实的基础。主要工作包括:在南极建立和维护一个高精度的测量参考框架,并与全球陆地参考坐标框架(ITRF)相连接;测量南极板块与相邻板块以及微板块之间相对运动速率和分离方向;确定由于冰盖的变化和海洋负荷的变化引起的南极垂直形变;统一南极垂直系统的基准,确定南极各验潮站的海拔高程;确定南极板块内部地块的相对运动;建立南极潮汐和全球陆地参考坐标框架之间的大地测量连接等。

二、潜心科研　科技创新再立新功

测绘工作者在极地恶劣的自然环境下,利用现代测绘等高新技术开展极地测绘科学研究工作,构建了极地测绘技术体系,获取了一批重要成果。

一是构建了南极测绘基准设施。测绘工作者历时4年,在南极埋设了41个永久性测绘标志,测定了43个全球定位系统(GPS)控制点,2个A级绝对重力点,测制完成了一批具有科学研究意义的地图产品。这些成果不仅为我国南极考察提供了测绘保障,而且扩大和提高了我国南极测绘的国际地位和影响力,对争取与维护我国在南极的权益具有重要意义。

二是开展了极地基础测绘科研工作。测绘工作者以历次科考为契机,大力开展极地基础测绘相关研究工作,取得了丰富的极地基础测绘科研成果。建成了南、北极科学考察地区大地测量基础框架,形成了极地考察数据后期处理和产品生产能力。综合利用南、北极科学考察地区高精度大地测量数据和卫星测地数据在相关学科中开展了应用实验,建成了南极科考地区地理信息系统。开展了东南极中山站至DOME－A带状区域大地水准面精化研究、基于测地雷达的冰下地形测绘及冰川物理研究、中山站至DOME－A沿线中国内陆站区冰盖运动监测研究、长城站中山站黄河站全球定位系统(GPS)跟踪站观测和南极板块运动监测研究、北极黄河站冰川运动监测研究、全球定位系统(GPS)在极地高空大气环境方面的应用研究、埃默里冰架运动监测及其物质平衡研究等极地测绘科学研究工作。

三是建成了极地空间数据库与互联网信息管理系统。研建了极地测绘空间数据库与网络电子地图,对极地考察中所获得的测绘数据和极地地图信息实现有效管理,使用户可以通过互联网了解南极地区相关信息,查询地理信息数据。2003年研建了基于地理信息系统(GIS)的中国极地科学考察管理信息系统,通过互联网将北京、上海、武汉三地的系统应用、科学数据、电子地图的服务器进行集成。利用虚拟三维再现技术,构建了我国南北两极虚拟极地考察站,使极地站管理、极地考察宣传和科普教育等更直观、真实、生动。2009年10月,南极中心自主研发的"雪龙在线"网络信息平台在我国第三代极地考察破冰船雪龙号上安装运行。"雪龙在线"信息平台可以实时显示雪龙船所处的位置、浏览雪龙船计划航线、抽样显示实际航线、查询雪龙船某一天的实际航线、进行地图测距和面积测量、浏览各国考察站点以及雪龙船动态数据曲线图等,为极地考察主管部门、考察队员及其家属以及社会公众提供了一个了解雪龙船航行状态的窗口,内地专家团队还能通过信息平台为雪龙船航行提供必要的信息支撑。

四是编制出版了《南北极地图集》。2009年11月,极地测绘科学国家测绘局重点实验室、中国南极测绘研究中心组织编制完成了我国第一部反映南北极自然地理环境与中国南北极测绘科学考察成果的地图集——《南北极地图集》。《南北极地图集》对我国南北极测绘的各类地图成果进行了系统化、规范化、科学化的概括与整理,收集了国内外相关资料,综合反映了25年来我国南北极测绘的历史与科学研究成果,由序图组、南北极概览图组、南极洲区域地理图组、北极地区区域地理图组、中国南极考察地区图组、北极考察地区图组和附录7个部分组成。《南北极地图集》突出反映了极地特有的区域地理特点和景观,采用全数字地图制图技术,汇集了普通地理图、专题地图、影像地图共70余幅,图片约150张,文字说明约2.2万字。

五是开展了"南北极环境综合考察与评估专项"测绘保障研究。2012年2月,我国启动"南北极环境综合考察与评估专项",这是我国极地领域近30年来规模最大的一个极地专项,将围绕极地环境考察与评价、应对气候变化、极地权益争端等问题开展工作。专项实施过程中,测绘地理信息工作者以南北极冰雪环境变化监测为核心,充分利用各种测绘、遥感技术,取得了阶段性成果。主要包括:建立了菲尔德斯半岛资源环境图谱数据库;编制了菲尔德斯半岛系列单要素专题信息图谱及景观综合信息图谱;建立了PANDA断面高精度数字高程模型;制作了南极冰盖PANDA断面典型区域冰流速图;完成了适用于冰盖冰架连续运行全球定位系统(GPS)自动监测系统方案及样机;编制了卫星测高数据处理软件,南大洋实验区卫星测高重力异常图;完成了破冰船走航信息平台的设计和原型开发等。

六是开展了多项国家级科研课题。极地测绘研究人员在国家"863"计划、科技支撑计划、"973"计划以及国家自然科学基金等的支持下,开展了多项极地测绘科研课题,包括:"基于多源遥感数据的东南极PANDA断面冰貌环境信息提取及监测研究""极区冰盖冰架变化遥感监测技术""多尺度遥感数据按需快速处理与定量遥感产品生成关键技术""东南极冰盖/冰架变化研究""东南极区域性高分辨率大地水准面与高程系统建立理论与方法研究""极区电离层特征及层析模型研究""两极冰盖高程变化与物质平衡研究"等。

三、积极参与　国际合作日益深化

极地测绘工作者牢牢把握国际极地事务和国际合作的最新方向,积极参与相关国际合作,强化与国际知名极地测绘科研机构、大学等的合作交流。先后参与了国际南极研究科学委员会(SCAR)组织的"全南极地形数据库的建立""国际南极地名数据库的建立""国际南极大地测量基础框架构建""南极板块运动国际合作研究""国际互联网南极电子地图库系统"等多项国际合作项目研究,得到国际同行专家的高度认可和重视,提高了我国极地科学考察与研究的国际影响力。中国南极测绘研究中心作为国际南极研究科学委员会(SCAR)地学科学工作组的主要成员之一,先后参与SCAR组织的南极大地测量基础框架和南极地理信息系统(GIS)两大领域的国际合作项目研究,包括南极板块运动的 SCAR 全球定位系统(GPS)会战联测、南极地图测制、地名数据库构建等。此外,中心还受 SCAR 委托,成功组织召开了两次有关南极地区的"地理信息系统(GIS)国际研讨会"。

第五节　珠穆朗玛峰复测举世瞩目

珠穆朗玛峰是世界最高峰,其精确高程一直为世界所关注。2005年,国家测绘局组织开展了测量珠峰高程工作,运用最先进的现代测绘技术,获取了珠峰岩石面海拔精确高程为 8844.43 米,标志着人类对地球的认识达到新的高度,测绘精神在世界屋脊熠熠生辉。

一、精心组织　缜密设计复测方案

珠峰地区处在印度板块和欧亚板块边缘的冲撞挤压地带,地壳运动活跃,在珠峰地区定期开展大地测量,具有重要的科学意义。1975年,中国测绘工作者对珠峰进行了高程测量,海拔 8848.13 米这一数据得到了全世界的认可。在此之后,珠峰周围地区的环境发生了重大变化,外国登山队、科学家频繁对这一地区开展地学研究,多次公开发表他们测量的珠峰高程数据。因此,我国再次组织攀登珠峰并重新精确测定珠峰高程,具有重要的政治意义和现实的科学意义,社会影响显著。

为了维护珠穆朗玛峰高程的权威性、唯一性,2005 年 3 月,经国务院批准,国家测绘局启动了珠穆朗玛峰高程测量工作。3 月 9 日,国家测绘局与中国科学院、西藏自治区人民政府联合召开新闻发布会,正式宣布 2005 年重新测量珠峰高程的消息,标志着珠峰高程测量工作正式启动。

珠峰高程测量复杂且艰巨,为了圆满完成测量任务,国家基础地理信息中心和陕西测绘局组织专家成立了技术方案编写组,编写了外业实施方案、峰顶测量技术方案和数据处理方案,并多次征求专家意见,对技术方案进行反复论证和修改。在专家们的共同努力下,技术方案几易其稿,于 2005 年 2 月通过了国家测绘局组织的专家验收。随后,国家基础地理信息中心制定了《2005 珠穆朗玛峰高程复测实施方案》,对项目组织机构、进度计划、珠峰顶部测量观测任务、珠峰及邻近区域控制测量、数据处理、珠峰高程成果发布、珠峰高程测量纪念碑设计、新闻宣传等内容作了周密考虑和明确规定。

面对珠峰高程测量的巨大挑战,国家测绘局组建了中国珠峰测量队,40 多名队员被分成了全球定位系统(GPS)综合测量分队、水准测量分队、重力测量分队和登山冲顶分队等 4 个分队,同时展开各自的测量工作。根据周密拟订的计划,整个测量行动分为 4 个阶段展开。

第一阶段,2005 年 3 月 17 日至 4 月 17 日,进行珠峰外围地区的测量工作。GPS 测量分队在青藏高原广大地区的 30 个主测量点和 40 多个副测量点展开 6 轮联机观测行动,联机观测的数据结果将反映青藏高原地壳变化进程的细节。重力测量分队从拉萨开始向珠峰边测量边推进。水准测量分队从已经取得相对青岛水准原点精确高度的西藏拉孜县起测,逐步向珠峰推进。登山冲顶分队在珠峰大本营开始适应性训练。

第二阶段,2005 年 4 月至 5 月,在珠峰周边地区进行测量。GPS 综合测量分队完成珠峰 GPS 控制网 32 点及峰顶 GPS 联测网 8 点的布测。水准测量分队分别通过 4 条路线向珠峰推进,选定珠峰下的交会测量点,完成二等水准 379.7 千米、三等水准 17.3 千米、测距高程导线 20.5 千米。重力测量分队进驻珠峰地区展开测量,完成二等重力点及引点 5 个、加密重力点 86 个、登山路线上重力点 5 个。

第三阶段,2005 年 5 月 22 日 11 时 08 分,2005 珠峰高程测量人员克服了高海拔、大温差、风烈日灼等恶劣的自然条件,成功登上珠穆朗玛峰峰顶,并开展了珠峰高程测量有关活动。登顶队员在峰顶竖起测量觇标,并进行了 GPS 测量和峰顶雪深测量。测量觇标在珠峰竖立的同时,珠峰脚下的 6 个交会测量点同时展开测量工作。这标志着我国

2005 珠峰高程测量工作取得了决定性胜利,中国测绘地理信息工作者在世界屋脊树立起一座新的里程碑。

第四阶段,2005 年 5 月至 6 月,在西安的国家测绘局大地测量数据处理中心和北京的国家基础地理信息中心进行数据整理、分析和计算,获得珠峰高程最终数据。

2005 年 10 月 9 日,国务院新闻办公室举行新闻发布会,国家测绘局向全世界公布了珠穆朗玛峰复测的新高程:岩石面海拔高程 8844.43 米。珠峰高程测量获得圆满成功。

二、技术先进　精良装备复测队伍

珠穆朗玛峰高程测量活动采用多种当代最新的测绘技术手段,由我国专业测绘人员和专业登山人员联合组建珠峰登山测量队,把先进的测量仪器带到珠穆朗玛峰顶峰,在峰顶设置全球定位系统(GPS)接收机,重新竖立测量觇标和观测棱镜,并利用声波探测技术测量峰顶雪深。同时,对跨越冈底斯、喜马拉雅构造带的 GPS 监测网的 30 个点进行观测,监测珠穆朗玛峰及临近地区、青藏高原的地壳变化特征,体现珠穆朗玛峰的水平变化与垂直变化关系,研究地球动力学机制。

此次珠峰高程测量活动共布设 GPS 监测网 30 点、珠峰控制网 29 点;布设二等水准路线 5 条,共计 490 千米,布设三等水准支线 1 条;沿登山线路布设测距高程导线,将国家高程基准传递至珠峰脚下,运用 GPS 测量、精密水准测量、重力测量,结合三角测量、导线测量方法,精确测定珠穆朗玛峰高程。

三、意义重大　复测成果影响深远

这次活动是我国有史以来规模最大的一次珠峰高程测量活动,17 人同时登顶创造了登山运动史上的奇迹。测绘队员们发扬了艰苦奋斗、无私奉献、顽强拼搏、勇攀高峰的科学探索精神,以实事求是、严谨细致、一丝不苟、精益求精的科学态度,用最现代的科学技术手段出色

完成了珠峰高程的精确测量,是人类测绘史上的又一壮举。这次珠峰高程测量具有以下四方面意义:

一是政治意义。珠峰登顶测量取得决定性胜利,彰显了中国测量珠峰高程的权威性,激发了人民群众的爱国热情。珠峰作为世界最高峰,它的高度历来受到各方面的关注。珠峰高程的精确测定是政府行为,是国家主权的体现。由国家测绘地理信息主管部门组织实施这一重大测绘项目,通过新闻媒体的宣传报道,在全社会引起巨大反响,受到人民群众的热切关注和期待,其政治意义和社会意义不言而喻。

二是科技创新。自1975年我国对珠峰高程进行测量以来,测绘科技进步巨大,在大地测量、全球定位系统(GPS)技术、雷达探测技术等方面都有了很大的进步和完善,为这次再测珠峰高程创造了科技方面的条件。通过这次测量活动,得到了更加精确的珠峰高程数据,这对于研究珠峰及其临近地区的地壳运动,对于地球动力学研究、地震预报、防灾减灾等方面都具有十分重要的意义。

三是人文精神。珠峰登顶测量获得圆满成功,展现了一种奋斗不息的人文精神,体现了人类对大自然的探索,同时也是对人类探险精神的肯定、对人类勇往直前精神的推崇。

四是行业激励。珠峰登顶测量获得圆满成功,充分展现了我国新时期测绘地理信息工作者的良好精神风貌,进一步弘扬了"热爱祖国、忠诚事业、艰苦奋斗、无私奉献"的测绘精神,为树立中国测绘良好形象作出了可贵的贡献。

第四章 科技与人才工作

引 言

科技与人才工作事关事业发展长远和大局。党的十六大以来,党中央、国务院提出了大力实施科教兴国和人才强国战略,为测绘地理信息部门进一步做好科技与人才工作指明了方向。全国测绘地理信息工作者以科学发展观为统领,坚决贯彻党中央、国务院关于加强科技和人才工作的一系列方针政策,瞄准国际测绘地理信息科技发展前沿,围绕推动测绘地理信息事业转型升级实际需要,坚定不移地实施科技兴测和人才强测战略,科技与人才工作取得了可喜成果。

10年来,测绘地理信息科技创新体系不断完善,科技创新取得重大突破,科技发展整体水平进入国际先进行列。技术装备水平显著提高,实时化地理信息数据获取、自动化地理信息数据处理和网格化地理信息管理与服务能力大幅提升。资源三号卫星成功发射稳定运行,测绘地理信息数据获取能力取得历史性突破。中国测绘创新基地快速建成,一流的科研、生产、服务、管理基地彰显现代测绘地理信息新形象。人才队伍规模、素质、结构、布局明显改善,人才效能显著提高。国际合作交流不断深化,中国测绘地理信息的国际地位进一步提升。

第一节　测绘地理信息科技大发展

科技是推动测绘地理信息事业发展的不竭动力。党的十六大以来,国家测绘地理信息局(原国家测绘局)坚持以科学发展观为统领,着眼经济社会发展大环境,瞄准国家发展战略要求,瞄准社会民生需求,瞄准国际科技发展前沿,认真实施"科技兴测"战略,不断优化政策环境,完善组织管理体系,加大科技研发投入,加强科技人才培养,强化关键领域科技攻关,形成了较为完备的测绘地理信息科技创新体系,取得了一批重大科技成果,科技创新整体水平步入国际先进行列。

一、精心打造　创新体系更加完善

(一)政策环境明显改善

为统筹测绘地理信息科技发展,国家测绘地理信息局(原国家测绘局)先后出台了《测绘科技发展"十五"规划》《测绘科技发展"十一五"规划》《测绘地理信息科技发展"十二五"规划》《国家测绘局关于加强测绘基础研究和能力建设的意见》《国家测绘局关于加强测绘科技自主创新的意见》等重要文件,统筹安排各时期测绘地理信息科技创新工作的总体思路、工作重点、保障措施等,为测绘地理信息科技全面、协调、可持续发展奠定了坚实基础。

为强化测绘地理信息科技创新规范化管理,为创新活动营造良好的政策环境和氛围,国家测绘地理信息局(原国家测绘局)制定了《国家测绘局重点实验室建设与管理办法(试行)》《国家测绘局实验室评估规则(试行)》和《国家测绘局工程技术研究中心评估规则(试行)》等,形成了包括科技创新体系建设、运行、管理、评估等在内的一整套规章制度,促进了局重点实验室和工程技术研究中心的规范化运作和健康发展。印发了《测绘自主创新产品认定管理办法(试行)》,制定了《测绘自主创新产品认定管理办法(试行)实施细则》,通过成果鉴定、科技奖励、产品认定等方式,营造了激励自主创新的环境。为增强自主创新能力,提高我国测绘地理信息科技的国际竞争力,启动实施了测绘地理信息"走出去"战略,在引进国外先进测绘地理信息科技、提高自主知识产权产品服务国际竞争力、深化人才培养等方面取得明显成效。

（二）组织体系持续优化

国家测绘地理信息局(原国家测绘局)以调整结构、转换机制为重点,加强测绘地理信息科技创新组织体系建设,逐步形成了由知识创新体系、技术创新体系、技术应用体系、科技管理与服务体系构成的较为完善的测绘地理信息科技创新组织体系。测绘地理信息知识创新体系以测绘地理信息高等院校、科研院所、国家和部门级重点实验室为主体,重点开展基础研究、前沿技术研究、关键技术攻关。测绘地理信息技术创新体系以部门级工程技术中心和高新技术企业为主体,着力在"创新、产业化"方针指引下促进科技成果的产业化。测绘地理信息技术应用体系以生产服务性事业单位为主体,以沉淀、应用、转化创新成果为主要任务,注重推动技术成果向现实生产力转化。测绘地理信息科技管理与服务体系以各级测绘地理信息科技管理部门、相关学会协会等组织、技术服务中介机构为主体,重点开展成果转化、科技交流、技术咨询与培训等科技服务活动。

测绘地理信息科技创新组织体系初具规模。国家测绘地理信息局(原国家测绘局)重点实验室和工程技术研究中心达到17个,研究领域从传统的大地测量、摄影测量与遥感、工程测量和测试计量拓展到地理信息工程、对地观测、海岛(礁)测绘、地理国情监测等,基本覆盖了测绘、矿产、海洋、地理国情监测等应用领域,全面提升了测绘地理信息科技创新能力。当前,知识创新、技术创新及技术应用各环节紧密联系、层次清晰、交叉融合的完整的测绘地理信息科技创新组织体系基本形成。

企业科技创新主体地位进一步强化。测绘地理信息部门以信息化测绘体系建设为主线,依托重大测绘地理信息工程,围绕制约地理信息产业发展的关键技术,积极倡导企业、高校和科研院所联合开展自主研究研发,及时将高新技术企业纳入到创新体系中来,鼓励并支持企业开展科技创新。10年来,成功研制出以数字航空摄影仪、机载合成孔径雷达测量系统、移动测量系统、无人飞行器航测系统、新一代数字摄影测量、遥感影像数据综合处理及测图系统、地理信息动态数据库、公众版国家地理信息公共服务平台天地图等为代表的一大批自主知识产权软硬件装备和系统,推进了信息化测绘体系建设,提升了我国地理信息产业发展核心竞争力。大量研究成果已经成功应用于生产实践,提高了工作效率,也提升了企业的技术创新能力和水平,拓展了自主知识产权仪器装备的市场覆盖范围,促进了地理信息产业的发展。

（三）投入机制基本健全

各级财政为测绘地理信息科技创新开辟了多方位、多渠道的投入方式,投入力度不断加大。10年来,中央财政对测绘地理信息科研经费投入超过10亿元,为测绘地理信息科技发展提供了有力的经费支撑。国家重大测绘地理信息专项和基础测绘项目经费中也安排了一定数量的生产性试验经费,解决了重大项目实施的科技保障问题。测绘地理信息事业单位在单位服务总值中也提取一定比例经费作为技术开发经费,增强了本单位科技竞争力。广大地理信息企业则以市场为导向,加大科技创新和研发投入,较好解决了生产和产业化过程中涉及的技术问题。企事业单位、大学、科研机构等以投入为纽带建立了多种形式的产学研合作关系,形成了项目共建、利益共享、风险共担的机制。各级测绘地理信息部门和企事业单位还不断建立健全资金使用管理制度,严格执行项目经费管理,确保科技投入投资效益。

（四）队伍素质大幅提升

通过成果鉴定、科技奖励、产品认定等方式,鼓励科研工作者积极开展科学研究,充分调动了测绘地理信息科研工作者的积极性与创造性,增强了科研工作对人才的吸引力。依托测绘地理信息重点学科、重点实验室、工程技术研究中心、博士后工作站等平台,选拔了一批学术造诣高、创新能力强、业绩突出、发展潜力大的高层次优秀人才承担、参加重大科研项目,切实加强了专业技术队伍和创新型人才培养,培养和造就了一批具有世界科技前沿水平的领军型人才,充实和壮大了测绘地理信息科技创新人才队伍,增强了测绘地理信息事业发展的后劲。测绘地理信息行业企事业单位高级技术人员比例逐年上升,队伍整体素质持续提升,为测绘地理信息事业加快发展提供了强有力的人才资源支撑。

二、开拓创新　重大成果不断涌现

党的十六大以来,测绘地理信息科技工作以信息化测绘体系建设为主线,大力推动测绘地理信息关键技术攻关,形成了一批重大创新成果,其中20余项成果获得国家级科学技术奖励。10年来,测绘地理信息科技积极促进数据获取实时化、处理自动化、服务网络化和应用社会化,有力保障了测绘地理信息事业加快发展,彰显了"科学技术是第一生产力"的引领支撑作用。

（一）大地测量技术取得重要突破

建立了我国地心坐标系统——2000国家大地坐标系（CGCS 2000）,有力促进了测绘基准体系从二维向三维、静态向动态、参心向地心的转变。我国民用第一颗高分辨率立体测图卫星"资源三号"研制成功。高分辨率测绘卫星应用技术研究取得突破,填补了我国卫星立体测图领域的空白,逐步形成了自主的航天遥感测绘技术和应用体系,提高了遥感资料获取能力和应用技术水平。北斗卫星导航系统已进入全面组网阶段,服务范围覆盖亚太地区。开发了与北斗卫星导航系统兼容的高精度定位芯片,结束了我国高精度卫星导航定位产品"有机无芯"的历史。开发了以数字摄影测量工作站和数字制图系统为代表的一批具有自主知识产权的技术集成系统,大幅度地提高了地理信息数据获取、处理、管理、分发和服务的能力。进行了卫星导航定位数据处理、地理信息数据建库和遥感应用、地形复杂地区地形图测绘等一批关键技术的攻关,为 2000 国家卫星大地控制网、珠穆朗玛峰高程复测、各级基础地理信息数据库建设、西部 1∶5 万地形图空白区测绘、海岸带和海岛(礁)测绘、数字城市、新农村建设、主体功能区规划、极地科考等国家和地方重点工程实施提供了强有力的科技支撑。

(二)摄影测量与遥感技术结硕果

摄影测量与遥感实现了从传统航空摄影测量到航天、航空、低空与地面综合遥感的拓展,从单一数据获取平台向多传感器集成的多层次平台的升级。惯性测量单位(IMU)加差分全球定位系统(DGPS)辅助数字航空摄影测量、大面阵大重叠度航空数码相机、三线阵航空数码相机、机载激光雷达系统、机载合成孔径雷达系统、数字低空遥感等技术研究取得突破。自主研发的 SWDC 系列数字航摄仪、机载多波段多极化干涉合成孔径雷达(SAR)数据获取集成系统填补了国内空白。车载三维数据获取、地基无线传感器网络系统等方面的技术瓶颈得到突破。高分辨率遥感影像地形自动提取技术、机载合成孔径雷达(SAR)测图系统、地表覆盖遥感解译、大跨度区域的控制测量与区域网平差、基于光学和雷达遥感影像的测图与地物提取技术、内外业一体化生产工艺等关键技术研究开发取得重大进展。自主研制了国内第一套具有世界先进水平的高分辨率遥感影像数据一体化测图系统,不但解决了工程的实际问题,而且在其他领域也得到广泛应用。自主研发的 LD 2000 - R 型系列移动道路测量系统处于国际先进水平,开发了空间信息三维虚拟现实系统,研发成功了半自动化的微机数字摄影测量工作站 JX - 4C、全数字化摄影测量系统 VirtuoZo、数字摄影测量网格系统 DPGrid、高分辨率遥感影像数据一体化测图系统 PixelGrid,推出了专业化的合成孔径雷达(SAR)影像处理软件,在遥感影像信息解译与目标识别智能方法、陆地遥感数据同化、新型遥感器数据的定标技术等方面取得明显进展。地理信息监测车、无人飞行器航摄系统、掌上电脑(PDA)数字地形测图系统等数据快速获取装备研制成功并投入实际应用。解决了基于影像快速更新、缩编更新、质量控制等难题,沉淀形成了我国 1：5 万基础地理信息全面更新的技术体系。自主研发了 GeoImage、ImageInfo 等国产系列遥感软件,研制了完全自主知识产权的无级式变焦地图工作站并得到具体应用,从综合性地理信息系统 (GIS)基础平台软件发展到基础平台软件、公共服务平台软件、应用开发平台软件、专项工具软件和应用软件系列,产品达到国际先进水平。

(三)地图制图技术实现重大转变

建立了多尺度、多版本的基础地理信息数据库,实现了地理信息系统由二维、静态向多维、动态的发展。开展了基础地理信息数据库更新关键技术研究,建立了基础地理信息数据库更新技术体系,提高了基础地理信息更新能力和现势性程度,形成了地理信息服务技术体系,开展了数字中国、地理国情监测和地理信息公共服务平台相关技术研究,加强了测绘地理信息应急保障技术能力建设,提高了地理信息开发利用技术水平。时空数据挖掘关键技术、开放式虚拟地球集成共享平台技术等取得重要进展,地理信息技术正在与云计算技术、物联网技术等新兴技术集成,实时化地理信息数据获取、自动化地理信息数据处理、网格化地理信息管理、全方位地理信息共享与服务、多元化地理信息集成与应用等方面的能力大大提升。

(四)取得一批高水平的科技成果

在大地测量、摄影测量与遥感、地图制图与地理信息系统等技术领域取得全面进步的同时,在多个关键领域也取得了世界一流的科技成果,实现了测绘地理信息技术体系的转型升级和保障服务能力的全面提升。

在基础地理信息辅助决策方面,开拓了地理信息系统与空间辅助决策相结合的新渠道,建立了面向政府的空间辅助决策软件系统,实现了多个部门协同为国务院领导提供信息服务的目标。以国家中尺度基础地理信息作为空间载体,为国家各专业信息系统建设提供统一的空间定位数据平台,支持了 200 多个国家级和省级政府、社会经济、科研教育和国防部门的专业地理信息系统建设,建成了国务院综合国情多媒体电子地图系统、国务院防汛气象信息系统、面向政府业务部门和省级政府的空间辅助决策信息系统,以及面向军事指挥的空间辅助决策支持系统,能够通过互联网为国内外用户提供多种内容服务,相关研究成果获得2002年度国家科技进步二等奖。

在摄影测量与遥感技术领域,突破了数字线划地图(DLG)、数字正射影像图(DOM)、数字高程模型(DEM)和数字栅格地图(DRG)"4D"产品技术方法,利用卫星遥感影像更新地形图的技术方法,利用卫星遥感影像进行土地利用和覆盖变化监测的关键技术与方法,利用"4D"技术进行洪灾预报与评估的技术方法,以及无人机低空遥感系统技术等。在国内首次提出"4D"产品的完整概念和生产流程方案,实现了由传统模拟产品向数字产品的转化,实现了1∶5万基础地理信息生产技术标准化和产业化,相关研究成果获得2003年度国家科技进步二等奖。

在数字地表模型多维动态构模方面,以地理实体及相互间关系的抽象与表达为主线,研究了地表空间铺盖、地物空间关系理论、数字地形精度、多维动态空间数据建模、多尺度表达等基本问题,发展了三种多维数据建模工具,开展了国家级数字高程模型数据库等应用工程,研制了导航空间数据标准等国家标准,相关研究成果获得2004年度国家自然科学二等奖。

在地理信息资源开发与技术产业化领域,以多尺度、多种类基础地理信息数据为支撑,通过对政治、经济、社会、人文、教育科研等各方面信息资源进行整合,构建了数字区域地理空间基础框架,完善了地理信息的生产应用技术体系,推动了我国由数字化地图生产向建立基础地理信息数据库的转变,为我国全面启动基础地理信息数据库建设奠定了技术基础,相关研究成果获得2004年度国家科技进步二等奖。

在高精度高分辨率似大地水准面精化技术方面,结合我国重力和地形资料及国内外优秀的重力场模型,研制了适合我国重力场特征的360阶重力场模型WDM 94,建立了我国新一代分米级似大地水准面

CQG2000，研制了江苏省、海南省、深圳市、大连市及南水北调西线工程具有厘米级精度的省、市似大地水准面模型，研制了卫星测图软硬件一体化系统，相关研究成果获得2004年度国家科技进步二等奖。

在地理信息网络服务技术方面，提出了矢量、影像、数字高程模型、三维城市模型集成的分布式空间对象模型理论，提出了三个层次的地理信息共享与互操作的接口方法，突破了地理信息网络服务关键技术，研制出地理信息网络共享服务平台GeoSurf，能够支持多操作系统平台，支持海量矢量、影像、数字高程模型和三维城市数据的分布式管理和网络上的高效传输与浏览，支持多种移动设备和多数据源的空间信息移动服务，拓展了地理信息应用领域，建立了较完整的地理信息网络服务技术体系，带动了地理信息网络服务产业的形成与发展，相关研究成果获得2005年度国家科技进步二等奖。

在地理信息数据自动综合技术方面，提出了地理信息数据多尺度表达理论，研制了具有自主知识产权的地图综合生产软件DoMap，能胜任1∶500到1∶25万多个尺度的地图综合缩编，较传统技术生产效率提高10倍，数据成果在精度、一致性、完备性方面满足数字地图的技术规范和数据质量要求，解决了地理信息数据快速更新技术难题，相关研究成果获得2005年度国家科技进步二等奖。

在大地控制网建设方面，建立了国家高精度几何大地控制网——2000国家GPS大地控制网，建立了高精度的国家重力控制网——2000国家重力基本网，建立了高精度的统一的2000国家地心坐标系统。建设成果已在航天、航空、航海中得到了应用，在大地测量、航空摄影测量及城市建设、地震、国土、大型建设工程中均发挥了重要作用，在多项国防建设及军事训练中得到了充分应用，标志着我国大地测量工作已步入国际先进行列，相关成果获得2006年度国家科技进步二等奖。

在移动道路测量技术方面，综合应用卫星定位技术、惯性导航系统（INS）或航位推算系统、电荷耦合元件（CCD）以及自动控制等多种技术，研制成功LD 2000系列移动道路测量系统，以车载遥感的方式，实现了对道路及道路两旁地物的地理信息数据、属性数据的快速采集和处理,可生成能满足不同需要的专题数据库及电子地图,整体技术达到国际先进水平,广泛应用于测绘地理信息、交通、军事、铁路、公安等部门,相关研究成果获得 2007 年度国家科技进步二等奖。

在区域精密高程基准面建立关键技术方面,突破了精密大地水准面确定的方法与关键技术,使区域似大地水准面精度由分米级提高到厘米级,推动了高程测定模式的革命性转变。提出了严密的陆海统一算法。研制建立了一批可供工程应用的 1 厘米精度的城市级、5 厘米精度的省级和分米级西部大部分地区似大地水准面模型,解决了近海区域跨海高程测量难题。研究成果应用于国家重大专项工程中,产生了巨大的经济效益,节约经费近 2 亿元,相关研究成果获得 2008 年度国家科技进步二等奖。

在遥感测图平台研制方面,研制出首个集群分布式大型遥感处理软件 ImageInfo,性能达到国际同类软件先进水平,结束我国遥感领域重大工程长期依赖国外软件的历史。研制出超轻型低空遥感测图系统,解决了高分辨率遥感数据机动快速获取的难题。攻克了国产卫星高精度定位、超分辨率重建、高精度几何校正、变化信息高精度自动检测 4 项遥感测图关键技术。研究成果已应用于第二次全国土地调查、全国城镇与农村测图、国家西部 1∶5 万地形图空白区测图工程(以下简称西部测图工程)等 10 多项国家民用和军事重大工程中,获得 2009 年度国家科技进步二等奖。

在分布式大型地理信息系统平台研制方面,成功研制了具有自主知识产权的大型分布式地理信息系统平台软件 MapGIS,实现了海量数据的快速获取和更新功能、面向地理实体的地理信息数据管理功能、真三维动态建模与可视化功能、地理信息网络服务功能,支持网络环境下地理信息数据的分布式计算,能够满足国家空间基础设施建设和重大工程信息化建设的需要。软件平台广泛应用于国土资源、能源、水利、林业、通信、市政设施、交通等行业信息化建设,成功应用于“神舟”系列载人航天飞船搜救工程及"汶川抗震救灾"基础地质数据集成,相关研究成果获得2009年度国家科技进步二等奖。

在国家系列比例尺地形图保密处理技术方面,发明了地形图大地坐标数学变换技术,使保密的地形图经过变换后,生成新的地形图,既能隐藏精确的大地坐标,达到安全保密要求,又能确保地形图的拓扑关系、图形细节、图像分辨率都不发生变化,距离、角度、面积量测的相对精度也能够得到保证,因而可以公开发行,广泛应用。这项技术已大规模投入使用,全国有数百万辆汽车的卫星导航系统,以及各种带有卫星导航定位功能的手机都使用了经过本项技术处理的电子地图,已创造超过100亿元的经济效益,相关研究成果获得2009年度国家技术发明二等奖。

在高精度自动陀螺定向与机器人位移监测技术方面,突破了精度优于±5″的自动陀螺定向技术,发明了国际先进的自动陀螺快速定位定向系统。发明了亚毫米级精度单波测距技术与仪器,突破了大气中测距的国际难题。发明了实时亚毫米级精度位移监测仪器,使测程从100米提高到1000米以上,极大提高了预警防灾能力,各项指标达到国际领先水平,相关研究成果获得2009年度国家技术发明二等奖。

在时空数据挖掘关键技术方面,创建了基于地理信息数据场的数据同化新模型,突破了面向知识提取的时空数据整合、面向地理特征、分类、演化和分区知识挖掘模型与算子等重大关键技术,研制了时空数据挖掘系统平台,创建了时空数据挖掘工程化技术流程,实现了面向应用的时空数据挖掘技术集成,编制了系列标准规范,并应用于国家基本地形图更新、全国土地资源调查、全国土地利用总体规划等,相关研究成果获得2010年度国家科技进步二等奖。

在开放式虚拟地球集成共享平台技术方面,突破了全球多源多尺度海量地理信息数据组织与分布式管理、地理信息数据高效传输与三维可视化、大规模用户并发访问等关键技术,创新了异构地理信息和软件共享与互操作方法,研制了网络三维虚拟地球软件平台GeoGlobe。

采用 GeoGlobe 建立了国家地理信息公共服务平台天地图,建立了第二次全国土地调查国家级数据库管理系统。相关研究成果获得 2010 年度国家科技进步二等奖。

在特大异型工程精密测量与重构技术方面,针对特大异型工程体量大的问题,提出了基于城市卫星定位连续运行跟踪站快速"按需建网"的精密控制测量技术。针对特大异型工程实时动态测量精度要求高的问题,研制了基于经纬仪、全站仪以及数码相机为传感器的高精度三维坐标测量系统。针对特大异型工程质量与安全监控困难的问题,提出了基于地面激光雷达的精密三维重构技术。针对特大异型工程结构复杂的问题,提出了特殊的快速施工放样方法并发明了专用测量装置,相关研究成果获得 2010 年度国家科技进步二等奖。

在测绘基准和地理信息快速获取关键技术领域,提出了现代测绘基准建设技术和实现方法。集成似大地水准面精化、精密单点定位、新一代数字摄影测量等技术,在国内首次建立了不依赖地面控制点的高精度快速摄影测量生产体系。通过汶川和玉树灾区实践,首次在我国建立了应急测绘集成技术体系和测绘信息应急服务系统。研究成果在全国多个省级和市级现代测绘基准建设中得到广泛应用,并推广用于西部测图工程、第二次全国土地调查等国家重大工程。相关研究成果获得 2011 年度国家科技进步二等奖。

第二节 测绘地理信息装备水平大提高

技术装备决定业务水平。党的十六大以来,测绘地理信息技术装备建设紧密跟踪技术发展潮流和趋势,不断推进新技术、新装备在测绘地理信息领域的应用,形成了以地理信息数据获取、处理、存储与服务为生产流程的数字化技术装备体系,完善了以测绘卫星、无人飞行器航摄系统、机载合成孔径雷达(SAR)测图系统、国家地理信息应急监测系统、高性能地理信息处理和服务设施等为代表的较为先进的测绘地理信息技术装备,信息化测绘能力显著提升。

一、天地一体　数据获取实时化

航天遥感影像获取能力初步具备。2012年1月9日,我国首颗高分辨率立体测图卫星资源三号在太原卫星发射中心成功发射。资源三号具有立体测图功能,测图精度高、影像数据量大、处理速度快,集测绘和资源调查功能于一体,可以长期、连续、稳定、快速地获取覆盖全国的高分辨率立体影像和多光谱影像以及辅助数据,为国土资源调查与监测、防灾减灾、农林水利、生态环境、城市规划与建设、交通、国家重大工程等领域的应用提供服务。资源三号多项技术指标达到或优于国外同类型测绘卫星水平,实现了我国在该领域的重大突破,打破了长期制约我国测绘地理信息发展的卫星影像贫乏的瓶颈,大大增强了我国卫星遥感影像自主获取能力。

航空遥感数据获取能力显著增强。截至2011年底,我国测绘地理信息行业拥有航空摄影仪353台。河北、山东等地购置了航空摄影直升飞机。部分地方引进并装备了先进的ADS80三线阵航空数码相机、惯性测量单元(IMU)加差分全球定位系统(DGPS)辅助数字航空摄影测量、大面阵大重叠度航空数码相机、机载激光雷达系统、机载合成孔径雷达系统、数字低空遥感装备等,我国航空摄影装备整体能力得到显著提高。作为航空摄影装备核心部件的航摄仪经过多年攻关取得重大突破,我国自主的数码航摄仪SWDC系列研制成功并投入生产实践,填补了国内空白。在前期成果基础上,又相继研制成功SWDC-5数码倾斜摄影仪、SSW车载激光建模测量系统、DY-2点云工作站等国产软硬件产品,并成功运用于生产。SWDC系列产品的精度指标达到国际领先水平,整体技术指标达到国际先进水平,广泛应用于国土、测绘地理信息、水利、公路、铁路、城建、环保、旅游等部门。SWDC系列数码航摄仪的研制成功和应用,打破了国外对数码航摄仪的垄断,降低了我国测绘地理信息技术装备建设成本,提高了我国测绘地理信息技术装备国产化水平。

　　低空无人飞行器航摄系统得到大力推广应用。无人飞行器航摄系统是快速获取高精度地理信息的重要手段。根据增强测绘地理信息应急服务保障能力、提升基础地理信息数据现势性等的迫切需要,国家测绘地理信息局(原国家测绘局)全面开展了无人飞行器航摄系统的推广应用工作,目前全国已装备无人飞行器航摄系统100余架,大大提高了测绘地理信息技术装备水平。无人飞行器航摄系统作为传统航空摄影测量手段的有力补充,其灵活机动、高效快速、精细准确、作业成本低等优势,已经在汶川、玉树、盈江地震,甘肃舟曲、四川绵竹、云南怒江、贵州关岭等地泥石流等重大灾害的应急测绘保障服务中得到淋漓尽致的显现,发挥了重要的、不可替代的作用,得到了有关部门和各级领导的肯定和高度评价。

　　机载合成孔径雷达测图系统研制成功并用于实践。我国幅员辽阔,大面积多云雾地区难以获取光学影像。然而受发达国家技术壁垒的影响,长期以来我国无法引进先进的机载SAR测图系统与技术。经过3年的科技攻关,2011年5月,机载多波段多极化干涉SAR测图系统研制成功,整体技术达到国际先进水平,增强了我国对地观测数据获取能力,解决了冰雪云雾覆盖区域的测图难题,弥补了航空航天光学遥感影像难以在多云雾冰雪地区影像数据获取的缺陷,在困难区域测绘、防灾减灾应急保障、地理国情监测以及国防安全方面发挥了重要作用。生产单位利用该系统完成了横断山脉云雾冰雪和高植被覆盖区域11万平方千米的雷达影像数据获取和测图生产,保障了西部测图工程的顺利实施。该系统成功应用于陕西渭南地区1200平方千米的SAR影像数据获取和1∶1万、1∶5万比例尺产品测制,在2010年4月玉树抗震救灾应急响应中,快速获取了灾区2000平方千米影像数据,为玉树应急救灾提供了保障。

　　国家地理信息应急监测系统得到推广。为实现应急测绘保障"快速到达现场,快速获取、处理、传输数据"的要求,国家测绘地理信息局

（原国家测绘局）成功研制出国家地理信息应急监测系统并配备到生产一线。该系统集应急三维地理信息与任务规划、无人机遥感影像获取、地面视频采集、遥感影像数据快速处理、卫星远程传输、应急运输保障、移动会商等7个子系统为一体，实现了应急航空遥感数据的快速获取、现场快速处理、卫星远程传输和应急指挥等，实现了现场成果输出并提供服务。系统首次集成了卫星远程传输系统，实现了应急测绘数据实时快速远程传输，可为重大自然灾害、社会公共安全等突发事件的处置提供全流程应急保障。该系统的成功研制和广泛应用大幅提升了我国测绘地理信息应急保障和地理国情监测水平，在海岛（礁）测绘、禁毒反恐侦测、海域动态监管和黄河凌汛侦察等工作中，发挥了重要作用。目前系统已装备到广西、陕西、四川、河北、福建等5个省区，黑龙江、海南、江西、贵州等省也将配备到位。

现代化地面和水下测量装备得到广泛应用。截至2011年底，测绘地理信息系统拥有的常规测量仪器中，全球定位系统（GPS）接收机4235台，全站仪3279台，地下管线探测仪294台。基于掌上电脑（PDA）的野外数据采集、地基无线传感器网络系统等方面的技术瓶颈逐一突破，道路移动测量装备等一批代表测绘地理信息技术发展方向的地理信息数据高端获取设备逐步推广，地面地理信息获取能力进一步增强。2006年，研发成功集全站仪和GPS技术于一体的超站仪，实现了高精度动态单点定位测量，简化了测图作业程序，减少了作业强度。水下高精度定位装备的研制也实现了重大突破。2004年，我国第一套水下高精度定位系统研制成功，集成动态GPS定位、水下水声定位、水声通讯和无线电通讯等现代高科技手段，打破了国外对水下高精度定位技术的垄断，填补了我国在水下高精度定位导航和水下工程测量领域的空白。

二、自主研发　数据处理自动化

自主研制的摄影测量与遥感软件得到广泛应用。数字摄影测量工作站 JX－4C、全数字化摄影测量系统 VirtuoZo 以及数字摄影测量网格 DPGrid 系统等大量自主研发装备成为地理信息数据处理的主要装备。全数字摄影测量系统已经在测绘地理信息行业广泛应用，使遥感影像处理效率大大提高。其中，我国具有自主知识产权的国产遥感处理软件高分辨率遥感影像数据一体化测图系统 PixelGrid，是国内第一套完整和先进的高分辨率遥感影像测图系统，系统全部自主研制，整体达到国际先进水平，其中核心技术——线阵影像的摄影测量处理技术和基于多基线、多重特征的自动匹配技术曾分别获得 Carl Pulrich Award 2005 年度奖和 Hansa Luftbild Award 2007 年度奖等国际摄影测量与遥感界的权威奖项，技术达到国际领先水平。在多年的应用、改进和优化中，该软件日臻成熟，在地理国情监测、测绘应急保障等领域发挥了重要作用，受到用户广泛欢迎。目前，全国 25 个省（区、市）的 89 家单位使用了这一系统。

自主研发了新一代多源航空航天遥感数据一体化高效能处理系统。该系统实现了数据处理的通用化和自动化，能够对国产天绘 1 号和资源 3 号等卫星影像数据进行自动快速处理，可以在稀少控制点或无控制点条件下完成从空中三角测量到相应比例尺的数字线划地图、数字正射影像等的生产。该系统在国家西部测图工程、全国第二次土地调查、海岛（礁）测绘工程等国家重大工程中得到大规模应用。陕西、四川、黑龙江等地应用该系统完成 1∶5 万基础地理信息数据动态快速更新，工作效率大大提高。在汶川地震、玉树地震、舟曲泥石流等测绘地理信息应急救灾保障中也发挥了重要作用。此外，该系统安装于国家地理信息应急监测车，为快速获取监测信息、及时服务领导决策提供科学依据。

成功研制具有完全知识产权的现代航空摄影测量自动空三软件。软件整体自动化水平高，处理数据能力强，在目前的各类空三处理软件中功能最强，尤其是能够处理姿态和比例尺差别比较大的无人机、无人飞艇航摄所获取的影像，能够处理现有市场上所有的面阵相机的数据，能够批量处理海量数据且精度高、处理效率高,在生产中得到广泛应用。此外,SAR成像及数据处理技术装备日趋成熟,国内推出了各种专业化的合成孔径雷达SAR影像处理软件,广泛用于解决多云、多雨和多雾地区的测图问题。

国产地理信息系统软件产品种类和功能逐渐丰富。主要国产地理信息系统软件如北京超图地理信息技术有限公司SuperMap GIS系列、武汉中地数码有限公司MapGIS、武汉大学吉奥公司GeoStar、中国测绘科学研究院NewMap等,以及一些专题数据处理软件,如北京吉威数源信息技术有限公司的地理信息处理软件、北京数字政通科技有限公司的数字城管地理信息系统、北京苍穹数码测绘有限公司的苍穹国土数据处理系统、北京山海经纬信息技术有限公司的警用综合地理信息系统等地理信息系统软件性能与国外软件不相上下。伴随信息化和数字城市建设不断推进,地理信息系统集成应用已拓展到经济、社会各领域。

三、科学管理 数据服务网络化

数字化测绘成果数量的迅猛增长,以及数字化存储技术和设备的快速发展,推动测绘成果的存储与服务设施发生了巨大变化。党的十六大以来,以大型服务器、磁盘阵列、网络设备为主的存储管理与服务不断发展,极大地提升了测绘地理信息网络化服务水平和能力,促进了地理信息的社会化应用。开通了国家动态地图网和国家地理信息公共服务平台天地图公众版,部分省、市还建立了面向特定应用领域、区域的基础地理信息服务系统,地理信息服务能力不断提高,每年通过网络、离线等方式向社会各界提供大量的模拟成果和数字成果。相继为中央办公厅、国务院办公厅、国务院有关部门以及城市建设、规划、国土等机构建立了专用地理信息服务系统,在各级党政部门管理决策、国家和地方的重大工程规划建设、突发公共事件的应急处置以及维护国家安全和利益等方面发挥了重要作用。

第三节　资源三号开启航天测绘新时代

卫星测绘作为测绘地理信息发展的前沿,一直是测绘地理信息发展的重要方向。党的十六大以来,在党中央、国务院的正确领导下,我国卫星测绘事业取得跨越式发展。随着《国家中长期科学和技术发展规划纲要(2006—2020年)》、国家空间基础设施相关发展规划等一系列重大规划的出台与逐步落实,第二代卫星导航重大专项与高分辨率对地观测系统等重大专项全面开始实施,卫星测绘能力建设取得重大进展,形成了较为完整的卫星测绘生产、应用服务体系。2012年1月9日,资源三号在太原发射中心成功发射升空,我国卫星测绘实现从依靠国外到自主发展的本质转变,测绘卫星实现从科学研究到业务化运行的全面升级。

一、关怀备至　卫星测绘快速发展

党中央、国务院高度重视我国的卫星测绘事业,胡锦涛总书记在2003年中央人口资源环境工作座谈会上强调,要"推进数字中国地理空间框架建设,加快信息化测绘体系建设,提高测绘保障服务能力"。2006年,温家宝总理批示要求"要再接再厉,继续努力,在完善管理体制、科技自主创新、快速传送信息方面取得新的突破,抓好关键技术和重大项目的组织实施,提高利用、监管、保障、服务水平"。同年,时任副总理曾培炎在听取国家测绘局工作汇报时强调,资源三号测绘工程及地面应用系统的建设等工作势在必行。2011年,李克强副总理到中国测绘创新基地视察,宣布国家测绘局更名为国家测绘地理信息局,并对地理信息产业发展和测绘卫星工作作出重要指示。

2007年,国务院发布了《航天发展"十一五"规划》和《国务院关于加强测绘工作的意见》。《航天发展"十一五"规划》提出发射高分辨率立体测图卫星,初步形成全天候、全天时、多光谱、不同分辨率、稳定运行的卫星对地观测体系,建立卫星测绘应用中心等专业应用机构等与卫星测绘有关的各项发展内容。《国务院关于加强测绘工作的意见》提出"在充分利用国内外卫星资源的基础上,加快自主研制发射满足测绘需求的应用卫星,加强卫星应用系统建设"。《航天发展"十一五"规划》和《国务院关于加强测绘工作的意见》的印发使我国测绘卫星发展上升到国家规划层面,为卫星测绘提供了前所未有的发展机会。

　　根据党中央、国务院的指示精神,从 2004 年底开始,国家测绘局着手谋划我国首颗民用测绘卫星资源三号的立项、论证和研制等工作,联合中国空间技术研究院、武汉大学等单位制定了测绘卫星的发展思路和技术方案。2005 年,联合中国航天科技集团公司向国家有关部门上报了资源三号卫星工程立项请示,编制了《测绘部门"十一五"航天规划(草案)》,启动发展测绘卫星的各项工作。根据规划,国家测绘局将作为业主或主用户研制发射包括高分辨率光学立体测图卫星、干涉雷达卫星、激光测高卫星和重力卫星在内的测绘卫星系列并建立自主测绘卫星综合应用服务体系。2008 年,国务院正式批准资源三号卫星工程立项建设。2009 年,经中央有关部门批准,国家测绘局卫星测绘应用中心(现国家测绘地理信息局卫星测绘应用中心)正式成立,承担制定我国测绘卫星发展规划、研究卫星测绘关键技术、加快测绘卫星立项研制发射、建设测绘卫星应用系统、促进卫星测绘成果应用、推动卫星测绘工作全面发展等职责。

二、成功发射　测绘卫星显现优势

　　2012 年 1 月 9 日,资源三号卫星在太原发射中心成功发射升空。6 月,资源三号完成各项在轨测试。测试结果表明,卫星系统功能和性能全面满足《资源三号卫星工程研制总要求》,关键项目性能优于指标要求,经过地面几何检校后,定位精度达到国际先进水平,卫星各项指标均达到或超过设计要求。7 月 30 日正式在轨交付国家测绘地理信息局投入使用。

　　资源三号在轨道高度为 506 千米的太阳同步圆轨道飞行,在一个回归周期内,可对地球南北纬 84 度以内地区实现无缝影像覆盖,重访周期为 5 天,设计工作寿命为 5 年,重约 2635 千克。卫星配置了三线阵测绘相机和多光谱相机,采用三线阵测绘方式,生成立体测绘影像。三线阵测绘相机前视、后视全色影像地面像元分辨率 3.5 米,正视全色影像地面像元分辨率 2.1 米,多光谱相机正视多光谱影像地面像元分辨率 5.8 米。

　　按照"边建设、边应用"的原则,在资源三号研制建设过程中,国家测绘地理信息局(原国家测绘局)同步建设了资源三号测绘卫星应用系统。资源三号测绘卫星应用系统包括资源三号卫星业务运行管理、影像分析与地面检校、影像处理与应用、立体测图产品、产品质量监督与服务、数据管理和数据分发服务、国土资源应用等 8 个分系统。

　　卫星测绘应用技术研究取得新突破。在数据处理、应用及在轨测试关键技术研究领域,提出了资源三号测绘卫星测图技术框架体系、资源三号测绘卫星应用系统建设技术路线,建立并验证了资源三号测绘卫星成像模型,完成了地面几何检校、影像模拟、影像压缩的测图精度评价、三线阵区域网平差、数字高程模型(DEM)和数字正射影像(DOM)自动生成、基于三线阵影像的高效立体测图、地面控制点影像库构建、海量立体影像管理等一系列关键技术开发。在高分辨率对地观测系统测绘应用关键技术领域,完成了高分辨率测绘应用示范总体方案设计,构建了高分遥感数据测绘应用示范原型系统。在立体测图技术领域,解决了国产卫星长期存在的高精度应用难题,建立了基于资源三号等国产卫星的航天测绘技术体系,为行业大规模应用提供关键技术支撑。另外,为适应地理国情普查和监测需要,提出了建立地理国情监测技术体系、研究多尺度专题要素的监测技术、建立地理国情监测技术平台、地理国情监测成果应用服务等方面的实施方案与技术方法。

　　卫星测绘应用推广工作走向深入。卫星数据是卫星测绘工作的基础,充分发挥测绘卫星数据的作用是卫星测绘应用推广工作的关键。

为做好卫星测绘应用推广工作,国家测绘地理信息局(原国家测绘局)深入开展测绘卫星数据服务与管理政策的研究,开展测绘卫星数据的统筹管理工作,在开展天地图建设、地理国情监测等重点工作的同时,有力地促进了卫星数据共享与卫星测绘应用的推广工作,最大限度满足了经济社会发展需要。此外,为提高卫星测绘应用的卫星影像数据纠正工作效率,国家测绘地理信息局(原国家测绘局)开展了影像控制点数据库建设并推动影像控制点数据库的广泛应用。影像控制点数据库是为适应现代海量、周期性影像测绘需要研制推出的一整套影像控制点采集、入库、管理和应用的自动化影像纠正解决方案,与传统人工选取控制点相比,它可以有效缩短选点、匹配时间,大大提高影像处理效率,在国土、农业、林业、水利、海洋等行业遥感影像数据快速处理中得到广泛应用。

三、影响深远　测绘卫星前景广阔

资源三号测绘卫星工程的成功实施,是我国航天事业和测绘地理信息事业50年共同耕耘结出的丰硕果实,体现了国家强大的经济实力和科技水平,将大大增强我国独立获取地理信息的能力,提升我国测绘地理信息服务保障水平,提高国土资源调查与监测的数据保障能力,进一步加快我国基础地理信息资源建设,有力推动地理信息产业发展升级,对我国测绘地理信息事业发展具有革命性意义。

资源三号是测绘强国建设的重要里程碑。与现有的资源类遥感卫星相比,资源三号图像分辨率高、图像几何精度和空间定位精度较高,其具有的1∶5万比例尺的立体测图能力在国际上有很强的竞争力,对追赶国际卫星遥感技术具有十分重要的意义。资源三号极大地增强了我国独立获取地理信息的能力,能有效解决目前我国在相关领域应用中从国外大量购买卫星影像的被动局面,对于我国把握航天遥感影像获取的自主权,维护国家地理信息安全具有重大意义,标志着我国资源遥感卫星技术达到国际先进水平,也标志着我国从测绘地理信息大国向测绘地理信息强国迈出了坚实的步伐。

　　资源三号是基础测绘重要的信息源。资源三号影像在基础测绘领域将主要用于基础地形图的测制和更新、困难地区测图和城市测绘。在基础地形图测绘方面,主要用于1∶5万地形图测制和1∶1万地形图更新,解决现有地形图现势性差、更新成本高、周期长的问题,克服传统生产方法投入大、周期长的缺陷。资源三号可以用于完成我国海岸带、海岛的高精度、全覆盖的地形图测绘,实现对国家海岸带、海岛的地理环境进行全覆盖的监测与更新,建成国家海岸带和海岛数字地理空间框架,实现四维地理信息环境场景的重构,实现国家海岸带地理环境的信息化。另外,资源三号还可以为国民经济和社会发展最重要的区域——城市提供稳定的卫星遥感资料。资源三号已形成可靠、及时的卫星影像产品分发能力。目前可提供近10万景、接近67万亿字节(TB)影像数据产品的分发服务。通过自主研发的门户网站和分发服务系统,已向各应用行业的140余家单位提供了资源三号数据产品及服务,提供数据量超过5500景,总数据量达4.88万亿字节(TB),覆盖面积超过1000万平方千米。

　　资源三号是地理国情监测的重要保障。加快发展我国自主测绘卫星是保障我国地理国情监测工作顺利实施的关键。资源三号能快速、短周期获取高分辨率影像,并能够进行定量化遥感测量的优势,能保障地理国情变化信息的获取,并在中小尺度上实现地理国情监测,研究地理时空变化,为国家经济和社会发展的决策服务。同时,资源三号还可以应用于土地利用动态监测、土地信息化管理、地质矿产资源调查与监测、生态环境监测、森林资源调查和森林灾害监测、农业资源调查、水资源和水利工程调查与监测、公路和铁路规划设计、灾情详查和紧急救援等领域。

　　资源三号助推地理信息产业发展。发展我国地理信息产业,必须发展我国自主的高空间分辨率、高时间分辨率卫星系统,解决数据源问题。资源三号能够提供地面分辨率优于2.5米的全色影像和地面分辨率优于10米的多光谱影像,搭载的三线阵相机可提供立体影像用于生产数字高程模型(DEM)等数据,进一步完善了现有的航天测绘技术体系,增强了我国对地数据获取能力,有效缓解了地理信息产业发展对高分辨遥感影像的需求。资源三号将持续向天地图等互联网地图服务网站提供影像产品,积极推进基于资源三号影像的导航电子地图制作及其他增值服务开发。除了为国内提供数据服务之外,资源三号还可以向国外提供境外相关地区影像产品,获取的全球影像也可服务于全球气候变化、环境变迁等方面研究的需要,服务于我国"走出去"战略的实施。

第四节　中国测绘创新基地铸历史丰碑

在党中央、国务院的亲切关怀下,在国土资源部等有关部门的大力支持下,国家测绘局党组深入学习实践科学发展观,解放思想,创新观念,在国际金融危机中抢抓机遇,超常运作,规范管理,仅用8个月时间,就购置建成了占地41.43亩、建筑面积7.5万平方米的中国测绘创新基地,显著改善了测绘地理信息科研、生产、服务和管理条件。温家宝总理欣然为创新基地亲书"中国测绘"四个大字,李克强副总理专程来中国测绘创新基地视察并发表重要讲话。如今,中国测绘创新基地已经成为中央党校教学基地和中国科学技术协会全国科普教育基地,接待省部级领导800多人次、社会各界人士数万人次参观,成为展示测绘地理信息部门高素质、高科技、高水平的窗口与平台。中国测绘创新基地的落成,圆了几代测绘人53年的梦想,向全世界展示了中国测绘地理信息的新形象,成为中国测绘地理信息事业发展史上新的里程碑。中国测绘创新基地的落成,大力弘扬了"热爱祖国、忠诚事业、艰苦奋斗、无私奉献"的测绘精神,也凝练出了以"快、干、好"为核心的新时期测绘地理信息文化。

一、抢抓机遇 彰显测绘地理信息新风貌

中国测绘创新基地的建设落成,是国家测绘局党组学习实践科学发展观、大胆解放思想的重要成果。创新基地建设"起步于疑惑风险之中,实施于周到严细之程,成功于赞美笑声之谈",创造了"比深圳速度还要快的测绘速度",积淀了"解放思想、勇于创新、攻坚克难、团结协作"的基地建设精神,也用实际行动诠释了以"快、干、好"为核心的测绘文化。

(一)解放思想大胆创新

解放思想是实现科学发展、开创事业新局面的强大动力,国家测绘局党组坚持把加强思想政治建设摆在重要位置,创建中国测绘创新基地就是国家测绘局党组深入学习实践科学发展观、解放思想、紧抓机遇,及时果断作出的决策。在国土资源部、国家发展和改革委员会、财政部、国务院机关事务管理局等部门的大力支持下,在地方测绘地理信息部门的积极参与、全国行业单位以及社会各界的鼎力相助下,国家测绘局规范管理、超常运作、精心设计、精心组织,在短短 8 个月时间内,高质量、高品位、高效率地完成了基地建设项目论证、谈判购置、资金筹措、权证过户、项目审批、环境绿化、装修改造、展览陈列等各项工作,建成了信息化、网络化、生态化、现代化的中国测绘创新基地。如果没有思想的解放、创新的胆识、敏锐的眼光、战略的思维、过人的智慧以及时不我待的紧迫感,创新基地不可能快速落成。中国测绘创新基地的建设,充分展现了新一代测绘地理信息工作者解放思想、创新思路、创新方法、创新手段的工作作风。中国测绘创新基地建设凝练形成的以"快、干、好"为核心的测绘文化,成为中国测绘地理信息人的宝贵财富,有力推动了测绘地理信息事业的大建设、大发展、大繁荣。

(二)艰苦奋斗无私奉献

中国测绘创新基地建设时间紧、任务重、程序多、要求高,基地建设者们用实际行动学习和发扬了"热爱祖国、忠诚事业、艰苦奋斗、无私奉献"的测绘精神。建设者们克服了恶劣的环境条件、超负荷的工作

强度和离别亲人的孤寂,忍受着难耐酷热、粉尘弥漫、气味呛人、噪音震耳的折磨,每周7天、每天十几个小时加班加点,几个月如一日,抢工期,赶进度,抓质量,保安全,做了大量工作,付出了极大艰辛,为基地早日投入使用立下了汗马功劳。这种始终全身心的投入,无怨无悔、默默无闻的奉献,充分体现了测绘人能吃苦、能战斗的高尚品德和精神风貌。徐德明局长曾对这些建设者们给予高度评价:"工地上粉尘弥漫,气味难闻,一般人待上半天就受不了,可是在工地工作的同志们在这儿一待就是半年。他们用心血来构筑科技创新基地的基础,用激情来推进科技创新基地的建设,他们的默默无闻和无私奉献,充分体现了国测一大队的精神,体现了测绘精神。"

(三)不畏困难敢于担当

要在短短几个月的时间里完成几代测绘人53年的夙愿,困难程度可想而知。面对诸多困难和政策的不确定性,国家测绘局党组坚持规范管理、超常运作,本着对历史负责、对测绘地理信息职工负责的态度,认真考察、精心研究、反复论证、缜密决策、严格把关,齐心协力攻克了一个又一个难关,在合同磋商谈判过程中严谨细致、巧避风险,在资金筹措过程中运筹帷幄、超常运作,在基地功能分区过程中科学论证、以人为本,在装修改造过程中建言献策、严格监督,为高质量、高品位、高效率地完成中国测绘创新基地建设任务提供了坚强的保障。中国测绘创新基地建设,充分体现了测绘地理信息部门的干部群众不畏困难、大胆探索、积极实践、一抓到底,面对问题和困难知难而进、迎难而上、勇敢拼搏、敢于担当的精神。

(四)科学谋划集思广益

中国测绘创新基地建设不仅需要较高的素质和业务能力,更需要清晰的思路和谋划全局的策略。国家测绘局党组带领全体参与人员以建设一流工程为目标,本着对历史负责、对干部职工负责的态度,以高度的责任心和敬业精神,充分发挥各自的主观能动性和聪明才智,积极主动工作。从考察论证到合同谈判,从装修改造到展陈制作,从大院绿化到家具购置,每一个环节都力求做到科学严谨周密谋划,用心规避风险,精心规划设计、有效组织施工。中国测绘创新基地的每一个细节,一砖一瓦、一草一木,无不凝结着全体参与人员的才思和睿智。

(五)上下同心顾全大局

中国测绘创新基地建设从动议到启用入驻,是一个"上下努力决心大、朋友相助动真情"的过程。温家宝总理2009年5月31日为基地亲书"中国测绘"四个大字;国土资源部徐绍史部长自始至终关心、关注基地建设,并在资金、政策等方面给予了大力支持;国家发展和改革委员会、财政部、国土资源部、国务院机关事务管理局、国家审计署等部门在测绘重大项目立项、基地建设资金筹措等方面,切实帮助解决了不少实际困难,体现了办实事、办好事的作风;国家测绘局所属单位和部门积极贯彻落实局党组决策部署,顾全大局,团结一心,克服重重困难,为基地建设贡献力量甚至作出了牺牲;全国测绘地理信息行业单位以及社会各界纷纷伸出援手鼎力相助;中信银行、税务、国土、城建等部门为基地建设超常规运作、热情服务;20多家施工和建设单位精心设计、精雕细琢、保质保量。正因为有了千斤压力众人担,才有了中国测绘创新基地建设的"紧锣密鼓赶工期,施工热火又朝天;大院呈现新气象,绿树成荫百花艳;楼内配置功能全,测绘文化尽彰显;宽敞明亮好气势,环境幽美胜乐园"。

二、弘扬精神　树立测绘地理信息新形象

中国测绘创新基地的落成,极大增强了测绘地理信息干部职工的荣誉感和自豪感,鼓舞了士气,凝聚了力量,有效扩大了中国测绘的社会影响力和全球知名度,推动了测绘地理信息事业的大发展。中国测绘创新基地投入使用后,国家测绘地理信息局党组着力将基地打造成为一流的科技创新基地、一流的服务管理基地、一流的文化建设基地、一流的科普教育基地。当前,基地在传播测绘精神和地图文化、普及测绘地理信息科学知识和先进科技、提升测绘地理信息事业的社会影响

力等方面已经发挥重要作用,成为对外集中展示测绘地理信息工作悠久历史、光辉历程和辉煌成就的重要平台和形象宣传窗口。

（一）一流的科技创新基地

中国测绘创新基地科学合理划分功能分区,既有适合测绘科研、生产、存储、服务、管理等不同需求的办公区域,也有功能齐全配置合理的会议室、培训中心、食堂、文化活动中心等公用设施,显著改善了测绘基础设施条件,满足了未来一个时期测绘地理信息事业发展的需要,也为测绘科技创新提供了良好的环境。当前,中国测绘创新基地已有中国科学研究院、国家基础地理信息中心、国家测绘地理信息局卫星测绘应用中心等单位入驻,有科研技术人员近千人。基地现有对地观测技术国家测绘地理信息局重点实验室、地理空间信息工程国家测绘地理信息局重点实验室、中国测绘科学研究院、香港理工大学和中国土地勘测规划院联合成立的对地观测联合实验室、博士后科研工作站、国家测绘地理信息局工程技术研究中心等重点实验室和工程中心。基地迎来了一批又一批国内外著名学者进行学术交流和学术报告,诞生了一项又一项国内外领先的测绘地理信息科技创新成果,获得了一个又一个国内外科技奖项。中国测绘创新基地,已经成为测绘地理信息科技创新的摇篮。

（二）一流的服务管理基地

中国测绘创新基地投入使用后,涵盖了科研、管理、会议、行政许可等功能,极大地方便了公众、企业和测绘地理信息职工。设置在一层的行政许可受理大厅是国家测绘地理信息局对外服务的形象窗口,这里实行"一个窗口对外、一站式办理、一条龙服务"的行政审批模式,有地图审核受理、涉密成果提供受理、模拟成果提供、数字成果提供,以及绿色通道等服务窗口。大厅里一趟走下来,一切手续均可办妥,极大地方便了群众。行政许可受理大厅服务意识强,服务形式丰富多样,服务对象由专业部门渗透到社会各行各业,已经成了联系人民群众的纽带。目前大厅正大力加强电子政务建设,大力推行和规范网上审批,进一步推进行政审批公开,把审批事项、审批程序、申报条件、办事方法、办结时限、服务承诺等在网上公布,实行网上公开申报、受理、咨询和办复,尽量把行政许可过程电子化、可视化,为群众办事提供更多便利。

位于测绘创新基地的国家地理信息公共服务平台——天地图是我国区域内基础地理信息数据资源最全的互联网地图服务网站,面向社会公众提供权威、可信、统一的在线地图服务。天地图的开通使测绘地理信息部门在服务大局、服务民生、服务社会中发挥了更为重要的作用,也为基地成为一流服务基地奠定了坚实基础。

在服务企业方面,测绘创新基地也发挥了重要作用。每年许多相关企业纷纷利用这个平台,举行产品发布会、新闻发布会、学术交流会、各种展览展示等活动,以扩大影响力。中国测绘创新基地成为国家测绘地理信息局服务企事业单位宣传推介的重要平台。

(三)一流的文化建设基地

中国测绘创新基地是一座具有测绘地理信息特色的大楼,同时也是一座彰显测绘地理信息文化的大楼。大楼经过精心设计,开拓性地把测绘历史的厚重感和测绘地理信息技术的先进性融合在一起,极尽测绘地理信息文化的震撼力和感染力。创新基地室内外装修绿化独具匠心、尽显大气。室内大堂设计气派典雅,办公环境温馨舒适,办公家具品质卓越、绿色环保。室外景观错落有致,实现了三季有花、四季常青的绿化目标,院内有日月峰、日月湖、石榴园、创新亭,形成了亭台楼阁、喷泉瀑布、绿树成荫、花草争艳的美好景色,楼顶绿化也景色宜人。如今,中国测绘创新基地这座具有信息化、现代化的设施,生态化、园林化的环境,人性化、标准化的服务大楼不仅成为北京市又一地标性建筑,也成为鼓舞测绘人不断开拓创新的一面旗帜。

国家测绘地理信息局(原国家测绘局)着力将中国测绘创新基地打造成为全社会认识了解测绘基础知识、地图悠久文化的窗口,成为广大青少年学生增强国家版图意识、了解中国历史文化的爱国主义教育基地,成为各有关部门认识测绘作用、了解测绘功能的平台,成为测绘专业学生、测绘干部职工了解测绘历史、学习最新测绘技术、传承测绘精神的阵地,成为全国测绘地理信息企事业单位展示优秀成果的舞台。当前,中国测绘创新基地已接待省部级以上领导800多人次,社会各界上万人次来视察、参观、学习、调研,得到了高度评价和充分肯定。

（四）一流的科普教育基地

位于中国测绘创新基地内的中国测绘科技馆,由于功能完备、设施齐全、服务热情,集知识性、趣味性、科学性、实践性于一体,已经成为中国科学技术协会全国科普教育基地和中央党校教育基地。中国测绘科技馆展出总面积近4000平方米,由历史沿革与科技创新厅、技术装备厅、地图厅、数字地球厅4部分组成。科技馆通过文字、图片、道具、模型、实物等形式和声、光、电、三维立体演示、互动触摸体验等手段,向公众系统展示了中国测绘的历史、测绘科技的进步、地图文化的博大、测绘成果的广泛应用和地理信息产业的发展壮大,彰显了中华文化的深厚底蕴和博大精深。中国测绘科技馆自开馆主题突出,特色鲜明,内容丰富,形式新颖,受到了社会各界的广泛好评。

历史沿革与科技创新厅位于26层,主要展示了测绘的历史沿革、测绘科技的进步和测绘成果的广泛应用。院士墙展示了测绘界24位院士的照片和主要贡献;英模墙旨在弘扬"热爱祖国、忠诚事业、艰苦奋斗、无私奉献"的测绘精神;影像中国展厅以三维方式形象逼真地展示了神州大地的真实风采,观众可以自由从高空到低空对地表进行不同尺度的观察和浏览,寻找自己的家园;珠峰测绘厅展示了珠峰测量的技术装备,展示了测绘工作的艰辛和伟大;极地测绘厅在揭示测绘工作在极地科考中不可或缺作用的同时,呼唤人们保护环境、维护生态。

技术装备厅位于一层,总面积1200平方米,集中展现了中国古代文明史上测绘仪器的灿烂辉煌,系统展示了传统模拟测绘仪器和现代高精尖测绘技术装备,生动再现了测绘技术装备的历史变革。在航空摄影展示区,体验者可以直观感受飞机航空摄影的全过程;在测绘仪器全息投影区,观众可以360度全方位、多角度了解测绘仪器的形态面貌;在地下管线探测区,雷达探测设备揭示了地下空间量测的深奥原理;在移动测量车系统区,参观者甚至可以坐上测量车,脚踩油门,体验快速三维"扫街"的快感。

地图厅位于三层回廊,陈列了25幅古今对照疆域图和我国古代地图珍品复制品,通过地图反映朝代更迭和疆域变迁,见证我国科技的发展进步。疆域图以现代历史观绘制出了自远古时期以来我国历朝历代的疆域状况,并辅以现代境界和地名,是了解中华民族发展进步和我国疆域变迁历史的重要资料;《云锦织造九边图》《坤舆万国全图》《清宫三宝》等珍贵古地图工艺品和复制品,再现了中国地图历史的繁荣;《秦并六国》等互动游戏以及涵盖各朝代重要事件等内容的触摸屏系统,有利于中小学生了解历史;《清代丧权辱国条约》《国家版图基本知识》等互动系统则彰显了科技馆的爱国主义教育功能。

数字地球厅位于3层,全面展示了现代测绘科技带来的诸多乐趣。它所拥有的高清晰度电子沙盘长20米、宽11.3米,总投影面积近230平方米,是亚洲最大的三维数字沙盘立体演示系统。电子沙盘利用精准地理信息数据建立地形地貌三维景观,和现实并无二致。观众从上往下俯瞰,可以看到我国任何一个地方的清晰立体影像,运用3D技术演示的动态影像足以震撼心灵。更为重要的是,数字地球厅的数据可结合当前的热点随时更新,观众每次参观都可以了解到不同的内容。

为使中国测绘科技馆的社会效益最大化,更好地发挥其科普教育功能,进一步扩大受众面和影响力,国家测绘地理信息局启动了网上测绘科技馆(http://tour.sbsm.gov.cn)建设,并被中国科学技术协会确定为全国特色科普活动。网上中国测绘科技馆利用计算机、网络、多媒体、Flash等技术,把科技馆的实体展示内容以虚拟和现实结合的方式,构筑成一个能够进行网络体验和实时互动的网上展示平台,让社会公众足不出户通过互联网参观中国测绘科技馆。网上中国测绘科技馆以Flash技术动态展现科技馆逼真的虚拟三维场景,给网上参观者以亲临现场的感官体验;将馆内实景以全景照片的方法展现,通过鼠标、键盘控制进行全视角、全方位的游览;在全景照片中所见的展板、实物、演示系统等以文字、图片、视频、Flash动画等方式进行详细展现。网上中国测绘科技馆起到了对实体展馆进行导引、补充与延伸的作用,并且兼具宣传、导览及科教功能,突破了实体馆时间和空间上的限制,进一步提升了中国测绘创新基地的科普功能。

第五节　国际合作交流进一步走向深远

党的十六大以来,在党中央、国务院的亲切关怀下,国家测绘地理信息局(原国家测绘局)深入贯彻落实科学发展观,按照"大国是关键、周边是首要、发展中国家是基础、多边是重要舞台"的原则,积极开展对外交流与合作。10年来,双边合作成绩卓越,已与50多个国家和地区的测绘地理部门和机构建立交流关系,与20多个国家和地区建立科技合作机制;多边交流影响提升,携手联合国统计司成功举办联合国全球地理信息管理杭州论坛,多名专家在重要测绘地理信息国际组织中担任高层职务;"走出去"步伐铿锵有力,积极搭建平台,组织企业国外参会参展,开展测绘地理信息援外工作,一批龙头企业已形成自身比较优势和竞争力。10年来,测绘地理信息国际交流合作已实现"以外为主,被动合作"向"以我为主,主动合作"转变,从一般性交流和技术引进向"引进来"与"走出去"相结合转变,从"以政府和科研机构为主"向"政府引导、多方共同参与"转变,对外合作交流局面焕然一新,中国测绘地理信息国际影响力显著提升。

一、积极主动　双边合作更加广泛

到目前为止,我国测绘地理信息部门已经同50多个国家和地区的测绘地理信息部门和机构建立了交流关系,与美国、加拿大、俄罗斯、德国、荷兰、芬兰、日本、韩国、巴基斯坦、巴西、澳大利亚、以色列、南非等20多个国家和地区的测绘地理信息部门和机构建立了稳定密切的科技合作机制。围绕测绘地理信息工作中心和重点,开展了合作研究、技术交流、人才培养、访问考察等形式多样的交流活动,为完善数字中国地理空间框架、提升测绘地理信息专业人才队伍、帮助测绘地理信息单位争取重大国际科技合作项目和参与国际市场竞争提供了大力支持,有效提高了我国测绘地理信息科技自主创新能力,推动了我国测绘地理信息技术、产品和服务出口,促进了我国测绘地理信息事业的发展。

根据测绘地理信息人才队伍建设的需要,巩固和拓展了一系列国外培训渠道,有针对性地选派有发展潜力的测绘地理信息管理及科技人员赴国(境)外接受培训,学习发达国家和地区测绘地理信息发展新理念、新技术、新知识、新方法,为测绘地理信息系统培养了一大批不同层次的管理与专业技术人才。与荷兰国际地理信息科学与对地观测学院、澳大利亚新南威尔士大学、英国诺丁汉大学、美国乔治梅森大学建立了人才培养合作机制,联合开展短期、中期、长期人才教育培训。举办了多期测绘地理信息系统局级领导干部培训、青年学术技术带头人培训、地理信息应用与服务高级研讨等形式多样的赴外研讨班、培训班,扩大了我国测绘地理信息管理和研究人员的视野,提高了管理能力和研究水平。很多到国外接受中、长期培训的人员已经成为我国测绘地理信息事业的骨干人才和中坚力量。

在测绘地理信息双边合作框架下,各行业单位和企业针对本单位技术、生产和管理实际需求,开展了内容广泛、特色鲜明、富有实效的国际合作,有力地推动了单位技术进步和人才培养。加强测绘地理信息引智工作,邀请世界知名测绘地理信息专家来华开展合作研究。中国测绘科学研究院与英国诺丁汉大学联合成立了中英地理空间信息联合研究中心,与芬兰大地测量研究所、德国宇航中心联合开展了融合GOCE 重力场模型以及多种空间和地面观测数据的局部大地水准面精化、多频时序 SAR 图像地面沉降监测、面向最新的森林资源广域信息提取等领域的科技攻关。我国测绘地理信息专家作为谈判技术小组首席专家参加了中国加入欧洲"伽利略"计划的谈判。

在科技部门的支持和资助下,中国测绘科学研究院与澳大利亚合作开展了高分辨率立体测图卫星的地面几何检校联合实验研究,与英国有关单位合作开展了高灵敏低成本全球定位系统(GPS)接收机实时高精度定位原型开发研究,国家基础地理信息中心与加拿大合作开展的面向城区环境检测和地图更新的地物自动提取研究,与美国有关单位合作开展了全球地表覆盖遥感制图研究,国家测绘地理信息局卫星测绘应用中心与澳大利亚联邦科学与工业研究组织合作开展了三维动态溃坝模拟研究等一批国际合作科研项目,并取得丰硕的研究成果。

"以官促民,官民并举",通过开展多层次、多形式的政府间交流合作,带动民间测绘地理信息交往,同时发挥学会、协会等测绘地理信息中介组织的桥梁和纽带作用,为企事业单位参与国际合作与国际市场竞争创造条件。测绘地理信息企事业单位承揽了美国、日本、荷兰、巴西、阿尔及利亚等国的地理信息数据处理和测绘工程项目,在促进科技进步的同时,也取得了良好经济效益。

二、发挥作用　多边交流影响扩大

10 年来,我国测绘地理信息部门充分利用各类测绘地理信息多边交流舞台,积极参与国际测绘地理信息组织事务与活动,在多边合作与交流中不断扩大我国测绘地理信息的国际影响,提高我国测绘地理信息的国际地位。

我国加入了大多数全球性和区域性的测绘地理信息国际组织、学术机构。在联合国全球地理信息管理委员会(UNCE－GGIM)、联合国地名专家组(UNGEGN)、国际摄影测量与遥感学会(ISPRS)、国际地图制图协会(ICA)、国际测量师联合会(FIG)、国际大地测量与地球物理联合会/国际大地测量协会(IUGG/IAG)、国际标准化组织地理信息标准化技术委员会(ISO/TC211)、全球空间数据基础设施协会(GSDI)、全球测图国际指导委员会(ISCGM)、亚太地理信息基础设施常设委员会(PCGIAP)等重要测绘地理信息机构和组织中,我国都发挥着重要作用。

在国际测绘地理信息组织和机构中,我国的参与力度不断加强。测绘地理信息科技人员积极参加各国际组织的合作项目、会议和活动,并积极交流学术成果,扩大了我国在国际测绘地理信息学术界的影响。近年来,我国专家在重要国际组织中担任重要职务的人员持续增加,担任的主要职务包括联合国全球地理信息管理委员会执行局成员,亚太地理信息基础设施常设委员会副主席、秘书长、主席,国际摄影测量与遥感学会秘书长和技术委员会主席,国际地图制图协会副主席,国际测量师联合会副主席,全球空间数据基础设施协会理事会成员和全球测图国际指导委员会成员等。我国一大批专家学者在国际测绘地理信息组织的技术委员会或工作组中担任职务,在多边领域发挥着越来越重要的作用,我国测绘地理信息的国际地位和话语权显著提高。

通过举办一系列的重要国际会议,使得我国测绘地理信息的国际影响大大增强。2008年7月,我国在北京成功举办第21届国际摄影测量与遥感大会,这次大会是中国在测绘地理信息领域主办的规模最大的一次国际会议,来自80多个国家的3000多名代表参加会议,中共中央政治局常委、国务院副总理李克强会见了部分国外参会代表。大会通过的《北京宣言》成为国际摄影测量与遥感学会历史上首次发表的纲领性文件。2012年5月,由联合国统计司和国家测绘地理信息局共同主办的联合国全球地理信息管理杭州论坛成功举行。来自26个国家的测绘地理信息主管部门的负责人和联合国及其他国际组织的代表100多人,围绕地理信息管理体制机制、地理信息管理和技术发展趋势、地理信息质量保证体系、数据共享分发模式、全球大地测量参考框架、地理信息界职业道德等共同关切的重大问题进行了深入而广泛的探讨。论坛期间,国家测绘地理信息局、浙江省人民政府和联合国统计司达成了合作建设中国—联合国地理信息国际论坛的意向,拟在位于德清县的浙江省地理信息产业园共同建立中国—联合国地理信息国际论坛,使之成为联合国全球地理信息管理论坛的永久会址,同时用作对外培训测绘地理信息管理和技术人才的基地。会议同期举办的中国测绘地理信息成就展等系列活动取得良好的国际影响。

三、紧密联系 两岸四地共同发展

不断加强与港澳台地区测绘地理信息部门和机构的交往,建立了与香港和澳门特别行政区政府测绘地理信息主管部门——香港地政总署测绘处和澳门地图绘制暨地籍司之间的不定期互访关系,与港澳台民间测绘地理信息组织建立了广泛的交流与合作关系,增进了大陆同港澳台测绘地理信息界之间的了解和友谊,推动了两岸四地测绘地理信息事业的共同发展。

内地与香港合作开展了粤港陆地边界地区大比例尺测图,对详细表述粤港边界、推动粤港双方经济合作发挥了重要作用。内地与澳门共同开展了粤澳平面坐标系统、高程系统和重力系统联测,确定了粤澳平面坐标系和高程系统的转换参数,结束了长期以来澳门与内地测绘基准不统一、无法满足跨境工程建设需要的历史。与港澳有关部门合作,实施了港深大桥首级控制网整网独立复核测量工作,在港澳两地实施了港珠澳大桥工程测量工作。中国测绘科学研究院、香港理工大学和中国土地勘测规划院联合成立了对地观测联合实验室,作为三方开展合作研究与交流、推广研究成果的重要平台。

由海峡两岸测绘地理信息界知名人士共同倡导发起的海峡两岸测绘地理信息发展研讨会,已成为大陆与港澳台测绘地理信息界之间定期会晤和交流研究的常态机制。研讨会三年一届,2004 年、2007 年和2011 年分别在长春、台湾和澳门举行。通过这个平台,两岸四地测绘地理信息界同行增进了了解,深化了友谊,促进了发展。

四、抢抓机遇 走向全球铿锵有力

为充分利用国内和国外两种资源、两个市场,拓展我国测绘地理信息发展空间,国家测绘地理信息局审时度势,将实施测绘地理信息"走出去"战略作为对外交流合作的重点,印发了《关于加快实施测绘地理信息"走出去"战略的若干意见》,着力开拓国际地理信息市场,全面提升我国测绘地理信息的国际竞争力,推动我国由测绘地理信息大国向测绘地理信息强国迈进。

着力为测绘地理信息企业"走出去"搭建平台。积极举办国际性测绘地理信息展览和会议,组织我国测绘地理信息企业到国外参展参会,为企业参与国际竞争、建立稳定的国际营销渠道创造条件。组织地理信息产业单位参加了2010年德国科隆国际测绘地理信息技术与设备博览会、2011年在摩洛哥举行的国际测量师联合会会议技术展、2011年东南亚测量师大会展览会、2012年在加拿大举行的全球空间数据基础设施大会展会等重要国际测绘地理信息展会。在展览展会上设立中国展区,举办中国论坛,高密度集中展示我国测绘地理信息自主创新成果、地理信息公共服务情况、自主知识产权测绘地理信息软件产品和仪器设备,以及测绘地理信息工程建设和服务外包实力,取得良好效果。

积极开展测绘地理信息援外工作。按照我国对援外工作的统一部署,积极开展资源、技术、装备等方面的测绘地理信息援外工作,帮助博茨瓦纳等国实施了国土测绘,参与了阿尔及利亚高速公路建设工程测绘,倡议发起首次中非测绘地理信息合作座谈会,向非洲测绘地理信息主管部门推介和捐赠了我国制造的仪器和软件产品,启动了中非在测绘地理信息领域的合作。

注重组织国内企业学习国外先进经验。成功举办了四届中欧测绘地理信息技术与产业发展高级研讨班,开阔了国内测绘地理信息企业的国际视野。组织测绘地理信息行业技术骨干赴国外高等院校培训和开展科研合作,使得企业专业技术水平进一步同世界接轨。2011年与英国诺丁汉大学在宁波举办了提升测绘地理信息单位国际竞争力培训班,为30余家测绘地理信息单位人员介绍国际测绘地理信息市场概况、我国企业面临的机遇和挑战、企业"走出去"的渠道和行为规则等。

着力提升企业国际竞争力。为规模大、效益好、管理规范的测绘地理信息企业"走出去"提供资源、技术、政策等方面的支持,形成了一批自主创新能力强、在国际上具有比较优势和国际竞争力的龙头企业、跨国企业和著名品牌,增强了我国测绘地理信息企业国际竞争力。充分利用我国人力资源优势和技术优势,以地理信息产业园区为依托,积极接纳发达国家的地理信息产业外包业务,形成了地理信息数据加工等信息服务外包特色品牌。鼓励企业积极开拓非洲、拉美、东南亚等新兴经济体的地理信息市场,扩大了地理信息产品出口。自主知识产权和高附加值的地理信息产品、服务、技术装备输出到世界的各个角落,产品的国际市场占有率不断提高,正在由国际中低端市场向高端市场迈进。

第六节　领导班子和干部队伍建设成就斐然

全面建设高素质领导班子和干部队伍,是深入贯彻落实科学发展观,构建社会主义和谐社会,保持和发展党的先进性的必然要求。党的十六大以来,测绘地理信息部门深入贯彻落实中央抓班子、带队伍的总体要求,积极探索、大胆实践,以提高素质、优化结构和改进作风为重点,不断深化干部人事制度改革,全面推进各级领导班子和干部队伍建设,创新和完善选人用人机制,为推进测绘地理信息事业又好又快科学发展提供了坚强的组织保证。

一、突出重点　干部人事制度改革走向深化

测绘地理信息部门始终高度重视干部人事制度改革工作,特别是以徐德明同志为班长的新一届国家测绘地理信息局领导班子组成后,积极探索、开拓进取,不断创新和完善干部选任机制和方式,大胆培养、选拔和使用干部,形成了团结和谐稳定、风正气顺心齐、想干会干干好的良好氛围,有效促进了测绘地理信息事业又好又快发展。

（一）创新方法扩大干部工作民主

测绘地理信息部门始终牢固树立"只要心底无私就能用好干部、只要相信群众就能选准干部、只要风清气正就能成就干部、只要严格要求就能保护干部"的选人用人理念，坚持将扩大民主作为干部选任工作的根本出发点，着力在干部工作各个环节都设计出能够充分体现民主的制度安排，结合测绘地理信息工作实际，创新性地运用采取全员述职、全员测评、全员评优、全员推荐的方法，切实落实干部群众在干部工作中的知情权、参与权、选择权和监督权。全员述职增进相互了解，公布全体干部的述职报告、扩大述职范围，使每名干部都能通过工作表现和岗位贡献的直接对比，正确对待干部选拔任用和职责调整。全员测评强化结果运用，让每位同志对全体干部均提出评价意见，坚持凡测评优秀和称职等次合计达不到75%以上的干部，不纳入民主推荐符合条件人员范围，保证推荐选拔出来的干部都能得到多数干部职工的拥护。全员评优，将优秀等次人员交给全体干部评选，使优秀干部的工作业绩得以展示，促使单位形成了比能力、比干劲、比贡献的良好氛围，激励和引导干部职工把精力真正用到促进测绘地理信息事业发展上来，靠实干、靠业绩、靠群众公认赢得发展。全员推荐注重民意基础，让全体干部都参与到干部选任中来，将干部选拔任用工作直接置于群众的监督之下，有效提高被选用干部的公认度。正是得益于此，测绘地理信息部门近五年来多批次选拔任用司局级干部150余人，调整补充工作十分平稳顺利，没有收到任何负面反映。

（二）创新思路推进竞争性选拔

测绘地理信息部门深入贯彻落实中央深化干部人事制度改革精神，不断创新干部选拔任用工作机制，加大竞争性选拔干部工作力度。坚持从突出岗位特点、注重能力实绩、完善程序方法、改进考试测评等方面入手，不断完善竞争性选拔干部工作制度，着力提高竞争性选拔方式的科学性和规范性。大力推进竞争性选拔干部，党的十六大以来先后在全系统、局机关和在京所属单位范围内开展了多次副司局级、处级职位的竞争上岗工作,打破了论资排辈,打破了机关公务员与企业事业单位人员的身份界限。竞争上岗坚持方案公开、岗位公开、报名情况公开、民主测评和考试成绩公开、考察人选公开,实行差额酝酿、差额考察、集体决策,丰富了干部选拔方式、促进了优秀人才脱颖而出,形成了导向正确、过程公开、结果公认、用人公道、风清气正的良好氛围。

(三)创新渠道加大领导干部交流

测绘地理信息部门不断扩大选人视野、拓宽用人渠道,坚持"五湖四海",打破系统界限选人才,进一步畅通干部交流渠道,以直属单位党政主要领导、优秀年轻干部、关键岗位为重点,加大机关与直属单位、跨直属单位干部交流力度,特别是推进系统内、跨系统干部交流。党的十六大以来特别是近年来,干部交流逐步走上制度化、经常化轨道,先后交流轮岗司局级干部80余人次、跨系统交流司处级干部10人、选派了9名司处级干部到市(地)、县领导岗位挂职锻炼;对机关个别急需岗位或专业技术性强的业务管理岗位,明确拟选调条件,采取定向选调方式,经基层单位推荐、严格考察等程序,从基层单位或相关部门选调了多名处级业务骨干,进一步优化了领导班子结构、增强了干部队伍活力、拓宽了干部培养锻炼渠道。

二、强化功能　领导班子和干部队伍建设整体突破

党的十六大以来,测绘地理信息部门深入贯彻落实中央抓班子、带队伍总体要求,以理论建设为根本、能力建设为重点、作风建设为基础、制度建设为保证,选干部、配班子、建队伍,大力加强领导班子和干部队伍建设,不断提高领导班子政治意识、大局意识和引领科学发展的能力,加大优秀年轻干部培养选拔工作力度,进一步优化干部队伍来源、经历和结构,增强了领导班子和干部队伍整体活力和功能。

(一)领导班子整体功能显著增强

党的十六大以来特别是近年来,测绘地理信息部门各级领导班子深入贯彻落实科学发展观,以提高领导水平和执政能力为核心内容,以

改革创新的精神全面推进领导班子思想建设、作风建设、制度建设和反腐倡廉建设,领导班子整体功能显著增强。始终坚持把思想政治建设放在班子自身建设重中之重的位置,以创先争优和学习型领导班子建设为抓手,不断完善以自学、党组中心组学习和脱产学习"三位一体"的理论学习机制,切实提高领导班子的执政能力,进一步增强领导班子在干部职工中的凝聚力。深入贯彻执行民主集中制,牢固树立"一盘棋"思想,始终坚持一个目标、一个声音,切实做到分工协作、团结共事,真正形成了心往一处想、劲往一处使、话往一处说、事往一处做的团结和谐的良好局面,领导班子感召力不断增强。坚持发展思路创新、管理模式创新、运行机制创新,以更高的站位、更宽的思路、更新的举措、更实的办法,不断破解制约事业发展的历史性难题,推动测绘地理信息事业实现了前所未有的突破,领导班子创新力不断增强。始终保持开拓进取、奋发向上的精神状态,坚持以民主生活会和局党组务虚会为抓手,不断增强和改进作风建设,深入研究新情况、新问题,破解事业发展面临的难题,领导班子创造力、战斗力不断增强。

(二)领导班子和干部队伍结构优化

经过 10 年的不懈努力,领导班子和干部队伍建设成就斐然,各级领导班子和干部队伍结构不断优化,老中青相结合的干部队伍梯次结构已经形成,干部队伍分布日趋合理。省级以上测绘地理信息系统干部队伍总体规模保持稳定,公务员队伍从十六大前的 1172 人增加为1281 人,事业单位管理人员队伍从十六大前的 1943 人增加为 2335人。2008 年以来,测绘地理信息部门深入推进干部人事制度改革,以提高素质、增强能力,优化结构、改进作风为目标,不断推进干部轮岗交流,拓宽选人用人视野,先后提拔任用 76 名、交流调整 77 名司局级干部,一大批政治坚定、真抓实干、业绩突出、群众公认、善于推动科学发展的年轻干部走上了司局级领导岗位,形成了司局级领导班子成员年龄、经历、专长、性格互补的合理结构,进一步增强了领导班子的整体功能和合力。领导班子年龄结构日趋合理,平均年龄为 48 周岁,45 周岁至50周岁的领导班子成员所占比例大幅上升。

（三）领导干部能力素质明显提升

推动事业科学发展，关键在领导。测绘地理信息部门始终将提升领导干部能力素质摆在突出位置，坚持用中国特色社会主义理论体系武装领导干部的头脑，切实提高领导干部的理论素养，进一步增强领导干部的政治意识、大局意识和责任意识，领导干部思想上政治上更加成熟坚强。深入落实中央大规模培训领导干部要求，坚持选派司局级干部赴中央党校等培训机构加强党性锻炼及政治理论、经济管理、法律法规等知识的学习，提升了领导干部引领事业科学发展的能力。这些措施有力地促进了各级领导班子和领导干部作风大转变、素质大提高、能力大提升，各级领导班子和领导干部的职工满意度普遍逐年提升。国家测绘地理信息局领导班子2009年至2011年考核测评结果3年三大步，"好和较好"率分别为98.2%、99.1%、100%，始终处于开展年度考核测评的中央单位前列；直属单位领导班子总体评价"好和较好"率逐年大幅提高，2009年总体评价"好和较好"率达到90%以上的领导班子占班子总数的78.57%、2010年为80%、2011年为93.75%；机关司级干部全员测评的平均优秀称职率逐年提高、高位运行，2009年至2011年分别为95.30%、97.56%、98.48%。

（四）年轻干部培养选拔强力突破

测绘地理信息部门始终坚持把培养选拔优秀年轻干部工作作为事关全局、事关长远的战略任务，从加快培养、放手使用、真情鼓励等方面入手，努力为年轻干部早搭台、早培养，坚持"一手抓配备、一手抓后备"，切实强化优秀年轻干部培养选拔。着眼领导班子建设长远需要，破格选拔了一批群众公认、实绩突出、富有朝气、充满活力的1980年左右出生的年轻干部到处级岗位担当重任，直属单位35周岁以下处级领导干部达到34人；选拔了一批以"70后"为主体、"80后"占有一定比例的副局级后备干部，有力保证了测绘地理信息事业发展后继有人。创新年轻干部培养方式，强化年轻干部培养锻炼，建立健全干部双向挂职制度,首批选派5名机关优秀处级年轻干部到在京测绘地理信息骨干企业挂职锻炼,促使年轻干部在实践锻炼中自觉增强党性、改进作风、磨炼意志、提升能力;完善年轻公务员基层锻炼制度,坚持分期分批安排没有基层工作经历的年轻公务员到测绘地理信息基层单位锻炼,丰富年轻干部的基层实践经历,提高其应对复杂局面、解决复杂问题的能力。

三、创新机制　干部人事制度日益健全

党的十六大以来,测绘地理信息部门围绕"构建数字中国、监测地理国情、发展壮大产业、建设测绘强国"战略,根据领导班子和干部队伍建设需要,着力创新选人用人机制,加强干部人事制度建设,及时将改革成果和实践经验用制度巩固下来,初步构建了相互配套、有机衔接、较为完备的干部人事制度体系,推动干部人事工作的科学化、制度化、规范化水平迈向新的台阶。

（一）干部选拔任用机制建立健全

测绘地理信息部门始终坚持把选好人用好人作为一项重大政治责任,坚持以科学规范为目标,健全完善干部选拔任用机制。规范干部选任工作流程,严格执行《公务员法》《党政领导干部选拔任用工作条例》等法规性文件,科学规范干部选拔任用各个环节的工作,干部选拔任用工作质量大幅提高。强化干部群众监督,在干部选拔任用时推行两次公示制,即在考察前对考察人选进行公示、在任职前对拟任人选进行公示,进一步扩大干部工作民主,避免带病提拔现象的发生。强化干部选任工作监督,制定并实施了测绘地理信息部门中层干部任免备案规定、"一报告两评议"和主要负责人履行干部选任工作职责离任检查实施办法,与中央"责任追究办法"、"有关事项报告办法"一起共同构成局干部选任工作事前要报告、事后要评议、离任要检查、违规失责要追究的监督体系。从制度上保障各级领导班子选拔出来的干部能让组织放心、群众满意,让能干事者有机会、干成事者有舞台,进一步树立了正确

用人导向,营造了民主公正、荐贤选能、风清气正的用人环境。由于注重不断健全干部选拔任用机制,测绘地理信息部门干部选任工作满意度逐年大幅提高,2009 年至 2011 年干部选拔任用工作民主测评总体评价"满意和基本满意"率连续 3 年均在 98% 以上,满意度始终处于开展干部选拔任用工作民主评议的 100 多个中央单位的前列;新选拔任用干部的"满意和基本满意"率平均达到了 90% 以上。

(二)干部综合考核评价机制体现科学发展

考核是干部选拔任用和管理监督的基础环节,对选准用好干部、形成正确的用人导向发挥着重要的基础作用。测绘地理信息部门深入贯彻中央《关于建立促进科学发展的党政领导班子和领导干部考核评价机制的意见》及三个配套办法,立足测绘地理信息实际,建立健全直属单位领导班子和领导干部考核评价机制;积极探索测绘地理信息部门绩效管理考评方式,制定并实施了《全国省级测绘地理信息行政主管部门贯彻落实科学发展观年度测绘地理信息工作考评办法(试行)》,实现了考核评价制度的重要突破。两项考核办法坚持上下结合、扩大民主,通过单位自评、民主测评、上级评价等多种方式,对领导班子和领导干部进行全方位考评;坚持注重实绩、量化考核,通过对实际工作指标的细化分解,使考核结果落实到分值,增强了考核结果的直观性和可比性;坚持综合评价和奖优罚劣,通过对考核结果的综合分析、反馈提醒、评优通报等方式,充分发挥考核作用,形成争先创优的良好氛围。两项考核办法符合测绘地理信息系统乃至具体单位特点,充分体现了科学发展观和正确政绩观要求,针对性强,有力地推动和加强了领导班子和干部队伍建设,使干部队伍精神面貌焕然一新。

(三)干部人事管理制度相互配套有机衔接

测绘地理信息部门认真贯彻中央关于干部人事规范化、制度化管理要求,根据领导班子管理和干部队伍建设实际需要,大力加强和健全测绘地理信息干部人事制度,先后制定印发了加强干部人事工作、领导班子建设方面的两个意见,颁布实施涉及领导班子任免管理、民主生活会、谈心谈话、述职述廉、函询和"一报告两评议"及事业单位人事管理等方面的规章制度,初步形成了与测绘地理信息事业发展相适应的民主、科学的干部人事管理制度体系,提高了领导班子和干部队伍建设的能力和水平。

2003年
- 国家测绘局直属单位领导干部管理办法(修订稿)
- 国家测绘局机关公务员职务任免暂行规定
- 国家测绘局直属单位中层领导干部任免备案管理暂行规定

2004年
- 国家测绘局机关新录用公务员基层锻炼若干规定(试行)
- 国家测绘局党政领导干部选拔任用工作监督检查办法(试行)

2006年
- 国家测绘局贯彻《公务员法实施方案》的实施办法
- 国家测绘局事业单位公开招聘人员暂行办法
- 中共国家测绘局党组关于加强直属单位领导班子建设的意见
- 国家测绘局机关竞争上岗工作暂行规定

2007年
- 国家测绘局机关公务员考核办法
- 中共国家测绘局党组关于党员领导干部述职述廉的暂行办法
- 中共国家测绘局党组关于对党员领导干部进行诫勉谈话和函询的暂行办法
- 国家测绘局事业单位岗位设置管理实施办法

2008年
- 中共国家测绘局党组关于以改革创新精神加强党建和干部人事工作的意见

2009年
- 国家测绘局干部双向挂职锻炼管理暂行办法
- 全国省级测绘行政主管部门贯彻落实科学发展观年度测绘工作考评办法(试行)
- 中共国家测绘局党组关于进一步加强和规范党员领导干部民主生活会的意见
- 中共国家测绘局党组关于进一步健全和完善干部谈心谈话制度的意见
- 中共国家测绘局党组关于直属单位领导班子后备干部工作管理办法

2010年
- 国家测绘局干部因私出国(境)管理暂行办法
- 国家测绘局直属单位主要负责人履行干部选拔任用工作职责离任检查实施办法(试行)
- 国家测绘局直属单位干部选拔任用工作"一报告两评议"实施办法(试行)

十六大以来建立的测绘地理信息干部人事制度

第七节　人才队伍不断发展壮大

　　构建测绘地理信息强国,人才是第一资源,人才是根本动力,人才是发展保障。党的十六大以来,国家测绘地理信息局党组以科学发展观为统领,坚决贯彻全国人才工作会议精神以及党中央、国务院关于加强人才工作的一系列方针政策,从全局和战略高度,以高度的政治责任感和历史使命感,坚持走人才强测之路,以提高人才队伍素质为目标,以优化人才结构为主线,以增强人才能力建设为核心,以创新人才机制为动力,大力加强各类人才队伍建设,造就了一支政治上靠得住、工作上有本事、作风上过得硬的高素质人才队伍。10 年来,先后出台《关于加强"十一五"测绘人才工作的意见》《测绘地理信息"十二五"人才发展规划》,人才政策机制逐步完善;大力实施科技领军人才培养工程、建立青年学术和技术带头人制度、技能人才考评评价制度,人才队伍素质和结构不断优化,科技创新能力显著提升;切实加强与西部人才交流,创新与高校产学研合作的培训方式,人才区域布局日益合理,人才培训形成完整体系。

一、以人为本　牢固树立科学理念

　　人才是最活跃的先进生产力,测绘地理信息事业的科学发展要求解放思想、解放人才、解放科技生产力,通过转变观念、深化改革、营造环境,极大地调动人才的积极性和创造性。党的十六大以来,测绘地理信息部门进一步认识到人才在推动事业发展中的重要作用,牢固树立了"人才资源是第一资源"和以人为本的科学人才理念,切实把人才工作摆在更加优先和重要的位置,将人才工作纳入各级领导班子的重要议事日程,不断加大人才工作力度。先后两次召开全国测绘地理信息人才工作会议,明确各个时期人才工作的指导方针、主要任务、政策机制、重点工程、保障措施,强调进一步加快推进人才强测战略、把人才发展作为推动测绘地理信息事业发展的优先任务。测绘地理信息部门健全人才工作机构，成立了人才工作领导小组，加强对人才工作的领导。随着人才强测战略的深入实施，测绘地理信息人才宣传工作力度不断加强，党的人才工作方针政策和以人为本的科学人才观深入人心，特别是通过各主要宣传媒体在全国范围内广泛宣传了中国工程院刘先林院士的先进事迹，在测绘地理信息行业乃至全社会产生了巨大的反响，全行业对人才的尊重、渴望程度不断提高，人人努力成才的生动局面正在形成，科学人才观深入人心。

二、健全机制　促进人才成长进步

围绕中心、服务大局是人才工作的根本出发点和落脚点。人才工作坚持服务发展，必须紧扣经济社会发展中心任务确定人才工作思路、部署重点人才工作、创新重大人才政策，切实把人才优势转化为经济、科技、教育、文化等综合优势，以人才发展引领经济社会发展，用经济社会发展成果检验人才工作成效。党的十六大以来，国家测绘地理信息局党组适应经济社会发展的新形势、新要求，紧紧围绕测绘地理信息事业发展大局，在科学人才观的指导下，确定人才工作思路、部署重点人才工作、完善、创新人才工作政策机制。认真贯彻《中共中央、国务院关于进一步加强人才工作的决定》和《国家中长期人才发展规划纲要》，先后出台了《关于加强"十一五"测绘人才工作的意见》《"十一五"测绘教育培训规划》《测绘地理信息"十二五"人才发展规划》等文件，形成了"服务发展、人才优先、以用为本、创新机制、高端引领"的人才工作指导方针，明确了统筹党政人才队伍、专业技术人才队伍、高技能人才队伍、经营管理人才队伍建设，培养造就一支数量充足、素质优良、结构合理，适应事业发展需要的人才队伍目标。《测绘地理信息"十二五"人才发展规划》还首次明确提出人才开发和培养经费总额原则上不低于本年度全部科研和生产项目经费的3%。

相继制定和出台了加强领导班子建设、干部队伍建设、后备干部培养、高层次人才队伍建设、西部地区人才队伍建设、高技能人才队伍建设等政策措施。干部人事制度改革全面推进,干部工作民主不断扩大,公开选拔、竞争上岗等制度逐步完善,选人用人公信度不断提高,民主、公开、竞争、择优的选人用人机制已经形成。符合测绘地理信息工作实际、体现科学发展观和正确政绩观要求的考评指标体系不断完善。不拘一格选拔拔尖人才、鼓励优秀青年人才脱颖而出的机制、向科研关键岗位和优秀人才倾斜的分配机制逐步完善。

三、提升素质　优化人才队伍结构

确立在经济社会中人才优先发展的战略布局,是坚持科学发展和加快转变经济发展方式为主线的现实选择。党的十六大以来,国家测绘地理信息局坚持人才资源优先开发,人才结构优先调整,人才投资优先保证,人才制度优先创新,不断提高人才队伍的规模、素质和结构。截至目前,全国测绘地理信息行业从业人员规模已达到40万人,各类人才队伍专业结构、年龄结构不断优化,学历层次不断提高。坚持德才兼备、以德为先的用人标准和正确的用人导向,各级党政人才理想信念更加坚定、思想进一步解放,科学领导水平不断提高,一大批优秀年轻干部快速成长并走上领导岗位,40岁到50岁领导班子成员所占比例大幅提升。不拘一格选拔了一批1980年左右出生的年轻干部担当重任,为测绘地理信息事业发展注入生机和活力。大力加强后备干部队伍建设,选拔了一批"70后"为主体,"80后"占一定比例的后备干部队伍。加强专业技术人才队伍建设,注重依托重大测绘地理信息工程和科研项目,加快培养对提升测绘地理信息技术水平和促进产业升级有引领作用的高层次、创新型专业技术人才,专业技术人才结构明显改善。党的十六大以来,测绘地理信息专业技术人员总量增加了30%,硕士以上人员所占比例增加4倍,高中级专业技术人员增加54%,各层次专家增加45%,30岁以下专业技术人员增加90%。随着测绘地理信息产业的快速发展,具有战略眼光、市场开拓精神、管理创新能力和社会责任感的经营管理人才队伍初具规模。通过建立技能人才考评评价制度、加强测绘地理信息行业特有工种职业技能鉴定、开展技能人才岗位培训等手段,不断加强技能人才培养力度,约有 13 万人获得国家职业资格证书,约 3 万人获得高级以上技能职业资格。

四、统筹规划　改善人才区域布局

实现区域协调发展,是发挥各个区域优势、增强全国发展合力的现实需要,也是维护民族团结、边疆稳定和实现国家长治久安的需要。国家测绘地理信息局坚决贯彻党中央提出的西部大开发战略以及西藏、新疆工作座谈会精神,高度重视西部地区测绘地理信息人才队伍建设,通过选派年轻干部到西部地区工作、送教上门、对口支援、项目倾斜等方式支持西部地区人才培养,极大地促进了西部地区测绘地理信息人才队伍建设,使西部地区测绘地理信息人才环境得到显著改善,事业凝聚力和人才吸引力不断增强,与东、中部地区测绘地理信息人才差距逐渐缩小。党的十六大以来,先后选派 14 名同志进藏工作,不定期选派专家进藏开展短期技术培训,在西藏重大测绘项目实施和行业管理等方面发挥重要作用;加大人才援疆力度,选派 29 名专家赴新疆开展专业技术援助,接收 33 名新疆局专业技术人员到国家局直属单位学习培训,接收新疆局 5 名处级干部到国家局机关挂职锻炼。举办测绘专家西部行活动,邀请测绘地理信息界知名专家学者到青海、甘肃、宁夏、广西、贵州、重庆、云南、新疆等省区市举办科技报告,数千人参加了培训,使西部地区的广大测绘地理信息科技工作者和专业技术人员能够及时掌握测绘地理信息科技发展动态,了解测绘地理信息学术技术研究的最新成果,增长知识,开阔视野,提升了西部地区专业技术人员的专业水平。同时,支持西部地区采取有效措施,千方百计引进、培养、留住人才,人才队伍整体素质显著提高。党的十六大以来,西部地区测绘地理信息专业技术人员中硕士研究生以上人员增长 10 倍,高中级专业技术职务资格人员增加 56% ,各层次专家增加 76% 。

五、注重成效　加快重点人才培养

高端人才是人才团队的核心、"舵手",决定着人才团队的整体素质和能力,进而决定着人才队伍的功效、发展与兴衰。高端人才培养造就及其引领,是人才队伍建设的重中之重。党的十六大以来,国家测绘地理信息局坚持把改革创新作为人才发展的根本动力,积极搭建高端人才成长和发挥效用的平台,成功实施了系列人才制度和人才工程,培养造就了一批高层次创新型人才。实施了科技领军人才培养工程,面向国内外选拔了首批7名分别来自高校、科研院所和事业单位的科技领军人才,通过鼓励承担、参加重大测绘地理信息科研和工程项目、在选题立项、科研条件配备、参加国际学术交流活动等方面为科技领军人才搭建平台,并给予每人50万元的科技项目资助,在全国测绘地理信息科技人员中产生巨大反响,营造了提高测绘地理信息科技人才地位、鼓励科技人才奋力拼搏的良好氛围,在2011年的两院院士增选中,2名科技领军人才分别当选中国科学院和中国工程院院士。实施青年学术和技术带头人培养工程,通过举办学术交流、资助科技活动等方式,着力加强高层次测绘地理信息专业技术人才队伍建设,形成由国家、省级、基层生产单位共同推动、良性发展的三级青年科技人才培养格局,绝大多数青年学术和技术带头人在本单位的科研或生产工作中起到了核心骨干作用。党的十六大以来已选拔培养的144名国家测绘地理信息局青年学术和技术带头人中,有的已经走上重要领导岗位。青年学术和技术带头人制度已成为测绘地理信息系统培养高层次优秀创新人才、党政管理人才、测绘地理信息专家和带动各类人才队伍建设的重要途径。与教育部联合实施卓越工程师培养计划,建立高校与测绘地理信息企业及生产单位联合培养人才的新机制,把测绘地理信息学校教育与生产、科研实践有机结合,有效解决学校教育与社会需求脱节的问题。目前,武汉大学、中国地质大学、中南大学、河南理工大学、东华理工大学、黑龙江工程学院等6所高校的7个专业培养方案已通过审核,与相关测绘地理信息企事业单位签订了联合培养协议,初步构建我国工程教育质量监控体系,提高了工程专业教学质量,并为我国加入《华盛顿协议》做好准备。

六、着眼长远　构建人才培养体系

人才工作的基础在教育,人才工作的成效在社会。只有把人才工程当成系统工程来抓,才能有序高效地释放全社会的人才能量。党的十六大以来,国家测绘地理信息局紧密结合测绘地理信息事业发展需要,大力推进高等测绘地理信息院校和测绘地理信息学科建设,强化各类人才教育培训,建立了较为完整的测绘地理信息人才培养体系,为测绘地理信息人才队伍发展打下了坚实的基础。各级测绘地理信息行政主管部门高度重视教育培训工作,不断加大教育培训工作力度,创新培训方式。党的十六大以来,国家测绘地理信息局共举办各类培训班375班次,培训各类人才3万余人,共选派各级党政领导干部280余人次赴中央党校、中央国家机关分校、国家行政学院及井冈山干部学院、延安干部学院和上海浦东干部学院等培训机构参加脱产学习。选派30余名司局级领导干部参加中央国家机关司局级干部选学。省级以上测绘地理信息行政主管部门举办各类培训班6000余班次,培训人才19万人次。采取国内和国外相结合的方式,每年举办测绘地理信息系统局长培训班,共培训局级领导干部110余人。在提高教育培训针对性方面,为贯彻党和国家作出的"保增长、保民生、保稳定"的部署,帮助地理信息企业应对国际金融危机,逆势而上,国家测绘地理信息局加大对甲级测绘资质单位负责人的培训,增强他们改革创新和发展的能力。连续5年承办中央组织部组织的抽调地方党政领导干部参加的测绘地理信息工作专题研究班,培训来自全国各地分管测绘地理信息工作的副市长、副县长105人,相关省级测绘地理信息行政主管部门负责人100余人,已经成为扩大测绘地理信息工作影响,推进数字城市建设的有力抓手。结合测绘地理信息新技术发展和重点工作需要,联合有关部门举办地理国情监测关键技术高级研修班,培养了一批高层次技术和管理人员。发挥高校培养人才的基地作用,于2009年与武汉大学就进一步加强科技合作与人才培养签署合作协议,并在开展包括学历教育和继续教育在内的多层次的专业人才培养方面进行了合作。2010年举办测绘地理信息系统劳模培训班,近70名劳模、生产科研管理骨干分别参加了工程硕士班和专升本学历班的学习。在创新教育培训方式方面,与高校实行产学研合作,依托承担的国家、省级重大测绘地理信息科研和工程项目,实施"人才+项目"的培养模式被普遍采用。

随着测绘地理信息事业的蓬勃发展,社会各界对测绘地理信息人才需求强劲,许多高等院校纷纷开设相关专业,形成了测绘地理信息事业与高等教育相互促进的良性发展格局,测绘地理信息类毕业生"供需两旺"。截至目前,全国开设测绘地理信息类专业的普通高校、科研机构已达340多所,在校学生近10万人,毕业生就业率名列前茅。国家测绘地理信息局充分发挥全国高等学校测绘学科教学指导委员会、高职高专教育测绘类专业指导委员会和全国测绘职业教育教学指导委员会的作用,加强对有关院校学科专业设置、教学内容的指导,不断提高人才教育培养的针对性和实效性。举办了3届测绘地理信息教学成果奖评选,用于表彰在测绘地理信息教学工作中取得的优秀成果,调动广大测绘地理信息教育工作者进行教学研究与教学改革的主动性和创造性。召开了首届测绘地理信息高校座谈会,将测绘地理信息高等教育纳入测绘地理信息事业发展大局,进一步整合社会资源,统筹人才培养和学科建设,积极搭建交流平台,协同科研力量,进一步强化对科技创新和成果转化的扶持,在专业认证、行业标准、实验室建设、双向挂职、人才培养、实习基地建设等方面向高校提供服务,自2012年起在有关院校开展了测绘地理信息学科专业认证工作。

七、强化激励　着力提高人才效能

随着加快人才发展的各项政策的落实和人才培养工程的实施,大批有创新精神、取得突出业绩的优秀人才脱颖而出。党的十六大以来,新增测绘地理信息界院士 6 人、中央联系的专家 10 人、"百千万人才工程"国家级人选 12 人、享受国务院特殊津贴专家 15 人、青年学术和技术带头人 144 人。经过考核认定和全国统一考试,全国具有注册测绘师资格人员 3780 人。进入国家海外"千人计划"6 人。通过竞赛和评选共选拔 4 名全国五一劳动奖章获得者、4 名全国青年岗位能手、14 名全国技术能手、99 名全国测绘地理信息技术能手。

　　党的十六大以来,广大测绘地理信息工作者以科学发展观为指导,树立大测绘、大产业的理念,解放思想、创新思路、创新方法、创新手段、团结奋斗、锐意进取,各项工作不断刷新历史新高。数字中国建设取得重要突破,测绘科技创新和信息化建设取得系列成果,测绘地理信息公共服务不断深化,地理信息产业迅猛发展,统一监管能力继续加强,测绘地理信息发展环境进一步优化,测绘地理信息工作作用大彰显、地位大提高、影响大提升。测绘地理信息人才工作紧紧围绕事业发展和科技进步的实际需要,注重在重点建设项目、重要攻关课中培养和锻炼各类人才,人才在推动测绘地理信息事业发展中的作用得到充分发挥。特别是在数字城市建设、天地图地理信息公共服务平台建设、地理国情监测、地理信息产业园建设、资源三号立体测图卫星研制、1∶5 万基础地理信息数据库更新、西部 1∶5 万地形图空白区测图工程、海岛(礁)测绘工程,为汶川地震、玉树地震、舟曲泥石流等抢险救灾和灾后重建提供测绘保障服务,以及为各级政府管理与决策服务、突发事件应急处理、大型公共基础设施建设、扩大内需等方面的工作中,各类人才重要作用彰显,为测绘地理信息工作实现新跨越、新突破作出重要贡献。2011 年,测绘服务总值比 2002 年增加近 3 倍,劳动生产率增加近 2 倍,测绘科技成果获奖数增加 5 倍。有近 20 人在相关国际组织中担任职务,其中国家测绘地理信息局领导担任了亚太地理信息基础设施常设委员会主席,我国测绘地理信息专家分别担任国际摄影测量与遥感学会秘书长、国际制图协会副主席、国际测量师联合会副主席等重要领导职务,我国测绘地理信息国际地位显著提高。

第八节　社会团体组织蓬勃发展

党的十六大以来,中国测绘学会、中国地理信息产业协会、中国全球定位系统技术应用协会等社团组织,深入贯彻落实科学发展观,紧紧围绕测绘地理信息事业发展大局,切实履行职能,坚持为企业服务、为行业服务、为政府服务的宗旨,在完善行业自律、建立协调机制、贯彻落实国家产业政策、推进行业改革与发展、促进测绘地理信息科技进步和学科发展等方面,取得可喜的成绩,为推动测绘地理信息产业繁荣、科技进步、事业发展作出重要贡献。

一、创新思路　中国测绘学会积极加强自身建设取得突破性大发展

党的十六大以来,中国测绘学会深入贯彻落实科学发展观,按照为科技工作者服务、为提高全民科学文化素质服务、为经济社会全面协调可持续发展服务和加强科技社团自身建设的"三服务一加强"的基本定位,紧紧围绕学科发展、经济建设和科技进步中的热点、难点问题,不断创新思路,开展各种形式的服务活动,切实加强自身能力和诚信建设,主动承接政府有关职能,自身建设获得突破性发展。

（一）创新载体建设"一库三平台"

党的十六大以来,中国测绘学会践行科学发展观,以邓小平理论、"三个代表"重要思想为指导,解放思想、实事求是、与时俱进,探索学会发展道路的创新成果,努力开创工作新局面,精心设计了以"建设测绘科技思想库,搭建学术平台、科普平台和服务平台"为内容的"一库三平台"工作载体,多措并举推动学会工作蓬勃开展。一是着力建设测绘地理信息科技思想库。组织科技工作者积极建言献策,开展形式多样的专家咨询活动,开展各专题的测绘地理信息研讨报告会,做好测绘地理信息重大项目评估工作,面向测绘地理信息系统集成资源,把科

学家的个体智慧上升为有组织的集体智慧,实现测绘地理信息系统决策咨询信息共建共享和互联互通,提高决策咨询工作质量和效率。二是着力建设测绘地理信息学术平台。筹办多形式学术活动,以服务国家测绘地理信息重大工程项目为切入点,通过开展学术论坛、学术研讨等多种形式的学术活动,积极探索跨学科、交叉学科学术高层论坛举办模式。主动服务数字城市、天地图、地理国情监测三大平台建设。鼓励我国广大测绘地理信息科技工作者加强测绘科技创新、重视技术集成、推动创新和技术集成的结合,在关键和战略必争的领域取得突破,并且取得知识产权的优势。制定长远的测绘科学技术发展规划,大力促进科技成果的转化,推动测绘高新技术产业的发展,在致力于提升我国测绘高新技术的同时,促进改造和提升传统测绘地理信息产业,为使之尽快形成高新技术产业创造条件。三是着力建设测绘地理信息科普平台。加大测绘地理信息科普力度,积极将测绘地理信息知识融入全国科普日和科技周等活动,组织妙趣横生的测绘地理信息科普节目。通过加强测绘地理信息科普工作,在全社会宣传科学思想、弘扬科学精神、传播科学技术、普及科学方法,大力推动测绘科技进步和创新,充分发挥测绘地理信息科学技术对测绘地理信息产业全面发展的关键性作用。此外,学会充分发挥社团组织政治性、科学性和群众性三大特性,发挥科普工作主力军、学术交流主渠道、国际民间科技交流与合作的主代表和科技工作者之家的四大作用,积极探索深化测绘地理信息高新技术科普、拓展区域科普、优化青少年科普,加强企业科普的新路子。

（二）创新理念打造四大服务品牌

党的十六大以来,测绘地理信息事业处于调整和变革之中,科技进步酝酿新突破,产业发展出现新趋势。新的形势下,学会以理念创新引领发展模式创新,致力于打造学会服务品牌,向社会传达"高品质、更优秀"的信息,拓展品质和服务的丰富内涵,树立"服务创造价值,品牌引领发展"的理念,处理好局部与全局、数量与质量、速度与效益、当前与长远的关系,全面推进中国测绘学会向实现和谐发展、永续发展的目标迈进。一是打造学会决策咨询品牌。建立具有测绘地理信息特色的决策咨询模式,增强学会组织的决策咨询服务能力,以决策咨询带人才成长,培养一批复合型决策咨询人才。积极向测绘地理信息决策部门建言献策。召开院士专家座谈会,把院士专家的智力优势转化为服务国家测绘地理信息事业科学决策的建言献策活动,促进院士专家与决策者之间的对话,积极搭建院士专家与决策者的决策咨询平台。二是打造学术年会品牌。完善学术年会举办模式,由学会与地方测绘地理信息行政主管部门、学会共同主办,专业委员会承办分会场,同时组织大型主题和专题报告会、高层论坛等有影响的学术交流活动。年会已经成为具有广泛社会影响、标志性的测绘科技界重大活动。三是培育测绘地理信息科普活动品牌。会同教育部学生体育协会每年举办全国学生定向越野锦标赛和全国测绘行业定向越野大奖赛,扩大测绘科普品牌示范作用。举办了全国学生定向越野锦标赛和测绘地理信息行业职工定向越野赛。加大中国测绘科技馆的建设力度,实现了科技馆的互联网实景参观。四是建立测绘地理信息展会品牌。拓展展会范围和领域,从科技、市场和服务三方面入手打造展会品牌,发挥自身优势,为测绘发展做好服务。组织国际著名测绘地理信息技术装备品牌和国内全部测绘地理信息技术装备制造商,举办全国测绘地理信息技术装备展览会,展示国内外最新测绘仪器产品和技术。

（三）创新方式搭建坚实沟通桥梁

党的十六大以来,中国测绘学会坚持一切从实际出发,以科学发展观为指导谋划发展,研究新情况,创新工作方式,积极发挥桥梁纽带作用,努力探索提升测绘地理信息企业的科技水平、增强技术创新能力、加速科技成果转化,促进产业发展等的新方法。一是开展院士专家座谈会,搭建政府与院士专家的桥梁。测绘地理信息行业院士专家经过长期的深入研究和实践积累,在本专业领域建树颇丰,对测绘地理信息发展有独到的见解。如何使院士专家的智慧和见解能直接、快速地传递给决策者,变成测绘地理信息事业发展的现实推动力,促进测绘地理信息事业又好又快发展,是学会不容推卸的责任。学会通过召开院士专家座谈会,使院士专家们的智慧能快递给领导,并迅速形成决策,在推进经济社会各项事业发展的同时,进一步营造了尊重劳动、尊重知识、尊重人才、尊重创造的浓厚氛围。二是采取多种形式,努力为企业间交流、共谋发展提供平台。通过定期召开企业家座谈会,畅通沟通渠道。推进产学研优势互补,支持企业举办大型活动,引导科技创新要求向企业集聚,在企业创建"院士专家工作站",搭建企业创新服务平台。加强同国(境)外测绘学术团体及学者的联系与合作,帮助和支持测绘单位参与国际市场竞争。三是开展联谊,搭建测绘科技工作者相互沟通的桥梁。俗话说:思想的碰撞会产生智慧的火花,创新的灵感常常来自于智者的交流。测绘科技工作者和专家大多是本专业领域的精英,在本学科、本专业思想深邃,知识博大精深,但由于平时忙于钻研业务,社交范围相对较窄,难得有更多的时间和机会与其他专家进行交流。这既不利于专家之间建立个人的友谊,也不利于创新灵感的获得。为此,学会创新专家之间联系的方式,通过开展交流、联谊等活动,帮助广大测绘科技工作者解决实际问题,活跃测绘科技创新气氛,同时也激发了学会自身的活力,增强了凝聚力。

（四）创新机制承接政府职能转变

党的十六大以来,国家测绘地理信息局根据我国实际对当前及今后一段时期政府职能进行了准确定位。中国测绘学会坚定不移地把改革创新精神贯彻到学会工作的各个环节。学会作为非营利的科技社团,在承接政府职能方面具有其他社会组织不可比拟的优势。一是学科齐全,人才荟萃。学会凝聚了各行各业的高层次科技人才,具有较高的学术权威性。二是地位超脱,联系广泛。学会会员以专业划分,来自不同的部门和单位,具有跨部门、横向联络的特点。三是行为严谨,社会公信力高。学会是非营利性的社会组织,会员以专家为主,社会公众对科技社团的认可度、信任度较高。党的十六大以来,学会把承接政府职能和提升自身改革相结合,将做好政府职能转移的承接工作作为学会组织改革和调整的一项首要任务,不断拓展承接职能的范围和形式,使工作规范化、制度化和专业化。在科技奖励、科技人员培训和继续教育、技术鉴定和论证、技术标准(规范)制定、成果评审、科技评估、发展规划咨询论证、立项可行性评估等方面发挥了积极作用。

在中国测绘学会第九次全国会员代表大会上,徐德明局长对新成立的第十届学会领导班子提出了要把学会"做大做强"的要求。在国家测绘地理信息局的关心和支持下,学会秘书处在办公环境、机构设置、服务质量和服务能力等多方面取得新成绩,实现了秘书处"新起点、新气象、新作为"的基本目标。学会经过不断的努力和发展,基本实现了中国科学技术协会提出的"有家有业、有章有制、有钱有为"的工作目标。

当前,中国科学技术协会在考虑未来发展趋势和条件的基础上提出了"十二五"时期事业发展新的目标:对经济社会发展的贡献更加突出、学术交流质量和实效显著增强、全民科学素质水平大幅提升、科技工作者对科协组织的满意度明显提高、科技开放与交流水平不断提高、自身能力切实增强。学会认真学习贯彻科协提出的新目标,结合自身实际,确定五个坚持:一是坚持体制机制创新,增强学会的凝聚力、吸引力和影响力。二是坚持以会员为本,把会员满意度作为衡量学会工作的主要标准。三是坚持加强自身能力建设,拓展发展空间。四是坚持主动服务原则,获取政府和社会的认可。五是坚持联合协作的工作方式,广泛利用社会资源,搭建多层次、多形式的服务平台。

二、准确定位　中国地理信息产业协会积极助推地理信息产业繁荣

党的十六大以来,在国家测绘地理信息局的领导下,中国地理信息产业协会深入贯彻落实科学发展观,贯彻中央领导讲话精神和国家测绘地理信息局关于大力发展地理信息产业的方针精神,以"服务、自律、协调、维权"为己任,以"亲和、务实、诚信、创新"为会风,大力倡导

大产业、大市场、大服务、大和谐发展观,积极服务企事业单位,努力规范地理信息行业,在加强组织机构建设、建立规范有序的工作机制方面不断取得新进展,在推动应用、促进创新、外树形象、内强素质、活跃学术氛围、凝聚行业精神等方面发挥了积极作用,基本实现了从偏重学术研讨型向产业服务型的历史性转变,从偏重测绘系统服务型向大产业大市场服务型的根本性转变,初步走出了一条为大产业、大市场服务的新路子,为促进地理信息产业发展作出了重要贡献。

(一)科学准确定位　加强组织建设

党的十六大以来,在党中央、国务院的正确领导下,在国家测绘地理信息局的培育支持下,中国地理信息产业迅速发展,地理信息企业如雨后春笋不断涌现,截至2010年全国地理信息企业已有2.2万多家,从业人员40万。特别是近年来,地理信息产业实现重要飞跃,形成了一大批多样化、大众化地理信息产品,并有9家地理信息企业在国内外上市。国家地理信息科技产业园一期工程80万平方米已经竣工,各地产业园区也正在积极筹划或已经建设。我国地理信息产业产品品牌和国际形象已经逐步树立。但在我国地理信息产业发展进程中,也还存在规模不够大,企业聚集程度不高,在企业资本、服务能力、社会影响等方面与国际先进水平存在差距等问题。

面对地理信息产业发展的大好形势,协会认真学习科学发展观,不断解放思想、转变观念,准确定位,加强组织建设。

一是准确定位。协会作为市场主体的联合组织、自律性的行业组织,既是国家产业政策和法规贯彻落实的引导者,是围绕大局、服务中心的行业管理的协助者,是国家宏观调控下产业发展的推动者,是国家利益的维护者,同时也是维护市场秩序和市场公平竞争的促进者,是企业利益的代表者。因此,协会的定位就是联系政府和企业之间的桥梁和纽带。协会换届后从偏重于学术研讨型向产业服务型职能转变,将协会工作职能定位为“服务、自律、协调、维权”。具体来说,服务——既为政府服务也为地理信息企业服务;自律——促进地理信息行业自律;协调——妥善解决矛盾,促进和谐发展;维权——维护国家和行业、企业的权益。大力倡导"亲和、务实、诚信、创新"的会风,不断推进协会工作做好做实。

二是完成更名。10年来,协会凝聚各部门、各行业的产业精英,开展了多领域、多层次的服务、自律、协调、维权活动,在促进地理信息科学发展、地理信息技术应用、我国自主版权的地理信息软件应用,以及在政府与地理信息企业的联系等方面做了大量的工作,为推动产业发展起到了有力的促进作用。2011年6月,经协会会员代表大会审议通过,国家测绘地理信息局、国土资源部同意,民政部批准,中国地理信息系统协会更名为中国地理信息产业协会(China Association for Geographic Information Society,简称CAGIS)。协会更名后,服务领域更加拓展,社会影响力日益显现,在促进产业发展方面发挥了更大的作用。

三是强化组织。多年来,协会致力于加强组织建设,不断扩大覆盖面,努力发挥最大的功效。现任名誉会长为徐冠华、徐德明先生,顾问有孙鸿烈、周干峙、孙家栋、潘云鹤、秦大河、陈俊勇、李德仁等院士、科学家33人,会长、副会长69人,秘书长、副秘书长23人,常务理事201人,理事328人,团体会员从2007年不足400个发展到现在的1135个,个人会员3081人。

协会现有GIS所、《地理信息世界》编辑部、资环培训中心、国土培训中心、协会就业指导中心5个直属单位。有政策法律、理论与方法、标准与质量、教育与科普、政务信息、空间数据、软件产业、环境信息、市场、城市信息、工程应用、地理信息应急保障、地理信息安全、地图、地理信息公共服务、国土资源信息、测绘、地理国情监测、地理信息文化、装备、地质矿产信息、位置服务、计算与物联网、遥感影像应用、水利信息等25个工作委员会。

四是组织测评。协会成立了奖励委、专家委,按行业和专业分工,建立了跨行业、跨部门、跨学科的中国地理信息产业协会科学技术奖励委员会,由徐冠华院士任主任委员,集聚了 17 个部委的同志指导评奖工作。协会还聘请了在国际国内有重大影响的 187 位专家,建立了评审专家库,用于科技奖、优秀工程、软件测评及各种技术和项目的咨询和评审,深受业界认同和欢迎。

（二）协助政府工作　搭建服务平台

面对地理信息产业发展的新形势,面对 1100 多个会员单位,超过 40 万人的地理信息产业从业队伍,协会把工作的重心首先放在服务上。因为,行业协会的本质就是社会中介机构,而社会中介机构的特点就在于它的独立性,在于它的民间化、非政府化。对政府,协会是独立的社团组织,是企业利益的代表者,要代表企业与有关方面进行求同存异的友好协商,以维系社会经济的稳定发展;对企业,协会是服务者而不是管理者,是国家利益的维护者,要在许多政府部门不应管又不便管、管不了也管不好的事情上发挥监督、协调和信息服务作用。因此,协会的首要职能便是为政府服务,为企业服务;首要工作便是协助政府做好工作,为产业发展搭建服务平台。

一是开展地理信息软件测评。协会连续 13 年开展地理信息软件测评工作,两次开展数字城市地理信息和三维 GIS 软件专项测评工作。特别是在近 5 年中,协会秉承"公正、公平、科学"原则,聘请了富有理论和实践经验的测评专家,保证了软件测评的权威性、公信力和影响力,使得一批具有自主知识产权的国产地理信息软件脱颖而出,跻身世界一流行业。

二是进行中国地理信息产业优秀工程评选。协会连续 10 年开展了中国地理信息产业优秀工程评选活动,为地理信息服务走进千家万户,渗透到国土资源、城建规划、交通能源等领域,作出了积极贡献。特别是近 5 年,获奖项目已达 494 个,成为协会履行服务职能的核心品牌。

三是创立中国地理信息科学技术奖。2009 年 12 月 2 日,协会经原国家测绘局同意,中华人民共和国科学技术部,国家科学技术奖励工作办公室批准,设立了协会主办、承办的中国地理信息科学技术奖。3年来,每年申报中国地理信息科技进步奖的项目有数百个,涉及测绘、国土、城建、电信、能源、交通、地质、水利、教育、卫生、环保、旅游、农业、林业、国防、公安、航空航天、政务、地下管网、应急救灾、数字城市建设等37个行业领域,既反映了地理信息科技发展成就不断取得突破,地理信息科技应用领域不断得到拓展,也标志着地理信息的科技成熟度、产业影响力得到了国家的正式认可,协会因而有了又一个促进产业科技进步的服务平台和工作推手,有了又一个服务精品。

四是组织开展多种活动。从2008年起,协会将一年一度的年会改为论坛,2011年经国家测绘地理信息局批准又改为中国地理信息产业大会,全国政协副主席李金华、罗富和,协会名誉会长徐冠华、徐德明,以及广东省、湖北省、陕西省和中央有关部委的领导出席盛会。大会发布每年的产业报告、就业白皮书,表彰科技奖、工程奖、优秀工程示范单位,举办海峡两岸、教育、高校、城市、标准化、政务信息、数字城市、三维GIS与空间信息、物联网与云计算等分论坛,举办成果成就展、大学生就业招聘会、中国位置应用大赛等活动,表彰十佳单位、杰出人才、特殊贡献单位。2008年的广州、2009年的武汉、2010年的西安中国地理信息产业论坛,2011年中国地理信息产业大会,规模宏大,影响深远,特别是大学生就业招聘洽谈会等,每年解决5000—7000个就业岗位,已在业内产生重要影响,形成品牌和权威优势。

协会各工作委员会,包括教育、理论方法、标准质量、城市信息、公共安全、政务信息等不断开展各项活动,形式生动活泼,产业的凝聚力、向心力不断增强。协会举办"高德杯"中国位置应用大赛,支持企业开展技术开发、项目合作和咨询服务活动,举办数字城市地理信息工程硕士研究生班,协助国家测绘地理信息局开展地理信息产业发展战略项目课题研究和市场调研。争取国家发展和改革委员会、国土资源部、教育部、科技部、工业和信息化部、人力资源和社会保障部、民政部、住房和城乡建设部、国家税务总局等部门在产业发展、协会职能、政策扶持等方面的支持与帮助。新改版的协会网站点击量不断攀升,《中国GIS快讯》为领导机关和有关方面提供产业发展的重要资讯,协会会刊《地理信息世界》为广大专业人士提供创新与思考的舞台,并被列入国家核心技术期刊。这些措施在推动应用、促进创新、外树形象、内强素质等方面收效良好,对活跃学术氛围、凝聚行业精神发挥了积极作用,为促进地理信息产业发展作出了贡献。

协会与瑞典GIS协会建立了战略合作伙伴关系,与美国、加拿大、德国、法国、瑞典、中国台湾、中国香港、中国澳门等国家和地区开展了广泛的合作与交流,先后组团赴北欧、韩国、美国、加拿大和台湾、澳门等参加国际会议,访问国际著名企业、进行项目洽谈,牵引企业参与国际合作。所有这些活动都有力地促进了产业的和谐发展。

五是不断加强规范与协调。协会作为一种中介,一个社团组织,实际上承担着某种意义上的行业管理重任。但这种管理是一种自律性管理,它不是依靠权力和行政手段来实施的,而是依靠会员、企业共同制定的行规行约,来共同维护市场竞争秩序,共同协商、协调利益相关的事宜。多年来,中国GIS协会通过与会员和企业共同制定行规行约,共同维护市场竞争秩序,同时自觉履行自律、协调、维权职能,努力维护企业合法权益,代表企业和政府沟通,做到"上情下达""下情上达",努力成为政府和企业之间的桥梁和纽带。

协会将加强行业自律、规范市场秩序作为一项主要工作,制定了《中国地理信息行业自律公约》《关于规范GIS产业社会活动的若干意见》等规章。在地理信息产业发展过程中,一旦发现地理信息企业间的利益冲突或企业内部需求,协会便从行业整体与根本利益出发,努力协调企业间的矛盾,或尽力牵线搭桥,为满足企业需求创造条件,以保证产业内企业的协调和谐发展。近年来,协会走访、考察了数十家企业。为产业发展提供项目招投标、项目论证、验收鉴定、地理信息产业园论证咨询和资本联合、工商税务听证会等科学咨询和维权服务,搭建合作交流平台,开展联谊活动,牵引十多家企业入驻地理信息科技产业园,宣传产业发展和产业文化,支持会员单位开展技术产品的推介活动。

协会的维权作用也日益显现。协会应政府有关部门的要求,出席有关政策咨询、工商、税务的听证会,积极反映企业和产业发展诉求,公正维护产业整体利益。2010年9月,财政部对全国第二次土地调查延伸审计的14家地理信息企业发出《财政部行政处罚事项告知书》;10月,国家税务部门发出《税务行政处罚告知书》,予以"三年内禁止参加政府采购活动"和"加倍罚税款"的处理。应企业诉求,协会在认真调研的基础上,于10月25日致函国家审计署,11月,国家审计署以审函〔2010〕110号文件《审计署关于宽容处理地理信息系统企业的建议的复函》予以正式回复。国家审计署、财政部、税务总局根据协会建议收回成命,避免了14家企业数亿元罚款、几千人失业,企业面临倒闭破产的局面,同时为67家中小企业解脱了罚款和处罚。这一维权事件在业内外引起了积极反响,受到各方面的高度关注与好评。

三、多措并举　中国全球定位系统技术应用协会发挥桥梁纽带作用

党的十六大以来,中国全球定位系统技术应用协会深入贯彻落实十六大和十七大精神以及"三个代表"重要思想,积极践行科学发展观,坚持以为企业服务、为行业服务、为政府服务为宗旨,立足服务、开拓创新,积极进取,团结和带领广大卫星导航与位置服务领域的企业家和科技工作者,扎实有效地开展各项工作,卓有见地地拓展服务范围,积极倡导公正、包容、责任、诚信的价值体系,努力营造共有、共治和共享的协会文化,在完善行业自律、建立协调机制、推进产业发展等方面,充分发挥联系政府、服务企业的桥梁和纽带作用,得到了企业的赞同、社会的关注和政府的信赖。

(一)精耕细作推动产业发展

随着科学技术的不断进步和经济社会的持续发展,我国卫星导航

定位产业已经逐步形成了包括卫星发射、地面接收设备、芯片与天线制造、导航电子地图制作、终端产品生产以及位置应用与位置运营服务在内的完整产业链,形成了以若干家大型导航定位和位置服务企业为核心的企业群体,卫星导航定位与卫星遥感、卫星通信已经成为我国新技术产业的重要组成部分,成为国家战略性高技术产业。

随着北斗系统的日渐成熟,导航定位产业正成为新的经济增长点,大量的新兴公司如雨后春笋般出现,投身到卫星导航与位置服务的创业热潮中。根据调查研究和统计估算,我国涉足卫星导航与位置服务行业的厂商与机构的数量超过 6800 家,从业人数约 15 万至 20 万人,总投资规模 500 亿元左右。

协会发挥自身优势,把握时机,举旗亮剑,凝心聚力,与协会会员共建共融共享共进,"做大产业,做强企业",为产业进一步发展推波助力。面对导航定位产业产业链长、覆盖面广的特点,特别是北斗产业化为发展带来的不可多得的大好机遇,协会的桥梁、纽带和平台作用有了重大的突破和创新。

一是加强产业内外部协调。协会充分发挥政府主管部门与企业之间的桥梁和纽带作用,不断为政府与企业之间以及企业与企业之间的合作创造机会,在横向上将各个部委、产业协会和社会各界相关力量联合起来,通过举办各种沙龙、论坛和专家调研会,深入了解相关部门和企业的想法、需求,积极推动卫星导航定位和位置服务以及北斗产业化与企业的对接。

协会牵头组织分布在不同应用领域、有代表性的 10 家会员单位集中与天地图有限公司进行战略合作签约仪式,促进双方在技术交流、市场拓展、产品和服务等方面的合作,以实现资源优势互补、服务社会发展、成果经验共享、合作共赢为目标,不断促进产品创新、服务升级,进而推动地理信息和导航定位社会化服务,实现共同发展。

二是强化企业需求调研。协会密切与会员单位的联系,认真倾听企业的呼声,了解企业的需求,急会员之所急,想会员之所想,帮助企业解决实际问题,为会员单位提供优质的服务,为企业发展创造良好的环境。协会各届领导身先士卒,积极走访,深入调查,足迹踏遍大江南北,获得第一手真实可靠的信息和资料。

三是搭建企业交流平台。协会聚焦热点领域的发展,充分发挥各专委会的作用并挖掘其潜力,举办主题交流、论坛和展览,为企业和科研机构的学术与技术交流、产品与成果展示、合作与投资洽谈提供广阔的平台,为行业发展把脉,为产业规划献策,并不断将卫星导航领域的蓬勃发展态势展示给社会和业界。

四是创立产业发展基金。协会于2011年9月30日举办了"设立中国卫星导航定位产业基金签约仪式",基金的创立探寻了产业和金融结合的创新模式,对推进卫星导航定位产业乃至地理信息产业发展具有里程碑的意义。协会作为全国唯一的卫星导航定位行业组织,可以将产业链中受关注的领域调动起来,通过挖掘优势资源将民间资本、国有资本引入战略性新兴产业之中,让基金有良好的投向,为企业解决发展所需的资金瓶颈。

(二)承上启下发挥桥梁作用

为推动北斗导航系统在国防、测绘、海洋渔业、交通运输、林业、电信、水利、减灾救灾等诸多领域的应用,协会在调查研究的基础上,形成并在"两会"期间提出了"关于加强政策扶持,加速推进我国北斗产业发展"的建议。

协会是政府与企业之间的桥梁和纽带,要在推动产业发展中起一定的作用。协会办公室组织专家组有高度、有针对性地指出问题、提出建议,为政协十届三次会议代拟《呼吁有关部门关注支持我国卫星导航产业发展的提案》,国防科学技术工业委员会对提案给予了答复。

协会正式发布了《2011年卫星导航与位置服务产业白皮书》,该白皮书揭示了卫星导航与位置服务产业的四大特点,明晰了卫星导航四大发展趋势所代表的系统和产业发展总方向,分析了产业发展所面临的重大挑战和发展机遇,阐述了对我国卫星导航与位置服务产业未来发展的建议和设想,提出了产业发展的"五化"目标和强化实施"九点抓"的具体方针。

协会积极主动配合和参与相关部门的工作,为行业规划、标准制定等提供有力的决策依据。为国家测绘地理信息局科技与国际合作司组织《全国测绘与地理信息科技成果汇编》工作提供信息,积极配合修改局科技奖励办法,主动参与局标准化委员会的标准制定工作,积极参与国家发展和改革委员会、科学技术部以及北斗卫星导航系统管理办公室制定发展规划的工作,为法规司提供"应用 GPS 隐形测绘地理信息监管问题亟待解决"的建议。

(三)搭建平台促进技术交流

2005 年,协会编辑完成了《论文集》并首次通过协会会刊《全球定位系统》杂志正式出版。此后逐年出版《论文集》,为导航定位和位置服务行业和企业提供了宽广的视角和良好的技术交流平台。

为进一步加速推进我国卫星导航产业的发展,肯定行业内各会员单位在技术进步与创新方面所取得的成果,促进广大科技人员积极性、主动性和创造性的发挥,经国家科技部奖励办批准,于 2010 年 6 月设立"卫星导航定位科学技术奖",该奖的评审委员会委员均为行业内的知名专家,包括许厚泽院士、杨元喜院士、刘经南院士、陈俊勇院士、宁津生院士、许其凤院士等,该奖项的设立极大地提高了协会的公信力和权威性。

(四)集约精英加强组织建设

协会通过加强自身建设,提供优质服务来增强行业影响力。长期以来,协会不断加强组织建设工作,积极吸纳会员,组织队伍不断壮大。现有理事单位 280 家,团体会员 1500 家,个人会员 450 人。不断加强制度建设,建立健全协会各项规章制度,履行自律、协调、维权职能,努力维护企业合法权益。

一是制定《中国卫星导航定位行业自律公约》,评选社会责任先进单位。协会不断强化规范行业的市场秩序,大力推动行业的诚信建设,规范会员行为,协调会员关系,维护公平竞争的市场环境。2008年5月制定并发布《中国卫星导航定位行业自律公约》,在行业自律公约发布实施两年后,为唤起会员单位适应时代要求,积极承担社会责任,为构建和谐社会作贡献,在会员单位中开展了社会责任先进单位的评选工作。

二是开展《导航电子地图检测规范》编制工作,并以此为依据进行测评,规范市场。鉴于全社会对导航产品的需求日趋旺盛,导航定位产业已经进入了快速发展期,为有利于完善市场准入和退出机制,有利于促进企业不断改进质量和提高水平,更好地满足社会需求,维护消费者的合法权益,有利于促进我国导航定位产业的健康发展,编制《导航电子地图检测规范》,并于2009年和2011年对我国主流图商的导航电子地图进行了检测。通过开展检测工作,企业产品质量得到提高。

三是不断提高协会的学术权威性和影响力。目前,协会的领导能力不断壮大,名誉会长有科技部原部长、中科院院士徐冠华,"两弹一星"元勋、国家最高科学技术奖获得者、北斗卫星导航系统总设计师孙家栋院士,国土资源部副部长、国家测绘地理信息局局长徐德明。为了充分发挥专家学者在团体中以及在推进产业技术进步与创新中的重要作用,协会于2008年12月成立了专家顾问团,前武汉大学校长、工程院院士刘经南为顾问团主任。协会专家顾问团成员:刘经南院士、刘先林院士、王任享院士、李德仁院士、原协会会长常志海、宁津生院士、陈俊勇院士、王家耀院士、魏子卿院士、许其凤院士、杨元喜院士、张祖勋院士。

四是促进卫星导航定位与位置服务行业的发展。为实现产学研更好的结合,促进产业化和谐发展,协会按照自愿的原则,吸收了20名企业家,组成科学家企业家联谊会,分别在广州、北京召开两届科学家企业家恳谈会。恳谈会围绕卫星导航定位产业技术进步与创新的方向、一批卫星导航企业的上市对行业内其他企业发展可能产生的影响、加快推进北斗系统的市场应用规模、导航电子地图的新发展、GPS运营和汽车信息服务的创新型商业模式、急需解决的连续运行卫星定位服务综合系统（CORS）系统统一规划和标准化问题、加快推进高精度卫星定位测量技术和设备的自主创新、卫星导航产品的质量检测认证等诸多影响和制约产业发展的突出问题进行了广泛交流和深入讨论，形成有建设性的意见和建议，对我国卫星导航定位与位置服务行业的发展具有深远的指导意义。

五是通过宣传推广扩大卫星导航定位的社会影响力。为弘扬抗震救灾精神，彰显我国北斗系统和卫星导航定位技术在抗震救灾中的作用，动员更多的单位和部门充分利用现代导航定位技术自觉为国家中心任务服务，协会会同中国卫星导航定位应用管理中心、清华大学等单位，成功举办了导航卫星系统在灾害监测中的应用研讨会，并向社会发出了《加快北斗应用发展，造福和谐平安社会特别倡议书》。

为使广大社会公众深入了解卫星导航定位在国民经济、社会发展中的作用，普及卫星导航定位方面的知识，特别是提升青少年对学习高新技术的兴趣，扩大全社会对卫星导航定位行业的关注度和参与度，协会利用新浪网科技频道开展面向全国的卫星导航科普知识竞赛活动。在开展知识竞赛的同时，为了解和研究目前我国卫星导航产品的受众人群特征，协会联合多个组织机构进行了为期一个月的网上问卷调查，收到了良好效果。

协会定期出版发行《卫星导航与位置服务》《全球定位系统》等刊物以及《论文集》，不断丰富内容，深入挖掘素材，成为行业内权威性和实时性较高的重要信息交流平台。协会不断完善网站建设，使网站成为会员单位和社会迅速了解协会工作和行业动态的重要窗口，成为有力传播导航定位知识和信息的重要途径。

六是推进国际交流与合作。推动行业企业开拓国际市场是行业协会的重要职责。协会充分利用全球经济一体化的有利时机，积极稳妥地开拓卫星导航定位与位置服务市场，推进行业优势"走出去"，吸引投资"走进来"。协会组团对德国的博世集团、荷兰的Mapscape公司和法国的标致雪铁龙集团以及 NAVTEQ 公司等进行了考察和技术交流。2012 年 5 月,在新加坡组织了 2012 亚太区域卫星导航与位置服务产业峰会,旨在大力推进卫星导航与位置服务国际合作与交流,在国际舞台上强化中国企业的作用和影响力,提升北斗导航系统的国际竞争力,做大做强我国北斗卫星导航产业。这体现了协会参与推广北斗导航系统国际影响力的积极态度和行动,有助于引导亚太区域关注并重视北斗导航系统的应用,并逐步推动北斗导航系统应用在亚太各国取得实质性进展,努力为全球卫星导航发展作出新的贡献。

第五章　测绘地理信息统一监管

引　言

固本强基,依法治测。党的十六大以来,各级测绘地理信息行政主管部门在党中央、国务院的坚强领导下,以贯彻落实《中华人民共和国测绘法》为中心,转职能、扩服务、提效率、上台阶,以"有为"争"有位",以"有位"强"作为",以建立健全测绘地理信息行政管理体制为抓手,奠定组织建设根基;以加快完善测绘地理信息法律体系为龙头,夯实法制建设基础。

10 年来,测绘地理信息行政管理体制机制建设阔步前行,测绘地理信息法律体系建设根深叶茂,测绘地理信息行政执法硕果累累,测绘地理信息市场监管能力大幅提升。在国家局更名的带动下,各级测绘地理信息行政主管部门纷纷采取措施,16 家测绘地理信息行政主管部门及部分市县测绘地理信息局相继更名;以《中华人民共和国测绘法》为核心的"1 法 4 条例 6 规章、35 部地方性法规、近百部地方政府规章"组成的测绘地理信息法律体系逐步健全。国家测绘地理信息局(原国家测绘局)对地理信息资源监管责任更加强化,职责职能全面履行,信息资源建设与应用服务统筹协调,地理信息交换和共享活动进一步规范。

依法治测体系健全,统一监管政令畅通,举旗亮剑师出有名。统一监管为测绘地理信息事业健康快速发展提供了坚强的组织和法制保障,提高了测绘地理信息产业落实科学发展观和构建社会主义和谐社会的保障服务水平。

第一节　测绘地理信息管理体制建设逐步完善

基础不牢,地动山摇。管理体制建设是系统之根,是做好测绘地理信息工作的组织基础。党的十六大以来,根据党中央、国务院的决策部署,国家测绘地理信息局(原国家测绘局)不断深化行政管理体制改革,加强体制机制建设,以修订后的《中华人民共和国测绘法》为依据,以国家局更名为契机,紧紧围绕经济社会发展要求,积极推进政府职能转变,逐步健全体制、完善机制、强化职责,推动了从中央到地方由国家、省、市、县四级测绘地理信息管理机构组成的测绘地理信息行政管理体系建设,管理组织体系基本形成,监督体系逐步规范,行政管理机构建设不断加强,成效卓著。管理体制建设强化了地理信息资源管理职能,提升了测绘地理信息部门的地位,奠定了测绘地理信息为经济建设、社会发展保驾护航的组织基础。

一、领导重视　管理体制建设方向明确

党中央、国务院历来高度重视测绘地理信息管理体制完善工作。党的十六大以来,胡锦涛总书记多次作出重要指示,要求"加强测绘统一监督管理和基础测绘工作","加大测绘统一监管力度,加强基础测绘工作,全面提升我国测绘保障服务能力"。温家宝总理特别强调"测绘和地理信息产业关系到经济社会发展和国防建设。测绘局是国家不可缺少的要害部门,在信息化时代愈来愈重要,不可小看"。李克强副总理要求"加快健全体制、完善机制、强化职责,更好地发挥测绘地理信息主管部门的作用"。2011年5月23日,李克强副总理在专程视察中国测绘创新基地并宣布国家测绘局更名的重要讲话中着重强调,测绘地理信息是经济社会活动的重要基础,事关国家的主权、安全和利

益;测绘地理信息是全面提高信息化水平的重要条件;测绘地理信息是加快转变经济发展方式的重要支撑;测绘地理信息是战略性新兴产业的重要内容;测绘地理信息是维护国家安全利益的重要保障。他同时特别强调,将国家测绘局更名为国家测绘地理信息局,不仅仅是名称的改变,更是责任的强化,要以这次更名为契机,逐步推进测绘地理信息机构的改革。要加快健全体制、完善机制、强化职责,更好地发挥测绘地理信息主管部门的作用。要顺应测绘地理信息发展趋势,逐步形成有利于测绘地理信息事业健康发展的体制机制。要统筹国家测绘和区域测绘、基础测绘事业和地理信息产业协调发展,积极推进测绘与相关部门间公益性信息的共享,完善军地测绘融合发展机制。

二、夯实基础　管理体制建设跨越发展

党的十六大以来,在党中央、国务院的亲切关怀下,在中央国家机关各部门的大力支持下,国家测绘地理信息局(原国家测绘局)适应经济社会发展对测绘地理信息管理体制日益迫切的需求,着力推进测绘地理信息管理体制建设,实现了三大跨越。

(一)《测绘法》修订奠定体制坚实基础

由于 1993 年 7 月 1 日开始实施的《中华人民共和国测绘法》(以下简称《测绘法》)中没有明确规定市、县测绘行政管理职能,我国测绘行政管理基本上是国家、省二级管理体系,导致一些基层测绘行政管理机构薄弱,形成了基层测绘行政管理缺位,市、县基础测绘管理以及测绘市场管理、测绘标志保护等工作长期得不到落实。同时,原《测绘法》规定的测绘行政管理体制是统一管理与分部门管理相结合的体制,客观上使得测绘行政管理成为多部门分散管理,形成了职责交叉和部门保护,使得测绘行政统一管理难以到位的问题长期存在,统一监管力度较弱。

2002 年新修订的《测绘法》为健全完善测绘地理信息管理体制奠定了坚实的法律基础,明确了测绘地理信息统一监督管理体制,确立了

四级测绘地理信息行政管理体制,推动了我国测绘地理信息行政管理体制实现一次重大跨越。新修订的《测绘法》将加强统一监督管理作为测绘管理体制的改革方向,在充分考虑发挥专业部门作用的基础上,规定"国务院测绘行政主管部门负责全国测绘工作的统一监督管理。国务院其他有关部门按照国务院规定的职责分工,负责本部门有关的测绘工作",明确了测绘行政主管部门对测绘工作的统一监管。新修订的《测绘法》同时规定"县级以上地方人民政府负责管理测绘工作的行政部门负责本行政区域测绘工作的统一监督管理",体现了测绘依法行政和加强测绘管理的要求,是"依法治测"的重大进步。这条规定将原来中央和省级测绘地理信息行政管理体制延伸到市、县,确立了从中央到地方由国家、省、市、县四级测绘地理信息管理机构组成的测绘地理信息行政管理体系,进一步强化了测绘行政管理机构的统一性原则,明确了县级以上人民政府和测绘行政管理部门的职责,管理机构逐步健全、专职行政管理人员逐步到位,推动了测绘地理信息工作在市、县的落实,促进了测绘地理信息工作更好地为市、县经济建设服务。

(二)国务院意见提供体制建设强大动力

为进一步加强测绘工作,提高测绘对落实科学发展观和构建社会主义和谐社会的保障服务水平,国务院于2007年9月印发了《关于加强测绘工作的意见》(以下简称《意见》),将"完善体制,强化监管"确定为加强测绘工作的基本原则之一,对健全完善测绘行政管理体制提出了明确的要求,强调县级以上地方人民政府要进一步落实和强化测绘工作管理职责,加强测绘资质、标准、质量以及测绘成果提供和使用等方面的统一监督管理。各级测绘行政主管部门要根据新时期测绘工作面向全社会提供保障服务的特点,认真履行职责,按照统一、协调、有效的原则,加强自身建设,落实管理力量和工作经费,增强工作能力。《意见》的出台从有利于全面推进依法行政、有利于强化测绘公共服务、有利于促进测绘事业全面协调可持续发展的角度,提出了深化改革、加强测绘管理机构建设、完善运行机制以及强化监管职责的明确要求,为健全完善测绘地理信息管理体制提供了强大动力。地方各级测绘行政主管部门以《意见》出台为契机,纷纷积极争取地方政府出台相关的实施意见,将健全完善本地区的测绘行政管理体制作为重点之一纳入实施意见,并采取有效措施尽力推进测绘行政管理机构的上下对口、基本统一,测绘行政管理体制得以逐步理清、理顺,测绘行政管理逐步实现高效顺畅和监管到位目标。

(三)国家局更名开辟体制建设广阔前景

随着国民经济和社会信息化进程不断加快,测绘地理信息服务领域和服务对象不断扩展,涉及与地理空间有关的各个方面,形成了多元化主体的服务格局。伴随而来的是非法获取、提供和使用涉密地理信息,擅自生产、出版和运输地理信息的违法问题逐渐增多,地理信息安全监管形式复杂的形势。为强化地理信息安全监管,国务院2011年5月23日正式批准国家测绘局更名为国家测绘地理信息局,测绘地理信息管理体制建设取得历史性突破。更名凸显了地理信息在国民经济和社会发展中的重要作用,也标志着为适应新的形势和要求,测绘行政体制建设和管理职能转变实现了历史性突破,同时标志着测绘事业向测绘地理信息事业转型发展、从生产型向服务型应用型转变实现了重大跨越。新名称准确涵盖了测绘地理信息管理的主要内容和所承担的工作职责,凸显了国家测绘地理信息局对地理信息这一国家战略性资源的监督管理职能,强化了对地理信息产业发展指导、统筹地理信息资源建设应用及规范地理信息交换共享活动的作用,为进一步健全完善测绘地理信息管理体制和运行机制开辟了广阔前景。在国家局更名的带动下,各级测绘地理信息行政主管部门纷纷采取措施积极争取,16家省级测绘地理信息行政主管部门及部分市县测绘地理信息局相继更名,强化了地理信息资源管理职能,提升了测绘地理信息部门的地位。

三、阔步前行　管理体制建设成效显著

党的十六大以来,各级测绘地理信息行政管理部门深入贯彻《测

绘法》及《国务院关于加强测绘工作的意见》,多措并举,着力推进测绘地理信息管理体制建设,测绘地理信息管理组织体系、监督体系、机构建设等方面成效显著。

（一）组织体系基本形成

根据党中央、国务院的决策部署,国家测绘地理信息局不断深化测绘地理信息行政管理体制改革,加强机构建设,逐步建立了从中央到地方比较完善的测绘地理信息行政管理体系,包括国家测绘地理信息局和各省、自治区、直辖市测绘地理信息行政主管部门,以及市（地、州、盟）、县（市、旗）测绘地理信息行政管理机构。其中,陕西、黑龙江、四川和海南测绘地理信息行政管理机构实行国家测绘地理信息局与地方政府双重领导、以国家测绘地理信息局为主的管理体制;其他省级测绘地理信息行政管理机构由地方政府或所属部门领导,国家测绘地理信息局进行业务指导;市、县测绘地理信息行政管理机构近年来已逐步明确,测绘地理信息行政管理职能不断加强。稳步推进测绘地理信息事业单位布局结构调整,建立了以基础地理信息获取队伍、地理信息档案资料存储和服务队伍、公益性测绘地理信息科研机构等为主体的布局较为合理、功能较为完善、保障较为有力的事业单位组织体系。测绘学会、与测绘地理信息相关的产业协会以及中介组织在测绘地理信息行政主管部门的扶持下逐步发展,在测绘地理信息管理中发挥了积极作用。

（二）监督体系逐步规范

测绘地理信息管理法规体系日趋完善。经过 10 年的努力,我国已初步形成以《测绘法》为核心,包括 4 部行政法规、35 部地方性法规、6部部门规章、近百部地方政府规章以及一大批规范性文件在内的测绘地理信息管理法规体系。自 20 世纪 90 年代实行测绘市场准入制度后,党的十六大以来国家测绘地理信息局（原国家测绘局）又先后颁布实施了《测绘市场管理办法》《测绘资质分级标准》和《测绘地理信息市场信用信息管理暂行办法》,测绘地理信息市场准入和退出管理机制更加规范,主体管理更加明确,测绘地理信息市场秩序管理进一步强化。充分调动中央和地方的积极性,合理划分了中央和地方基础测绘的职责权限,基本确立了基础测绘和测绘地理信息成果分级管理体制,将基础测绘投入正式列入国民经济和社会发展年度计划和财政预算。推进测绘地理信息成果体制建设,先后颁布实施《基础测绘成果应急提供办法》《国家涉密基础测绘成果资料提供使用审批程序规定(试行)》等,进一步明确测绘地理信息成果生产、提供、使用以及应对突发事件过程中基础测绘成果快速提供和使用审批等方面的管理规定;推行测绘地理信息成果汇交制度,建立健全测绘地理信息成果共享机制。加强测绘地理信息质量监督,基本建立了以《测绘质量监督管理办法》《测绘质量监督抽检办法》《测绘产品质量评定标准》等系列政策标准为核心的测绘地理信息质量监督管理体系。进一步建立完善地图市场管理体制,先后组织开展了地图宣传品和进出口地图产品专项检查、国家版图意识宣传教育、推进互联网地图和地理信息服务网站监管、加强互联网地图服务资质管理等专项治理活动,增强了公民的版图意识,促进了地图市场的繁荣。

(三)管理机构不断加强

1. 行政管理机构建设迈出新步伐

党的十六大以来,在党中央、国务院的关怀下,在中央编办等部门的大力支持下,国家测绘地理信息行政管理职能不断强化,机构建设不断加强。

(1)2005年,测绘成果管理与应用职能和机构得到强化。2005年3月,中央编办批准国家测绘局增设测绘成果管理与应用司,加挂地图管理司牌子,并相应增加了司级领导职数和行政编制。测绘成果管理与应用司的设立,顺应了经济社会快速发展对强化测绘成果应用管理的急切需要,强化了测绘成果与应用的管理职能,形成了一手抓基础测绘组织管理,一手抓测绘成果应用服务的测绘业务管理框架,走出了完善测绘行政管理体制的关键一步。

（2）2009 年，新的"三定"规定对测绘行政管理职能进行了全面梳理和强化。2009 年 3 月，国务院办公厅印发《国家测绘局主要职责内设机构和人员编制规定》（以下简称新"三定"规定），在原有职责基础上，充分考虑测绘事业发展对加强测绘工作统一监管的实际需要，突出强调政府职能向创造良好发展环境、提供优质公共服务的根本转变，坚持加强统筹协调、实现政事分开、强化公共服务和测绘统一监管的基本原则，进一步强化了测绘公共服务和应急保障、监督管理地理信息获取与应用等测绘活动、组织开展测绘基础研究和推动科技进步与创新等职责。同时，要求由国家测绘局牵头，建立健全国家测绘与地方测绘、测绘部门与相关部门以及军地测绘之间的地理信息资源共建共享机制，明确共建共享的内容、方式和责任，统筹协调地理信息数据采集分工、持续更新和共享服务工作。在此基础上，为进一步加快推动测绘科技进步与创新、强化测绘科技管理、促进测绘国际合作与交流，国家测绘局内设机构增设科技与国际合作司，并调整增加行政编制 20 名，重点用于加强测绘公共服务和应急保障等职责，适当充实监督管理测绘活动、科技与国际合作等方面工作力量。

（3）2011 年，国家测绘局更名为国家测绘地理信息局。2011 年 5 月 23 日，经国务院批准，国家测绘局更名为国家测绘地理信息局。此次更名是测绘行政管理体制顺应时代要求的重大调整，对于强化地理信息资源建设与开发利用的统筹规划和监督管理、加快发展地理信息新型服务业态、抢占地理信息产业发展制高点，提高测绘地理信息工作服务大局、服务社会、服务民生的能力和水平，具有重要的现实意义和深远的历史意义，标志着中国测绘地理信息事业发展站到了新的历史起点。

2. 地方测绘地理信息行政管理体制建设成效明显

党的十六大以来，在地方各级人民政府的大力支持下，在各级测绘地理信息行政主管部门的努力下，我国地方测绘地理信息行政管理体制逐步健全完善，机构、人员和经费逐步落实到位，为全面履行好测绘地理信息行政管理职能奠定了基础。

（1）省级测绘地理信息行政管理机构建设稳中有进。陕西等15个省级测绘主管部门相继更名为测绘地理信息局,河北省测绘局更名为河北省测绘地理信息局,同时根据工作需要普遍强化了内设机构,浙江、湖北、新疆等部分省级机构还恢复了正厅建制。在职能方面,多数省级测绘地理信息行政主管部门新增或强化了地理信息管理、测绘地理信息公共服务、地理国情监测以及指导地理信息产业发展等职责,测绘地理信息工作统一监管进一步加强,测绘地理信息市场秩序进一步规范,维护国家主权、安全和利益的能力进一步提高,为基层服务、为企业服务的水平进一步提升。

从设置方式看,省级测绘地理信息行政管理机构仍分为独立设置的机构和部门内设机构两类,其中独立或者相对独立设置的省级测绘地理信息行政管理机构21个,约占全国省级测绘地理信息行政管理机构的68%;在国土资源部门或者规划部门内设置相应的职能部门的有10个,约占全国省级测绘地理信息行政管理机构的32%。

从编制性质看,省级测绘地理信息行政管理机构有16个属于行政机构,约占全国省级测绘地理信息行政管理机构的51.6%;有15个属于事业单位,根据地方性法规授权或者由省级人民政府明确授权行使测绘地理信息行政管理职责,约占全国省级测绘地理信息行政管理机构的48.4%。

（2）市级测绘地理信息行政管理机构基本健全。全国设区的市（地、州）中,设立测绘地理信息行政管理机构或明确测绘地理信息行政管理职能的有316个,约占市（地、州）总数的95%。其中,近60个城市成立了测绘地理信息局或地理信息局;有86%的市级测绘地理信息行政管理机构设在国土资源部门,有14%的市级测绘地理信息行政管理机构设在建设或规划部门。

从全国来看,部分省级测绘地理信息行政主管部门立足当地实际,积极采取多种措施推动本地区的市县级测绘地理信息行政管理机构建

省政府直属副厅
级事业机构，2个

规划委管理的测
绘管理办公室，1个

国家局直属行政
机构，4个

国土资源厅内设
机构，7个

国土资源厅管理
的副厅级机构，
13个

规划委（局）内
设机构，3个

国土资源厅管理
的正处级机构，1个

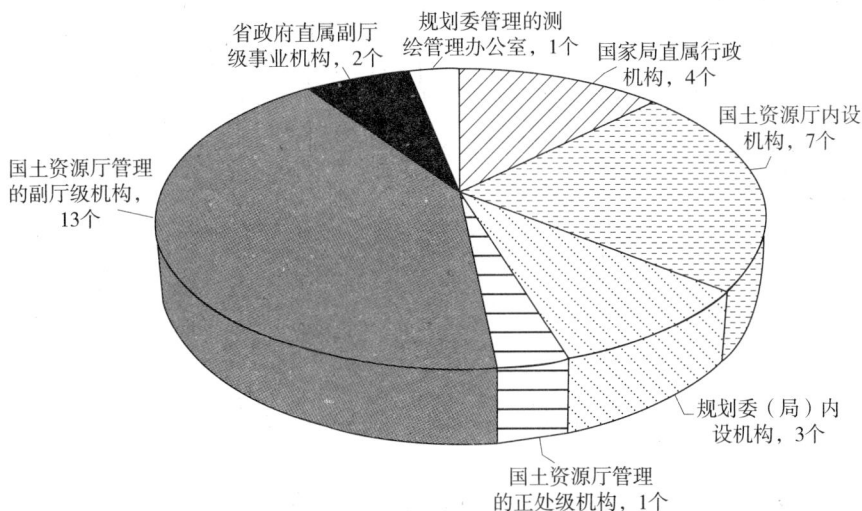

省级测绘地理信息行政管理机构设置现状

设，取得了非常重大的突破。河北省编办印发通知，要求各市县国土资
源局可加挂"地理信息局"的牌子，原已加挂"测绘管理办公室"牌子
的，要更名为"地理信息局"，通过整合内设机构，明确1至2个科（室）
负责地理信息工作，加强测绘地理信息工作的领导力量和队伍建设，配
备与工作任务相适应的人员，同时明确了市县地理信息局的主要职责，
增加了指导地理信息产业发展、数字城市基础建设和管理等职能。海
南省编办、国土环境资源厅和海南省测绘地理信息局联合发文，要求全
省各市县国土资源局加挂"测绘地理信息局"的牌子，明确了测绘局的
职责，省编办调剂解决了20名行政编制，省国土资源厅在征求省测绘
地理信息局意见后任命了18个市、县的测绘地理信息局局长。新疆维
吾尔自治区编办印发通知，明确规定各地（州、市）、县（市）测绘局统一
在同级国土资源局挂牌，并更名为测绘地理信息局，市辖区测绘地理信
息行政管理工作由市国土资源局区分局承担，挂市测绘地理信息局区
分局的牌子，同时为市县测绘地理信息行政管理机构新增若干项管理
职能。广西壮族自治区编委印发通知，同意各市国土资源局加挂测绘
地理信息局牌子。山东省临沂市在1市3区9县国土资源局的基础上

加挂了测绘与地理信息局牌子,并成立了本地基础地理信息中心等相应的事业支撑机构。

（3）县级测绘地理信息行政管理机构基本健全。全国县（市、区）中,设立测绘地理信息行政管理机构或明确测绘地理信息行政管理职能的有2453个,约占县（市、区）总数的86%。其中,有94%的县级测绘地理信息行政管理机构设在国土资源部门,有6%的县级测绘地理信息行政管理机构设在建设或规划部门。

第二节　测绘地理信息法制建设成果丰硕

党的十六大以来,在党和政府的高度重视下,在国家测绘地理信息局（原国家测绘局）党组的领导下,在各级测绘地理信息行政主管部门的共同努力下,测绘地理信息法制建设成果显著,以《中华人民共和国测绘法》为核心,4部行政法规、35部地方性法规、6部部门规章、近百部地方政府规章组成的测绘地理信息法律体系基本形成,为我国测绘地理信息事业健康快速发展提供了有力的法制保障。

一、顺时应势　《测绘法》修订奠定发展根基

2002年8月29日,第九届全国人民代表大会常务委员会第二十九次会议通过修订后的《中华人民共和国测绘法》（以下简称《测绘法》）,自2002年12月1日起施行。《测绘法》共分9章55条,充分体现了建立社会主义市场经济体制和推进测绘地理信息事业发展的新要求,对测绘管理体制、涉外测绘、测绘基准与测绘系统、基础测绘、界线测绘和其他测绘、测绘市场管理、测绘成果管理、测量标志保护、法律责任等作出了明确规定,是我国测绘地理信息事业发展过程中的一个重要的里程碑。

《测绘法》作为指导测绘工作的基本法,是从事测绘活动和进行测绘管理的基本准则和基本依据,是我国测绘地理信息事业发展的根本

法律保障,对于加强测绘地理信息法制建设,推进测绘地理信息依法行政,提高测绘地理信息服务水平具有十分重要的意义,有力地促进了测绘地理信息事业的健康发展。

2002 年《测绘法》修订实施以来的 10 年,是我国经济和社会发生广泛而深刻变化的 10 年,也是测绘地理信息事业加快转型发展的 10 年。随着传统测绘向数字化测绘、信息化测绘的转变,测绘地理信息的内涵不断丰富,外延不断扩大,服务方式不断创新,新型服务业态不断涌现,地理信息产业蓬勃发展,市场持续繁荣,测绘地理信息的产品形式和服务模式等都发生了巨大变化,对测绘地理信息行政管理的法律依据、管理制度、监管手段等都提出了新的挑战,党和国家对测绘地理信息部门的要求和期望也越来越高。

在这种大背景下,测绘地理信息工作实践中出现了诸多现行《测绘法》无法解决的热点、难点甚至盲点问题,在地理信息安全、地理国情监测、地理信息共享、地理信息产业、应急测绘保障、测量标志管护等方面,需要进一步完善法律制度,《测绘法》修订再一次被提到议事日程。

为做好《测绘法》修订相关基础工作,国家测绘地理信息局制定了《测绘法》修订工作方案,组织开展了《测绘法》实施情况书面调研,认真梳理《测绘法》执行中存在的问题及需要修订、补充、完善的内容,完成了《测绘法》执行情况评估报告,并召开了《测绘法》修订工作座谈会。为争取《测绘法》修订列入国家立法计划,国家测绘地理信息局与国务院法制办公室、全国人大环境与资源保护委员会、法制工作委员会等密切沟通,及时报送了《测绘法》修订建议报告,得到了相关部门的充分理解和大力支持。

经过初期调研掌握的材料,基本明确了围绕“确保安全、促进应用、健全制度、强化责任”的主线,在现行《测绘法》的框架体例基础上,增加相关内容和章节,修改完善相关条款。下一步国家测绘地理信息局将按照《测绘法》修订工作方案,广泛深入开展立法调研,确定修订的重点、难点,全力配合全国人大法工委、国务院法制办等部门,加快推动《测绘法》修订工作,为测绘地理信息事业转型发展提供坚实的法制保障。

二、全力护航　《测绘法》配套法规相继出台

行政法规和部门规章是《测绘法》的重要配套规范,是测绘地理信息法律体系的重要组成部分。党的十六大以来,国家测绘地理信息局(原国家测绘局)印发了《关于 2005 年至 2010 年测绘立法工作的指导意见》等重要文件,对进一步完善测绘立法,健全《测绘法》相关配套制度建设进行了部署。测绘地理信息行政法规和部门规章进一步细化了《测绘法》的有关制度,为加强测绘地理信息行政管理工作提供了更加具体的法律依据。我国现有国务院发布的测绘行政法规共 4 部,分别对基础测绘、测量标志保护、地图编制出版管理、测绘成果管理进行了具体规范。其中十六大以来制定的有《中华人民共和国测绘成果管理条例》《基础测绘条例》。

《基础测绘条例》于 2009 年 5 月 12 日由国务院第 556 号令公布,2009 年 8 月 1 日起施行。《条例》共 6 章 35 条,包括总则、基础测绘规划、基础测绘项目的组织实施、基础测绘成果的更新与利用、法律责任、附则。《条例》进一步细化了《测绘法》确立的基础测绘制度,明确了基础测绘工作遵循的原则,规范了基础测绘规划计划的编制程序,明确了国家基础测绘项目和地方基础测绘项目的具体划分,规范了基础测绘项目的组织实施活动,细化了基础测绘成果更新和利用制度,建立了基础测绘应急保障机制,强化了基础测绘设施的建设和保护,加强了基础测绘成果的质量监管,并对违反条例的行为设定了严格的法律责任。

《中华人民共和国测绘成果管理条例》于 2006 年 5 月 27 日由国务院第 469 号令公布,2006 年 9 月 1 日起施行。《条例》是根据实践发展的需要和《测绘法》的有关规定,在 1989 年颁布实施的《测绘成果管理规定》的基础上进行修订而成的。《条例》共 6 章 32 条,规范了测绘成

果汇交与保管、利用、重要地理信息数据的审核与公布等测绘成果管理的各个环节。

《地图管理条例》已列入国务院立法计划，正在加快制定。《中华人民共和国地图编制出版管理条例》（以下简称《条例》）自1995年10月1日实施以来，对规范我国地图编制出版管理工作，维护国家的主权、安全和利益，促进地图市场的繁荣发展等方面起到了重要作用。随着社会主义市场经济的发展，互联网技术的广泛应用，在地图管理工作中出现了一些新情况、新问题，主要表现在三个方面：一是地图管理的领域不断扩大，二是互联网地图管理制度缺失，三是市县地图监管职责缺位。为了解决地图管理中出现的新情况、新问题，落实国务院领导同志的有关批示精神，进一步贯彻实施《测绘法》，规范地图市场秩序，加强国家版图意识宣传教育，对《中华人民共和国地图编制出版管理条例》进行修订、起草制定《地图管理条例》十分必要。

国家测绘局先后组织召开了多次专家论证、座谈会，分别听取了有关专家、管理相对人对草案的意见，征求了国务院有关部门、军队测绘主管部门、省级测绘地理信息行政主管部门和有关单位的意见。在反复修改论证的基础上，进一步明确了关于地图监督管理体制、地图编制与审核、互联网地图服务以及监督管理的有关规定，形成了送审稿，分别于2007年1月和2010年6月经国土资源部审议后上报国务院。目前，国家测绘地理信息局正在与国务院法制办等有关部门加紧协调，进一步完善草案的相关内容，全力推动《地图管理条例》早日出台，进一步加强地图管理，保证地图质量，维护国家主权、安全和利益。

三、健全规章　测绘法制建设日益规范

测绘地理信息部门规章是根据测绘地理信息法律法规和国务院的有关决定制定的，是细化和落实测绘地理信息法律法规有关制度的规范性文件。目前我国有6部测绘地理信息部门规章，分别是《测绘行政执法证管理规定》《测绘行政处罚程序规定》《房产测绘管理办法》

《重要地理信息数据审核公布管理规定》《地图审核管理规定》《外国的组织或者个人来华测绘管理暂行办法》,对相关领域的测绘地理信息工作提供了强有力的制度规范。

四、彰显特色　地方立法工作逐步加强

各省、自治区、直辖市为了进一步规范基础测绘管理、地图管理、测量标志保护、测绘成果管理,结合地区实际,制定出台了测绘地理信息地方性法规和政府规章。我国目前共有地方性测绘地理信息法规35部,全国31个省、自治区、直辖市人民代表大会都制定发布了地方性测绘管理法规(其中陕西省2部,湖北省武汉市、江苏省无锡市、内蒙古自治区包头市也分别制定了本地区测绘管理法规)。自2002年8月29日全国人大常委会通过新修订的《测绘法》以来,已有北京、天津、河北、山西、内蒙古、辽宁、吉林、黑龙江、江苏、浙江、安徽、福建、江西、山东、河南、湖北、湖南、广西、海南、重庆、四川、贵州、云南、陕西、甘肃、青海、宁夏、新疆等28个省(区、市)修订或新制定了地方测绘法规。此外,各省、自治区、直辖市还颁布了近百部测绘地理信息政府规章。测绘地理信息地方法规和部门规章在与《测绘法》保持一致的基础上,结合地方实际情况,在基础测绘管理、测绘地理信息成果管理、测量标志保护、地图管理、测绘市场监管等方面积极探索新的管理方式,体现了地方特色,具有较强的操作性和针对性。

五、协调统一　测绘法规清理保持常态

按照下位法必须符合上位法的原则,根据法律修改和废止的情况,及时对规章进行清理,是保证我国社会主义法制统一的客观要求。2001年我国加入世界贸易组织(WTO)之后,根据WTO一揽子协议的总要求,国家测绘局及时对相关的测绘法律法规进行了全面梳理,确保各项规定没有与WTO规则和对外承诺相抵触的条款。2004年《中华

人民共和国行政许可法》出台以后,国家测绘局根据国务院的统一部署,认真开展了涉及行政许可的测绘法律法规的清理工作。2011 年《中华人民共和国行政强制法》出台之后,国家测绘地理信息局及时对涉及行政强制的测绘法律法规进行了清理。

为了促进中国特色社会主义法律体系基本框架早日形成,确保测绘地理信息法制的协调统一,根据《国务院办公厅关于做好规章清理工作有关问题的通知》(国办发〔2010〕28 号)要求,2010 年国家测绘局专门召开会议,部署了部门规章、规范性文件清理工作,成立了清理工作领导小组,印发了《测绘规章规范性文件清理工作实施方案》,明确了清理工作的责任分工,按照"法制统一、公开透明、合法有效"的原则,组织开展了测绘地理信息部门规章以及规范性文件集中清理工作,对存在明显不适应、不一致、不协调的突出问题,根据不同情况,进行了分类处理。根据清理结果,明确了 6 部部门规章,202 件规范性文件继续有效或修改后继续有效,36 件规范性文件失效,废止了 1 部部门规章和 106 件规范性文件,并向社会进行了公布,提高了测绘地理信息法律法规的科学性、协调性、统一性,进一步完善了测绘地理信息法律体系。

测绘地理信息法律、行政法规、部门规章

法律	
名称	实施日期
中华人民共和国测绘法	2002 年 12 月 1 日
行政法规	
名称	实施日期
中华人民共和国地图编制出版管理条例	1995 年 10 月 1 日
中华人民共和国测量标志保护条例	1997 年 1 月 1 日
中华人民共和国测绘成果管理条例	2006 年 9 月 1 日
基础测绘条例	2009 年 8 月 1 日

续表

部门规章	
名称	实施日期
测绘行政处罚程序规定	2000 年 1 月 4 日
测绘行政执法证管理规定	2000 年 1 月 4 日
房产测绘管理办法	2001 年 5 月 1 日
重要地理信息数据审核公布管理规定	2003 年 5 月 1 日
地图审核管理规定	2006 年 8 月 1 日
外国的组织或者个人来华测绘管理暂行办法	2007 年 3 月 1 日

第三节　测绘地理信息市场监管能力极大提高

党的十六大以来,测绘地理信息行业不断发展壮大,从业单位数量和产业规模均有大幅增长。10 年间,全国测绘资质单位从 6800 多家发展到 12000 多家,有多家地理信息企业在国内外资本市场上市,约 50 家企业正在通过整合资源和规范管理筹备上市,测绘地理信息年服务总值达到 1500 亿元以上。测绘地理信息产业的蓬勃发展给测绘地理信息市场监管工作带来了挑战,测绘地理信息行政主管部门通过不断完善市场准入政策、创新市场监管手段、强化地图市场监管、建立信用管理制度、加强行业沟通交流,大大增强了测绘地理信息市场统一监管能力。

一、服务发展　完善市场准入政策

党的十六大以来,随着测绘地理信息事业的快速发展,社会各界对测绘地理信息的需求不断增加,测绘地理信息服务领域也不断扩展。为了适应日益更新的测绘地理信息市场环境,2002 年以来,国家测绘地理信息局(原国家测绘局)加强对新兴测绘地理信息市场的研究,不断完善测绘地理信息市场的准入政策和制度,建立新的市场监管体系,以适应和促进测绘地理信息产业的发展。

（一）制定导航电子地图制作资质标准

2002年以来,车载导航仪和手持导航仪在短时间内迅猛发展。导航电子地图具有明确的地理坐标,导航电子地图制作中的数据采集、编辑加工、格式转换等内容均涉及地理信息数据的安全保密问题。为了规范导航电子地图制作的资质管理,推动导航电子地图产业健康有序发展,2004年12月,国家测绘局结合导航电子地图制作的特点,制定了《导航电子地图制作资质标准(试行)》,作为2004年修订的《测绘资质分级标准》的补充标准。

导航电子地图制作资质标准的制定对规范并促进导航电子地图行业发展起到了重要作用。2002年来,我国导航电子地图产业取得了令人瞩目的成就,产业队伍日益壮大,产品品质不断提高,应用范围逐步拓展,产业规模逐年增大,有力地推动了导航产业的全面、快速发展。导航电子地图产品现在已广泛应用在自主导航、物流配送、智能交通、网格化城管和公安管理等领域。目前,全国共有12家导航电子地图制作资质单位,从业人员近万人。由此带动了一批专业化公司直接为导航电子地图资质单位提供数据处理软件和接收硬件设备的研制开发、销售等方面的服务,从而推动了整个地理信息产业的发展。

（二）实行适度宽松的市场准入政策

随着测绘科技的不断进步,我国测绘地理信息市场不断发展变化,为了顺应测绘地理信息事业发展面临的新形势,贯彻落实党中央、国务院扩大内需、促进经济平稳较快增长的决策部署,国家测绘局于2009年对《测绘资质管理规定》和《测绘资质分级标准》进行了修订。此次修订以适应测绘地理信息发展的要求为目标,以维护国家安全和提高测绘质量为重点,以稳定行业、适度宽松、保障发展为原则,对占全国测绘单位总数80%的丙、丁级测绘单位,放宽了考核条件,扩大了业务范围,放宽了工程测量、房产测绘、地籍测绘等市场化专业作业限额,拓展了大量低级别测绘资质单位的生存空间;放宽地理信息系统工程资质考核要求,对从事地理信息系统工程专业的单位,将测绘相关专业的人员数由现在的 50% 放宽至 70%,使更多的以软件设计等非测绘专业技术人员为主的专业公司有机会取得测绘资质,为我国地理信息产业的发展贡献力量;新增事关民生的专业范围:工程测量专业新增了日照测量,房产测绘专业新增了房产面积预(测)算等。

修订后的《测绘资质管理规定》和《测绘资质分级标准》在稳定行业、扩大就业、保障发展方面起到了重要作用,推动了测绘经济发展方式转变,调整了测绘经济结构,促进了测绘服务转型升级和地理信息产业发展。

(三)制定互联网地图服务专业标准

随着互联网在全世界的快速兴起和广泛应用,广大网民对地图搜索服务的需求越来越大,越来越多的互联网企业开始将网上电子地图视为一个全新的关注点和服务内容。互联网地图日益深入人们生活的同时,还存在互联网地图服务质量不高、内容不准、泄密隐患等突出问题。为规范网络地图市场,2009 年国家测绘局在修订的《测绘资质管理规定》和《测绘资质分级标准》中,增加了《互联网地图服务专业标准》。2010 年在充分调研互联网地图服务行业发展状况的基础上,对标准进行了修订,该标准从资质审核、服务范畴、质量管理、安全保密等诸多方面进行了规范,将互联网地图服务资质划分为甲、乙两级,并首次将手机、掌上电脑等无线互联网络调用的地图等纳入互联网地图管理范围。为了配合《互联网地图服务专业标准》的实施,2011 年国家测绘地理信息局印发了《关于进一步加强互联网地图服务资质管理工作的通知》,进一步强化了互联网地图服务资质监管措施,建立了对无资质从事互联网地图服务单位的约谈、曝光、查处机制。各级测绘地理信息行政主管部门通过互联网地图服务资质监控系统,对无资质从事互联网地图服务的网站进行排查处理。《互联网地图服务专业标准》实施后,众多互联网地图服务单位积极申请资质,纳入规范管理,截至 2012 年 6 月底,全国互联网地图服务资质单位已有近 300 家,也有一部分规模小、经营不规范的单位退出了互联网地图服务市场。

国家测绘地理信息局出台的互联网地图服务资质管理的一系列规定,为整顿互联网地图服务市场秩序、保护国家地理信息安全提供了强有力的保障,对我国互联网地图信息服务产业的发展起到了很好的指引和规范作用,营造了有序的发展环境,推动了互联网地图服务行业健康发展。

二、创新手段　市场监管规范有序

(一)实行测绘资质年度注册制度

测绘资质年度注册是测绘地理信息行政主管部门对测绘资质单位实行的定期监督管理制度。测绘地理信息行政主管部门每年对本行政区域内的测绘资质单位进行核查,确认其是否继续符合测绘资质的基本条件。2005年国家测绘局对测绘资质开始实行年度注册。七年来,测绘地理信息行政主管部门利用年度注册这一重要监督检查手段,找出测绘资质单位存在的问题,运用职能帮助解决问题,纠正和查处单位在测绘资质管理、市场行为中存在的违法违规行为,对于促进测绘资质单位健康有序发展发挥了重要作用。

测绘资质年度注册由国家测绘地理信息行政主管部门统一组织,省、市、县三级测绘地理信息行政主管部门联合实施,提高了市、县测绘地理信息行政主管部门对测绘地理信息市场监管工作的重视,加强了测绘地理信息统一监管。通过测绘资质年度注册中的实地检查,为单位纠偏纠错,同时促进了测绘地理信息行政主管部门与测绘资质单位的沟通、联系和相互了解。以测绘资质年度注册工作为契机,测绘地理信息行政主管部门完善了内部机构信息情况互相通报制度,建立了部门协作信息交流互通渠道,形成了良好的信息交流机制,实现了各有关部门的许可、监管及其他信息资源的共享。通过测绘资质年度注册,各级测绘地理信息行政主管部门不断创新管理和服务方式,大力推行优质、高效、便捷服务,真正做到寓管理于服务之中。

（二）开展测绘资质复审换证工作

为贯彻《中华人民共和国测绘法》和《中华人民共和国行政许可法》，根据 2004 年和 2009 年两次修订的《测绘资质管理规定》和《测绘资质分级标准》，2005 年和 2010 年国家测绘局对全国测绘资质单位开展了两次测绘资质复审换证工作。2010 年的测绘资质复审换证中，全国共有 10425 家通过了复审换证。通过测绘资质复审换证，各省测绘行政主管部门充分发挥市、县测绘主管部门的职能和作用，推动市、县管理机构的建设，下放管理事权，明确了省、市、县测绘管理权责的合理划分，调动了市、县测绘管理工作的积极性，省、市、县测绘管理整体合力进一步形成。全国所有省（区、市）的测绘资质审查均实现了审批前公示、审批后公告的"阳光"审批，各省还加强了资质管理制度建设，规范了测绘资质行政审批程序，有效推进了行政许可在线办理。通过复审换证，缺失的制度在不断地建立，现有的制度得到了很好地运行和加强，测绘依法行政能力进一步增强。通过测绘资质复审换证，淘汰了一批不符合标准的测绘单位，促使测绘单位合并重组、强强联合，进一步优化了测绘队伍结构，壮大了单位的实力，提高了企业在地理信息市场上的竞争能力。

（三）探索建立测绘资质巡查制度

为了进一步加强测绘地理信息市场监督管理，完善和强化测绘地理信息市场监管体系，提高监管效能，建立事前审查与事后监管相结合的监管模式，实现测绘资质动态监管，国家测绘地理信息局探索建立测绘资质巡查制度，起草了《测绘资质巡查办法》，规定了测绘资质巡查的主要内容、巡查频率、巡查方式、巡查工作程序、巡查结果处理等内容，并开展了测绘资质巡查试点工作。通过对测绘资质单位的不定期实地巡查，测绘地理信息行政主管部门对测绘资质单位的资质情况、市场行为和依法经营等情况有了进一步了解，对测绘地理信息市场发展情况有了更加明确认识，加深了与测绘资质单位的交流，进一步加强了对测绘资质单位的动态监管。

三、清理整顿　强化地图市场监管

（一）地图管理法规进一步健全

为进一步增强国家版图和安全保密意识，维护国家地理信息安全，规范互联网地图和地理信息服务活动，国家测绘地理信息局进一步健全地图管理法规制度，加大力度强化地图市场监管。

颁布《地图审核管理规定》，为各级测绘地理信息行政主管部门开展地图审核管理工作提供了制度保障，进一步提升了公开地图质量，降低了"问题地图"的发生频率，促进了地图市场的繁荣健康发展。制定《地图审核管理程序》，进一步明确了地图审核的流程，提高了地图审核效率。出台《遥感影像公开使用管理规定（试行）》，加强了遥感影像公开使用的管理，维护了国家安全和利益，促进了遥感影像资源有序开发利用。《公开地图内容表示若干规定》及其补充规定促进了地图有序公开使用。《导航电子地图安全处理技术基本要求》极大地促进了导航电子地图产业的蓬勃发展。《国务院办公厅转发测绘局等部门关于加强国家版图意识宣传教育和地图市场监管意见的通知》有效地指导和促进了各地、各有关部门协调配合开展地图市场监管。国家测绘地理信息局联合外交部、工业和信息化部、公安部等8部门联合印发《关于加强互联网地图和地理信息服务网站监管的意见》，加强了对互联网地图和地理信息服务网站的监管。建立了地图审核和互联网地图安全审校培训和持证上岗机制。2007年至今，国家测绘地理信息局组织开展了5期地图审核人员培训班和9期互联网地图安全审校人员培训班，全国共有3000余人参加培训。通过培训，提高了各级测绘地理信息行政主管部门地图审核以及互联网地图服务企业的互联网地图安全审校能力。

（二）地图审核行为进一步规范

国家测绘地理信息局设立了行政许可集中受理大厅，对地图审核实行了窗口集中受理，10多个省（区、市）将地图审核项目纳入省级政务大厅。各级测绘地理信息行政主管部门严格遵循《行政许可法》《地图审核管理规定》以及有关地图审核程序,按照行政许可范围开展地图审核工作,遵守地图受理审核程序相关规定,定期对外公布地图审核结果,认真执行地图内容审查人员持证上岗制度,确保公开地图内容表示符合我国地图管理各项法规政策,涉及国界、重要岛屿等问题与我国主张保持高度一致。2002年至2011年,国家测绘地理信息局共受理地图审核申请2万余件,批准1.6万余件,受理地图种类包括纸质地图、导航电子地图、互联网地图等,为地图市场繁荣发展提供了有力保障。

（三）地图市场监管进一步加强

各级测绘地理信息行政主管部门每年组织开展地图市场全面检查,并主动为北京奥运会、上海世博会、广州亚运会、西安世园会等大型活动和赛事提供地图审核服务。针对不同时期的重点问题,大力开展地图市场专项治理工作。2006年,针对互联网地图存在的问题,各地共检查5006个网站,对304个登载"问题地图"的网站进行了整改。2009年,国家测绘局、外交部、工业和信息化部、公安部等8部门在全国开展互联网地图和地理信息服务违法违规行为专项治理,共检查互联网地图网站6万余个,经检查,存在"问题地图"的网站约占8%。2011年,在全国开展针对互联网地图上传标注敏感和涉密地理信息以及"不按规定送审、不按审查意见修改、不按要求备案"等违法违规行为的"问题地图"专项治理行动,各地开展地图市场执法检查840余次,查处地图违法违规案件370余件,查封、收缴违法违规地图产品共10万余件。国家测绘地理信息局组织研发互联网地图监管系统,为提高互联网地图监管水平和监管效率、建立国家、省、市上下联动的监管机制提供了强大的技术保障。针对地图导航市场良莠不齐、侵权盗版现象严重等问题,组织开展地图导航定位产品统一监管工作,规范地图导航定位产品市场,切实保护消费者利益。

（四）地图监管机制进一步完善

为贯彻落实《国务院办公厅转发测绘局等部门关于加强国家版图

意识宣传教育和地图市场监管意见的通知》以及中央有关精神,国家测绘地理信息局牵头中宣部、外交部、公安部等13部门成立了国家版图意识宣传教育和地图市场监管协调指导小组。为进一步加强互联网地图监管,国家测绘地理信息局牵头成立了网上地理信息安全监管多部门协调机构。全国国家版图意识宣传教育和地图市场监管协调指导小组和网上地理信息安全监管工作协调组每年不定期召开联席会议,审议年度工作报告,研究提出下一年工作要点,并报送国务院。根据该年度工作要点,国家版图意识宣传教育和地图市场监管协调指导小组按照统一部署,发挥各部门的优势,协调配合,积极有效地推进各项工作,包括开展形式多样的国家版图意识宣传教育活动,强化地图市场日常监管,健全完善地图管理法规制度,提高地图公共服务能力,依法查处在地图编制、出版、经营、进口中的违法问题,进一步净化地图市场。网上地理信息安全监管协调机构联合开展互联网地图日常监管,阻断用户上传标注有害和恶意信息的地图,有力保障了我国地理信息安全,降低了重要地理信息失泄密风险。

四、加强自律 建立市场信用体系

（一）及时建立市场信用体系

2002年来,我国测绘地理信息工作取得前所未有的辉煌成就,数字中国、天地图、监测地理国情三大平台全面推进,测绘地理信息蓬勃发展,测绘地理信息市场日益繁荣,为经济建设和社会发展作出重大贡献。伴随着测绘地理信息事业的快速发展,测绘地理信息市场主体逐渐多元化,测绘地理信息产品日益多样化,测绘地理信息单位规模不断发展壮大,测绘地理信息市场中不正当竞争、违法违规、欺诈等不诚信行为时有出现,破坏了市场主体间的相互信赖,增加了市场交易成本,扰乱了测绘地理信息市场秩序,制约了测绘地理信息市场进一步发展壮大。

党的十七届六中全会提出,要把诚信建设摆在突出位置,大力推进政务诚信、商务诚信、社会诚信和司法公信建设,抓紧建立健全覆盖全社会的诚信系统,加大对失信行为的惩戒力度,在全社会广泛形成守信光荣、失信可耻的氛围。我国"十一五"规划提出,以完善信贷、纳税、合同履约、产品质量的信用记录为重点,加快建设社会信用体系。2007年3月,国务院办公厅印发了《关于社会信用体系建设的若干意见》,要求推进行业信用建设,国务院有关部门要根据职责分工和实际工作需要,抓紧研究建立市场主体信用记录,实行内部信用分类管理,健全负面信息披露制度和守信激励制度,提高公共服务和市场监管水平。《国务院关于加强测绘工作的意见》明确要求"加快建立测绘市场信用体系"。

根据《中华人民共和国测绘法》、《国务院关于加强测绘工作的意见》、国务院办公厅《关于社会信用体系建设的若干意见》,国家测绘局2008年年底印发了《国家测绘局关于加快测绘市场信用体系建设的通知》,经过多次调研论证、分区开展试点、广泛征求意见,2012年2月,国家测绘地理信息局印发了《测绘地理信息市场信用信息管理暂行办法》,并于2012年7月1日起正式实施。

(二)适时加强配套制度建设

《测绘地理信息市场信用信息管理暂行办法》(以下简称《暂行办法》),明确了测绘地理信息市场信用信息的内容:测绘资质单位在测绘地理信息市场活动中产生的、能够反映单位信用状况的信息,包括基本信用信息、良好信用信息和不良信用信息。列举了具体内容,规定了不同类型信用信息的发布期和查询期。在鼓励诚信、警示失信行为的同时,兼顾对市场主体的扶持,督促失信的市场主体及时改正,依法测绘,诚信经营。

《暂行办法》还明确了测绘地理信息市场的各个参与者的分工,对信用信息的征集、处理、发布、使用以及监督管理进行了具体规定。测绘地理信息行政主管部门将通过多种渠道,广泛征集测绘地理信息市场信用信息,并在测绘地理信息市场信用信息管理平台上予以发布。任何单位或个人都可通过测绘地理信息市场信用信息管理平台对测绘资质单位在发布期内的信用信息进行查询。若对信用信息存有疑问，还可以向测绘地理信息行政主管部门或者承办单位书面提出异议信息处理申请，并就异议内容提供相关证据，由承办单位予以调查核实并更正。测绘地理信息行政主管部门每年会对所有测绘资质单位进行一次信用评价，并向社会公布评价结果。《暂行办法》规定了对信用等级较高的测绘资质单位，测绘地理信息行政主管部门可以采取给予测绘资质管理的适度优惠政策、授予信用相关的荣誉称号等激励措施。对信用等级较低的测绘资质单位，将加强日常监管，必要时可以对失信行为以适当方式予以曝光，并处以降低测绘资质等级、削减测绘业务范围或者吊销测绘资质证书等惩戒措施。通过对守信者鼓励、失信者惩戒，促进测绘地理信息行业单位的诚信经营。

为贯彻落实《暂行办法》，国家测绘地理信息局组织起草了《测绘地理信息市场信用评价标准》（以下简称《评价标准》），并组织建设了测绘地理信息市场信用信息管理平台。《评价标准》列举细化了各项测绘地理信息市场信用信息及评分标准，将《暂行办法》的制度性规定落到了实处。在《评价标准》的基础上，平台将各个评分标准转化为计算机语言，将整个信用信息的征集、发布、整理、评价过程置于一个平台上，方便了测绘地理信息行政主管部门、承办单位、测绘地理信息行业单位以及公众对信用信息的管理、查询、监督。

《评价标准》和市场信用信息管理平台建设为进一步加强测绘地理信息市场监管、扩大信用信息共享，实现信用信息合理使用发挥了积极作用。《暂行办法》《评价标准》以及信用平台的制定与建立，标志着我国测绘地理信息市场信用体系初步建立，市场信用信息管理正式步入法制化、规范化轨道，有力推动了测绘地理信息市场监管，完善了市场秩序，促进了测绘地理信息事业健康发展，必将有效打击测绘地理信息市场中的不诚信行为，保护规范的测绘资质单位。建设良好的测绘地理信息市场信用体制，既是对广大人民群众利益的保护，也是对测绘资质单位的监督和保护。

五、搭建平台　组织测绘单位培训

为了推动甲级测绘单位改革创新发展和依法诚信经营,增强行业凝聚力,自 2008 年以来,国家测绘局共举办了 7 期"全国甲级测绘单位负责人培训班",共有近 1000 名甲级测绘单位的负责人参加了培训。通过培训,甲级测绘单位负责人进一步深化了对当前测绘地理信息工作的新政策、新形势的认识,促进了行业单位对测绘地理信息新技术发展趋势的了解,搭建了主管部门和行业单位之间沟通交流的平台,促进了行业单位之间的合作与发展。

为了加强测绘行业单位与国际间的交流,促进地理信息产业发展,自 2009 年起,国家测绘局与英国诺丁汉大学合作,每年组织甲级测绘单位负责人赴英国参加"测绘技术与产业发展"高级研讨班。至今已有近 100 名甲级测绘单位负责人参加了此项培训。通过培训,行业单位开阔了国际视野,深化了中英测绘企业的技术交流与经济合作,为企业增强发展后劲、促进做大做强搭建了平台,同时也提高了测绘地理信息行政主管部门的服务意识和服务水平。

为了深入贯彻大力推进地理信息产业发展的战略部署,畅通企业与政府间的沟通渠道,国家测绘局自 2009 年伊始,每年举办甲级测绘单位负责人新春座谈会,国家测绘局各个职能部门的主要负责人与测绘单位代表共聚一堂,畅谈测绘地理信息产业发展中取得的成绩和遇到的问题,交流测绘单位在经营管理、队伍建设、科技创新等方面的体会收获,听取代表在政策法规、市场监管等方面的意见和建议。座谈会促进了测绘地理信息行政主管部门更加深入地了解行业发展实际,有针对性地制定和完善政策措施,为测绘企业发展创造良好的政策和成长环境。

第四节　测绘地理信息依法行政取得实效

推进测绘地理信息依法行政是转变管理职能,规范管理行为,提高测绘地理信息行政管理水平的根本途径。党的十六大以来,各级测绘地理信息行政主管部门高度重视依法行政工作,行政管理从理念到方式都发生了巨大转变,行业管理和市场监管更加公正、透明、高效,依法行政能力和水平得到很大提高,测绘地理信息依法行政工作取得了明显进展。

一、明确目标　法制规划日益加强

2004 年国务院印发《全面推进依法行政实施纲要》后,为推进测绘地理信息系统依法行政建设,国家测绘局制定印发了《全国测绘系统推进依法行政五年规划(2006—2010 年)》及实施意见,明确了测绘地理信息系统依法行政的指导思想和基本要求、工作目标和主要任务、实施步骤和保障措施,成为"十一五"期间推进测绘地理信息系统依法行政的重要政策性文件,对于全面贯彻落实《全面推进依法行政实施纲要》,解决测绘地理信息系统在依法行政工作中存在的薄弱环节,适应全面建设小康社会、和谐社会的新形势和依法治国的进程,全面履行测绘地理信息主管部门的法定职责,提高测绘地理信息系统依法行政的能力和水平,使测绘地理信息工作更好地为国民经济和社会发展服务具有重要意义。

为进一步加强测绘地理信息法治建设,按照《国务院关于加强法治政府建设的意见》部署和要求,2011 年国家测绘地理信息局制定印发了《关于加强测绘地理信息法治建设的若干意见》,提出了今后一个时期测绘地理信息立法思路,明确了测绘地理信息法治建设的目标、任务,是"十二五"期间指导测绘地理信息法治建设的纲领性文件,对于今后的测绘地理信息法治工作具有重要的指导意义。下一步,各级测绘地理信息行政主管部门要积极贯彻落实《关于加强测绘地理信息法治建设的若干意见》,进一步加强测绘地理信息法治建设,加快健全测绘地理信息法律体系,为测绘地理信息事业健康快速发展提供有力的法治保障。

为加强规划的贯彻实施,推进测绘地理信息依法行政,国家测绘地理信息局研究制定了测绘依法行政考核评估指标体系,组织开展了测绘依法行政五年工作的考核总结。在 2010 年、2011 年全国测绘地理信息系统贯彻落实发展考核中,把依法行政作为重要的考核指标进行了考核。为总结推动依法行政工作,于 2004 年 3 月组织召开了全国测绘行政管理与法制工作会议,于 2011 年 5 月组织召开了全国测绘系统法治工作会议,对测绘地理信息依法行政工作作出了部署,对涌现出来的先进集体和先进个人进行了表彰。国家测绘地理信息局依法行政工作做到了有领导重视、有工作部署、有具体任务、有检查督促,形成了全面推动依法行政的工作局面。

二、阳光行政　政务公开稳步推进

（一）完善内部决策机制

国家测绘地理信息局修订了《中共国家测绘局党组工作规则》和《国家测绘局工作规则》,规范了国家测绘地理信息局内部决策程序,为科学、民主决策提供了制度保障。为了确保决策科学,执行有力,国家测绘地理信息局制定了《国家测绘局督促检查工作管理办法》,对决策执行情况进行及时的跟踪和反馈,为不断调整和完善决策打下了坚实基础。

（二）促进科学民主立法

国家测绘地理信息局聘请专家学者担任测绘立法咨询顾问,建立了测绘立法专家咨询顾问制度。在测绘立法过程中,采取信函征集、公示、座谈会、专家论证会等多种方式广泛听取社会意见。同时研究改进立法程序,制定了《国家测绘局法规制定程序规定》,对由国家测绘地理信息局负责起草的法律、行政法规、部门规章以及重要的规范性文件的立项、起草、审查、审议程序进行了具体规定。制定印发了《关于进一步规范国家测绘局立法工作程序的通知》,进一步促进立法工作的规范化、科学化,提高了测绘立法质量。

（三）大力推行政务公开

《政府信息公开条例》颁布后,国家测绘地理信息局制定、公布了《国家测绘局政务公开目录》和《国家测绘局政务公开指南》,确保条例的正确贯彻实施。为进一步规范政务公开工作,国家测绘地理信息局起草了《国家测绘局政务公开规定》,建立了政务公开工作机制,规范了公开内容和方式,确立了依法申请公开、保密审查和监督检查制度。

国家测绘地理信息局建立了测绘地理信息新闻发布和新闻发言人制度,推行了测绘地理信息行政许可公开和公示制度,建立了测绘资质管理信息系统和地图远程审查系统,实现测绘资质和地图审核在线办理,提高了工作透明度。加强国家测绘地理信息局政府网站建设,在政府网站上设立和完善了政务公开、行政许可程序指南、在线办事、网上咨询等栏目,拓展和完善了政务公开的内容和形式,为促进政务公开搭建了完善的网络平台。新出台的法律法规、重大政务信息、公共服务信息等人民群众关心的内容及时上网公布。

各省级测绘地理信息行政主管部门将行政权力公开透明化运作与政务公开结合起来,保障了权力在阳光下运行。湖南省局编制了政务公开指南,设立政务公开栏和电子触摸屏。广东省局在网站设立政务信息公开专栏,建立动态信息发布系统,提供政府信息网上查询,扎实推进以"阳光行政"为重点的政务公开工作。山东省局全面推行"阳光政务",对许可项目全部实行网上审批和监督,杜绝了行政权力暗箱操作。河北省局编制了行政职权公开透明目录和流程图,将行政许可项目审批条件、办事程序、申报材料等在网站上公开,提供网上下载申报材料和示范文本。天津、山西、辽宁、上海、江苏、安徽、福建、山东、河南、湖北、湖南、贵州、新疆建立了新闻发布制度,确定了新闻发言人。

三、高效便民　行政许可不断规范

（一）清理行政审批项目

2010 年,根据国务院的统一部署,国家测绘局开展了行政审批项目清理工作,对由国家测绘局承担的行政许可项目和非行政许可审批项目进行了全面、彻底地清理。经清理,国家测绘局共保留行政审批项目13项,其中行政许可项目12项,非行政许可项目1项。为做好测绘地理信息行政许可工作,保障相对人的合法权益,国家测绘地理信息局配合行政审批制度改革工作部际联席会议办公室,对国家测绘地理信息局现有行政审批项目进行了认真审核论证,并按照国家对于行政许可的总体要求,提出了"取消1项,下放1项"的处理意见,待行政审批制度改革工作部际联席会议办公室确认。通过开展行政审批项目清理工作,国家测绘地理信息局的行政审批职责更清晰、程序更公开、责任更到位、监管更有力,有力地推动了国家测绘地理信息局行政审批工作的顺利开展。

（二）规范行政审批程序

规范的行政审批程序是确保行政许可合法高效的重要保障。国家测绘局于2004年印发了《关于印发甲级测绘资质审批程序等10项测绘行政许可程序规定的通知》,初步规范了行政许可程序。2010年12月29日,为进一步规范行政审批行为,国家测绘局对有关程序进行了制、修订,印发了《关于印发甲级测绘资质审批程序规定等10项行政审批程序规定的通知》,包括《甲级测绘资质审批程序规定》《测绘计量检定人员资格审批程序规定》《国家永久性测量标志拆迁审批程序规定》《国家涉密基础测绘成果资料提供使用审批程序规定》《地图审核程序规定》《对外提供我国涉密测绘成果审批程序规定》及新制定的《外国的组织或者个人来华从事测绘活动审批程序规定》。未修订的《建立相对独立的平面坐标系统审批程序规定》《采用国际坐标系统审批程序规定》《测绘行业特有工种职业技能鉴定站审批程序规定》一并印发,行政审批程序进一步规范。

（三）实施在线行政审批

为增强行政审批运转透明度,提高效率,促进公开,国家测绘地理信息局将甲级测绘资质和地图审核两项许可纳入在线审批。从2007年5月1日起,全国甲级测绘资质申请单位可以通过网络向测绘行政主管部门提出申请,测绘地理信息行政主管部门通过外网受理、外网公示、内网审批,审批结果向社会公布。为方便广大互联网用户,设立了国家测绘地理信息局地图远程审查系统,对刊登在互联网上的涉及中国国界线的地图、跨省区的地图和世界地图提供网上地图审核服务,送审单位在互联网上申报送审地图,测绘地理信息行政主管部门在网上受理、审查。在线行政审批增强了国家测绘地理信息局行政审批的透明度,提高了行政审批效率,充分体现了行政审批高效便民的原则。为便于社会公众对测绘资质行政许可的监督,国家测绘地理信息局实行了测绘资质行政许可公示制度,将拟作出的决定通过网络向社会公示,听取社会公众的意见,并向社会公布审批结果。

(四)推行许可集中受理

在规范行政许可行为的同时,依法推行行政许可集中受理,设立了行政许可集中受理厅,启动了测绘地理信息行政许可集中受理的试点工作,将"地图审核"和"涉密基础测绘成果提供使用审批"2项行政许可纳入行政集中受理范围,由行政许可集中受理厅集中受理。按照《行政许可法》要求,受理大厅印制了办事流程图,对审批项目的"依据、条件、程序、期限"等实行了公示。实施测绘行政许可集中受理简化了办事程序,提高了办事效率,体现了行政许可公开、透明的原则,为全面推行测绘地理信息行政许可集中受理奠定了基础。

各地测绘地理信息行政主管部门按照国家测绘地理信息局和当地政府的部署,认真开展行政审批项目清理工作,建立了一系列行政许可管理制度,规范了许可审批行为。河北、江西建立了行政许可监督管理制度。湖北制定了行政许可听证程序规定。江西编印了《行政许可办事指南》,设置审批事项公示栏。吉林在将测绘行政审批纳入省政务大厅统一集中受理的同时,实行审批事项公开、依据公开、程序公开等"八公开"服务和及时办理、协调督办等"四制"办理原则,强化了监督机制。为提高行政服务效率,方便行政管理相对人,天津、河北等10多个省(区、市)将审批项目全部纳入省级政务大厅统一受理和办理。全国乙级以下测绘资质许可也基本实现了网上办理。测绘地理信息行政许可的规范化程度大大提高,初步实现了测绘管理服务的公开、高效、便民。

四、层级监督　行政复议不断健全

《中华人民共和国行政复议法》《中华人民共和国行政复议法实施条例》颁布实施以来,行政复议制度不断完善,已经成为党和政府主导的解决行政争议、维护公民合法权益的重要法定机制。为贯彻实施《中华人民共和国行政诉讼法》《中华人民共和国行政复议法》和《中华人民共和国行政复议法实施条例》,规范国家测绘局行政复议和应诉工作,进一步细化行政复议法和行政复议实施条例的各项规定,增强行政复议和应诉工作的可操作性,2009 年国家测绘局将《国家测绘局行政复议和行政应诉办法》的修订列入立法计划。

起草组在认真研究《中华人民共和国行政诉讼法》《中华人民共和国行政复议法》和《中华人民共和国行政复议法实施条例》等法律法规及国务院有关加强和改进行政复议工作的要求基础上,收集了部分省和国家有关部门在行政复议和行政应诉制度建设方面的材料,吸收、借鉴了其成功经验,结合测绘地理信息工作的实际,起草完成了《国家测绘局行政复议和行政应诉办法》,于 2010 年正式印发。办法分为 4 章31 条,主要增加了行政复议机构职责,划分了内部职责分工,完善了有关办案程序,细化了办案工作流程,健全了行政复议制度,对国家测绘地理信息局办理行政复议和行政应诉案件作了比较全面的规定,具有较强的可操作性,进一步健全和完善了测绘地理信息行政复议制度,加强了测绘地理信息行政主管部门的层级监督。各地测绘地理信息行政主管部门按照行政复议法要求,积极应对各类行政复议案件,在进一步规范行政行为的同时,也有力地维护了相对人的合法权益。

五、转变职能　行业管理逐渐加强

各级测绘地理信息行政主管部门围绕测绘地理信息中心工作,依法履行各项管理职责,统一监管职能不断加强。为加强测绘地理信息市场统一监管,国家测绘局分别于 2004 年、2009 年两次修订《测绘资质管理规定》和《测绘资质分级标准》,将导航电子地图制作、互联网地图服务纳入测绘资质管理,引导和规范了测绘行业和地理信息产业的发展。10 年来,测绘资质持证单位从 2002 年的 6800 多家,增长到 2012 年的 1.2 万多家,翻了近一番。12 家导航电子地图资质单位、近 300 家互联网地图服务单位申领了测绘资质证书,进入法制化有序发展轨道。目前已有多家地理信息企业在国内外资本市场上市,企业兼并重组上市、集群化、规模化发展趋势明显。2011 年我国测绘地理信息服务总产值达 1500 亿元以上。

为推进测绘地理信息市场信用体系建设,维护测绘地理信息市场秩序,促进测绘地理信息事业健康发展,国家测绘地理信息局开展了测绘地理信息市场信用体系建设,制定了《测绘地理信息市场信用信息管理暂行办法》《测绘地理信息市场信用评价标准》,建立了测绘地理信息市场信用信息管理平台。各地也不断创新监管方式,吉林、江苏建立了测绘项目招投标监管制度,湖北、河北、江苏、浙江等地启动了诚信制度建设试点工作。

六、加大培训　法治意识明显增强

为促进测绘地理信息系统广大干部职工的法治意识,国家测绘地理信息局结合国家重大法律法规出台,组织开展了《行政许可法》《公务员法》《物权法》《政府信息公开条例》等法律法规的学习培训,定期举办领导干部依法行政知识培训班。结合重大测绘地理信息法律法规出台,开展了《中华人民共和国测绘成果管理条例》《基础测绘条例》等专门培训班,建立了地方测绘行政管理人员培训机制,大规模培训地方测绘管理干部,推动了各级测绘地理信息行政管理人员对新法规的学习、了解和掌握,促进了新法规的贯彻实施,提高了基层测绘管理干部依法行政的意识和能力。

为促进领导干部依法行政、科学民主决策,国家测绘地理信息局将依法行政学习和法律学习纳入局党组理论学习中心组重要学习内容,专门举办了多期依法行政培训班,对局机关公务员及测绘系统局级领导干部进行脱产培训,并在有关干部培训中增加了依法行政的内容。结合公务员培训登记制度,国家测绘地理信息局对测绘地理信息行政主管部门工作人员的学法时间和考试情况等进行登记,把依法行政情况作为考核测绘行政主管部门工作人员业绩的重要内容。

第五节　测绘地理信息行政执法作用凸显

行政执法是测绘地理信息行政主管部门的法定职责和经常性的管理活动,是加强测绘地理信息工作统一监督管理的重要手段。党的十六大以来,各级测绘地理信息行政主管部门不断完善行政执法体制,严格规范行政执法行为,着力提高行政执法效能,加快完善行政执法制度,不断健全部门执法协作机制,大力加强行政执法队伍建设,保障了企业、公民和测绘地理信息行业的合法权益,规范了地理信息市场秩序,维护了国家地理信息安全和利益,为促进测绘地理信息事业大发展、大繁荣起到了保驾护航的重要作用。

一、专项治理　营造有序市场环境

为保障国家安全和利益,维护测绘地理信息市场秩序,促进地理信息产业健康发展,2009 年 1 月,根据国务院办公厅转发测绘局等 7 部门《关于整顿和规范地理信息市场秩序的意见》,国家测绘局会同工业和信息化部、国家安全部、工商总局、新闻出版总署、国家保密局、总参谋部测绘局等 7 部门在全国开展了地理信息市场专项整治工作。7 部门高度重视,团结协作,周密组织,加强监管,确保专项整治工作有力有序推进,取得了显著成效。全国累计摸底调查近 1.3 万家企事业单位,落实整改了 1600 多家问题单位,依法关闭"问题地图"网站 200 多个。

全国共集中开展专项执法行动 2000 余次,投入人力 14000 余人,查处各类违法案件 1000 多起,一批大案要案得到及时查处,其中涉外、涉军测绘案件 30 多起。全国整顿和规范地理信息市场秩序工作领导小组办公室通报了 17 件典型案例。通过专项整治工作,净化了地理信息市场环境,维护了国家地理信息安全,提高了测绘地理信息从业单位依法测绘的意识和安全保密意识,促进了地理信息产业健康快速发展,圆满完成了党中央、国务院交给的工作任务,取得了良好的社会效果。专项整治工作告一段落后,国家测绘地理信息局等 7 部门联合印发了《关于加强地理信息市场监管工作的意见》,就加强日常动态监管、深化部门协作、加大联合执法力度等提出了明确要求,为加强地理信息市场监管工作提供了组织保障和机制保障。

为全面清查地理信息市场违法违规行为,完善部门联合监管工作机制,巩固专项整治工作成果,2011 年 1 月至 7 月,国家测绘地理信息局等 7 部门在全国联合开展了地理信息市场专项整治工作"回头看"行动,重点查处"涉证、涉网、涉密、涉外、涉军"等违法违规行为,对存在问题的重点区域和环节进行专项治理。各级测绘地理信息行政主管部门高度重视、认真部署,重点对网上地理信息和地图服务、涉外科学研究和工程建设中的测绘项目进行了梳理排查,依法处理违法行为。共排查互联网地图服务网站和网页计 1.3 万余个,对无资质或登载"问题地图"的网站进行了清理、约谈、曝光和依法查处,其中关闭或暂停地图服务网站 186 家。通过上述工作,进一步规范了地理信息采集、加工、提供、使用等行为,全面检查了地理信息市场各项管理制度的贯彻落实情况,维护了正常的地理信息市场秩序,提高了地理信息资源应用水平,为促进地理信息产业发展营造了更好的市场环境。

二、加大力度　查处震慑违法行为

近年来,各级测绘地理信息行政主管部门不断加大执法工作力度,不断探索和创新执法监管手段,加强日常执法检查,开通网上举报信箱和举报电话,拓宽案件信息渠道。党的十六大以来,各级测绘地理信息行政主管部门累计查处违法测绘案件 8085 件,其中地图类 6009 件,测绘成果类 483 件,测量标志类 595 件,测绘资质及测绘项目类 804 件,涉外测绘类 27 件,其他 167 件。

国家测绘地理信息局建立了违法案件备案制度和违法案件通报制度,2007 年以来,每年都向社会公布年度十大测绘地理信息违法典型案例,截至目前已公布 60 个案例,涵盖涉外非法测绘、测绘成果保密、涉军非法测绘、测量标志保护、无资质测绘、房产测绘、"问题地图"、互联网地图服务等领域,充分发挥了典型案例的示范引导作用,大力推进了测绘地理信息行政执法工作,保障了测绘地理信息事业健康发展。特别是 2009 年以来,配合中央电视台制作了《警惕身边的泄密》《警惕互联网地图泄密》《美国某公民在新疆非法测绘》等专题节目,在央视《焦点访谈》《新闻直播间》等栏目和各大新闻媒体播出,引起强烈社会反响,极大提高了全社会特别是测绘单位和人员的依法测绘意识、国家安全意识和依法保密意识,有效震慑了违法测绘行为。

三、联合监管　建立执法协作机制

近年来,各地各部门从维护国家安全和利益的高度出发,强化信息共享和联合执法,通力合作、联合行动、齐抓共管,初步形成了地理信息市场监管合力。2009 年,全国地理信息市场专项整治工作领导小组成立,国家测绘局、工业和信息化部、国家安全部、工商总局、新闻出版总署、国家保密局、总参测绘局等 7 部门为成员单位。全国各地先后成立了省、市级的地理信息市场专项整治工作领导小组,通过信息通报、案件移送、配合调查、共同督办重大案件等形式,进一步深化部门协作,实现执法优势互补,联合执法机制建设取得了可喜成绩。各地加强跨区域执法单位的横向联动,建立起信息通报、配合调查、协助查处案件等区域执法合作机制。上海建立了地图市场监管协调指导小组工作机制、涉密地理信息使用保管联合检查机制、进出口出版物协同审阅机制等6项长效机制,新疆建立了11部门联合监管外国的组织或个人来疆测绘的机制,吉林建立了8部门联合监管地理信息市场的长效机制等。这些机制的建立,有力推动地理信息市场监管工作向纵深推进,形成了一张国家地理信息安全网,将更有效地防范和打击非法测绘活动。

四、完善机制　稳步提升执法水平

为有效破解测绘地理信息行政执法机制不完善的问题,各地各部门进行了积极探索和有益尝试。一些地方抓住行政管理体制改革、单位更名、数字城市建设、地理国情监测等有利时机,整合、充实、加强现有执法力量,推动行政执法机构建设。江苏、河北、吉林等地相继成立了承担调查取证等行政执法职能的市场管理中心等机构,如江苏、河北成立了测绘地理信息市场管理中心,吉林成立了地图技术审核中心。黑龙江、海南、新疆等地在地图等内设处室设立执法队、执法办公室。福建、重庆等地成立了独立的测绘地理信息行政执法队伍,如福建省福州市测绘执法大队、宁德市矿山与测绘执法大队,重庆在规划监察执法总队中设立了相对独立的测绘执法支队。湖南为现有执法队伍明确了测绘地理信息执法职责,明确测绘地理信息执法由省国土资源执法监察总队二处负责。执法机构的不断完善,为做好测绘地理信息行政执法工作打下了坚实的基础。

各级测绘地理信息行政主管部门积极推行行政执法责任制,规范和监督行政执法活动。各级测绘行政主管部门开展了测绘执法依据梳理工作,明确执法主体,分解执法职权。国家测绘地理信息局先后出台了《测绘行政处罚程序规定》《测绘行政执法文书格式文本》《测绘行政执法文书制作规范》《国家测绘局行政复议和行政应诉办法》《全国测绘地理信息行政执法依据》《全国测绘地理信息行政执法职权分解》《测绘地理信息行政处罚案卷评查暂行办法》《测绘地理信息行政处罚案卷评查标准》《全国测绘地理信息优秀行政执法案件评选办法》等文件,推动了行政执法责任制、行政执法职权分解、行政处罚案卷评查等多项制度的落实,有效规范了测绘地理信息行政执法行为。各地也加快执法制度建设步伐。《吉林省测绘项目招标投标管理办法》《湖北省测绘项目登记管理办法》均以省政府规章形式颁布实施,使测绘管理延伸到重点工程建设招投标领域,强化了统一监管,扩展了测绘地理信息行政执法范围。浙江、江苏、山西、吉林、江西等地分别出台或修订测绘地理信息行政执法监督、项目备案管理、基础设施费用管理、项目招投标管理、行政执法责任制、行政复议和行政应诉、违法案件办理程序规定、涉密成果提供使用审批、成果及资料档案和保密管理等制度,夯实了测绘地理信息行政执法的工作基础。

五、提高素质　加强执法队伍建设

近年来,各级测绘地理信息行政主管部门通过加强人员培训、加大执法投入等举措,着力建立一支为政清廉、执法有力的执法队伍,着力提升执法人员素质,不断提高行政执法队伍的凝聚力和战斗力。国家测绘地理信息局制定了测绘地理信息行政执法人员培训规划,至今共举办了15期测绘地理信息行政执法人员培训班,累计培训2200余人次,向培训合格的执法人员颁发了测绘行政执法证。各地全面落实执法人员持证上岗制度,开展执法人员培训和测绘行政执法证件的配发工作,培训工作基本实现了对全国测绘地理信息行政执法人员的全覆盖,基本做到了执法人员持证上岗,亮证执法。山东、新疆等地对基层新任测绘地理信息主管部门负责人开展以《中华人民共和国测绘法》为主要内容的法制培训。黑龙江、山西、江苏、海南、青海、新疆等地采取"请进来、走出去"的方式,或者与人大、政府法制办等部门联合举办培训班,或者邀请有关法规起草人、专家学者授课、讲座,丰富了培训学习的形式。

六、重视宣传　营造良好法治环境

党的十六大以来,各级测绘地理信息行政主管部门紧紧围绕测绘地理信息工作大局,全面贯彻实施测绘地理信息法制宣传教育规划,借助各种宣传平台和载体,通过多种形式广泛开展测绘地理信息法制宣传,提高了全社会的测绘地理信息法治理念和法治意识,发挥了法制宣传的舆论引导、宣传教育、普及知识功能,为测绘地理信息事业大发展、大繁荣营造了良好的法治环境。

一是健全机制,打牢普法工作基础。国家测绘地理信息局高度重视法制宣传工作,2001年、2006年、2011年,分别制定了全国测绘地理信息法制宣传教育的"四五"、"五五"、"六五"普法规划,成立了局主要领导任组长的普法工作领导小组,建立了普法工作机制。2008年,国家测绘局组织开展了全国"五五"测绘普法中期督导检查,各地根据通知要求,结合本地区实际,及时制定了工作方案,围绕普法规划的制定和落实、普法机构建设、"法律六进"活动开展情况等重点内容,认真开展了检查工作,推动了普法规划的贯彻落实。2009年,国家测绘局法规司荣获"全国'五五'普法中期先进集体"称号,全国测绘系统有4人分获"全国'五五'普法中期先进个人"和"全国'五五'普法中期先进工作者"称号。2011年,中共中央宣传部、司法部联合印发《关于表彰2006—2010年全国法制宣传教育先进集体和先进个人的决定》,国家测绘地理信息局法规与行业管理司荣获全国法制宣传教育先进单位,全国测绘地理信息系统有3人分获全国法制宣传教育先进个人、全国法制宣传教育先进工作者荣誉称号。

地方各级测绘地理信息行政主管部门及时制定了本地区的普法规划,及时开展普法工作检查,成立市、县级普法工作领导小组或办事机构,为普法工作提供了组织保障。仅"五五"普法期间,测绘地理信息系统就有1万多人参与了普法,开展各种展览、竞赛、汇演、征文等普法活动1万多次,投入普法经费近2亿元,普法受众达1.5亿多人次。上海市测绘管理办公室制定了《法制宣传工作程序》,明确了法制宣传工作流程与部门岗位职责分工,建立了普法工作定期总结机制。江苏省测绘局成立了13家驻省部属甲级测绘资质单位联合宣传机制,轮流承办"8·29"测绘法宣传日活动。湖南、江西等地建立了测绘普法考核制度,将测绘法制宣传纳入综合目标考核管理。陕西、上海等多个地区加强测绘普法队伍建设,组建了覆盖全系统、全行业的测绘法制宣传通讯员队伍,并赋予其测绘法制宣传职责。

二是丰富内容,扩大普法宣传效果。近年来,国家测绘地理信息局每年都面向全社会开展"8·29"测绘法宣传日主题、口号、公益短信、宣传标识、主题宣传画等系列有奖征集活动,组织制作普法宣传展板,开展法治建设有奖征文活动。2007年,国家测绘局联合全国人大法工委、全国人大环资委、国务院法制办,在人民大会堂召开了高层次、高规格的《测绘法》修订实施5周年座谈会,时任全国人大常委会副委员长蒋正华、国务院有关部门负责同志出席并讲话。2009年以来,国家测绘局作为百家支持网站之一,连续3年参与了由司法部、国务院新闻办、全国普法办联合主办的"百家网站法律知识竞赛"活动,并在网站首页设置了竞赛标识及链接,充分发挥了互联网在法制宣传教育工作中的独特优势,使全行业广大职工进一步学习了法律知识,增强了法治意识,树立了法治理念。近年来,国家测绘地理信息局相继与北京、福建、吉林、江西、辽宁等省级人民政府联合开展了5次"8·29"测绘法宣传日主场宣传活动,通过召开座谈会、大型户外公众宣传等形式,直接面向公众进行测绘地理信息法制宣传。活动层次高、规模大、效果好,共有13位省部级领导亲临现场指导工作。当地国土、建设、交通、水利等与测绘地理信息工作息息相关的部门和政府法制部门、司法部门等一起上阵,测绘地理信息行业各企事业单位共同参与,中央地方各大新闻媒体及时进行集中报道,测绘普法变"独角戏"为"大合唱",极大地提升了测绘法制宣传的层次和效果。据不完全统计,每年各地在测绘法宣传日前后发放各类宣传材料达100多万份,公众参与人数达600多万人,掀起了测绘法制宣传高潮,为测绘地理信息事业发展营造了良好的社会氛围。2011年,国家测绘地理信息局举办了全国测绘地理信息法律知识网络竞赛,吸引了9万多网民参与答题,营造了浓厚的法制宣传舆论氛围。

地方各级测绘地理信息行政主管部门坚持开展新颖活泼、通俗易懂、群众喜闻乐见的测绘法制宣传活动,挖掘宣传典型,拓展普法阵地,创新普法形式,丰富普法内容,体现了测绘法制工作的时代性、规律性、创造性,提升了测绘法制宣传教育工作的实效性,吸引了更多的人来关心、了解和支持测绘工作,使测绘法制意识真正深入人心。一些地方主动向各级领导和相关部门送图上门,免费向群众派发附有法制宣传的地图产品,积极开展国家版图知识百所学校巡回展、测绘法知识有奖问答、测绘法律知识学习班、测绘行政管理人员培训班、"法律六进"等活动,有效提升了测绘法制宣传的效果。吉林、江苏、浙江、湖北等地通过修建景观型永久性测量标志、建设测绘和地理信息主题公园等形式,增强公民测量标志保护意识,普及测绘知识。河北、上海、浙江、新疆等地通报测绘执法情况,一批严重扰乱测绘市场秩序、侵害合法经营者权益、危害国家安全的典型测绘违法案件被曝光,提升了全社会的地理信息安全保密意识。河北、广东等地落实普法责任制,实行了行政首长负总责。黑龙江、青海等地建立了领导干部学法用法档案,通过加强组织领导确保工作扎实到位。山西、上海、江苏、黑龙江、重庆、湖北等地充分发挥互联网的作用,开展网上知识竞赛等多种形式的网上活动。江西等地与邮政、电信部门合作,印制《测绘法》主题明信片,向手机用户发送公益短信,有效地扩大了社会影响。广东、海南等地通过组织定向越野、开辟普法学习园地等活动对中小学生普及测绘法律法规、国家版图知识。

历年测绘地理信息普法工作主题

年度	普法工作主题
2002	加强测绘法制建设,促进测绘事业发展,强化训练国家版图意识,规范地图市场秩序
2003	推进测绘依法行政,加强测绘统一监督管理
2004	加强统一监管,推进依法行政,提高测绘服务与保障能力
2005	加强国家版图意识,加强地图市场监管
2006	加强测绘成果管理,促进成果广泛应用
2007	发展测绘事业,建设和谐社会
2008	加强基础测绘,服务灾后重建
2009	加强基础测绘工作,发展地理信息产业
2010	推进数字城市建设,提升测绘公共服务水平
2011	监测地理国情,服务科学发展

第六章 党的建设与文化建设

引　言

党的建设是党领导的伟大事业不断取得胜利的重要法宝,也是党永葆青春活力的重要基石;文化建设是中国特色社会主义事业的重要组成部分,是党执政兴国的重要内容,也是全面建设小康社会的重要内容。

党的十六大以来,国家测绘地理信息局党组团结带领广大测绘地理信息干部职工,坚持以邓小平理论和"三个代表"重要思想为指导,深入贯彻落实科学发展观,全面贯彻落实党的十六届、十七届历次全会精神,以建设一流队伍、培育一流作风、创造一流业绩为目标,以加强党的执政能力建设和先进性建设为主线,以党员先进性教育活动为载体,以深入开展创先争优活动为抓手,围绕中心,服务大局,拓宽领域,强化功能,不断加强和改进新形势下局直属机关党的思想建设、组织建设、作风建设、制度建设和反腐倡廉建设。大力推进以"快、干、好"为核心的测绘文化建设,提升发展软实力,扩大测绘地理信息影响力,推动测绘文化与和谐单位建设相融合、相促进,为测绘地理信息事业科学发展提供了有力的思想政治保证和精神文化支撑。积极开展测绘地理信息宣传,紧紧围绕国家局中心工作,唱响主旋律,打好主动仗,忠实记录中国测绘地理信息事业的变革与发展,尽情书写测绘地理信息工作者不懈的奋斗和创造的辉煌,热情讴歌英雄楷模和先进典型,大力弘扬测绘精神和文化,为促进测绘地理信息事业更好更快发展营造了良好的社会环境和舆论氛围,助推测绘地理信息工作不断取得新辉煌。

第一节　党建工作领导有力

党建工作是促进测绘地理信息事业又好又快发展的有力保证。为了充分发挥党建工作的优势和作用,国家局党组印发了《中共国家测绘局党组关于加强机关党的建设的实施意见》,始终把党建工作放在促进测绘事业发展的大局中来谋划和推动。凡是涉及直属机关党的思想、组织和作风建设的重要问题,党组都亲自抓,并提出指导意见。凡是党建、精神文明建设以及群团组织的一些重要活动,党组书记都出席并发表讲话。由于党组高度重视党建工作,各级基层党组织和广大党员始终在思想上、行动上与党中央保持高度一致,做到了思想上始终清醒、政治上始终坚定,以高度负责、奋发有为的精神状态为建设测绘地理信息强国而努力奋斗。

一、保先教育　推动党员党性意识进一步增强

根据中央的统一部署,2005 年 1 月 20 日至 6 月 27 日,国家局开展了以实践"三个代表"重要思想为主要内容的保持共产党员先进性教育活动。活动期间,国家局党组坚决贯彻中央先进性教育活动领导小组的各项要求,在中央第 35 督导组的有力指导下,在广大党员的热情参与下,始终坚持高标准,严要求,坚持时间服从质量,坚持抓落实、求实效,扎实开展了学习动员、分析评议、整改提高 3 个阶段的各项工作,完成了集中学习教育阶段各项任务,实现了"提高党员素质、加强基层组织、服务人民群众、促进各项工作"的目标要求,中央第 35 督导组给予充分肯定,中央电视台《新闻联播》对珠峰复测临时党支部发挥战斗堡垒作用进行了专题报道。集中学习教育结束后,用 1 个半月的时间,完成了巩固和扩大整改成果并进行"回头看"的工作,取得了实实在在

的成果。6月20日召开了整改情况通报会,将开展先进性教育活动的有关情况和整改情况向广大党员干部进行了通报。通过开展先进性教育活动,广大党员践行"三个代表"重要思想的自觉性和坚定性明显增强,党员的学习意识、党员意识和党性观念明显增强,基层党组织的创造力、凝聚力和战斗力明显增强,机关作风进一步转变,各项工作得到了有力促进,测绘事业得到了大推动、大发展。

二、精心组织　实践科学发展观引领思想解放

党的十七大作出了在全党开展深入学习实践科学发展观活动的战略决策。2008年10月15日至2009年2月25日,在党中央的正确领导下,在中央深入学习实践科学发展观活动领导小组和中央第19指导检查组的指导下,国家局机关和在京单位55个党组织852名党员干部参加了第一批学习实践科学发展观活动。在整个活动中,局党组坚强领导,周密部署,精心组织,狠抓落实,高标准、高质量地完成了学习调研、分析检查、整改落实3个阶段共11个环节的工作,实现了"党员干部受教育、科学发展上水平、人民群众得实惠"的目标要求,中央第19指导检查组给予充分肯定。根据中央学习实践活动领导小组关于整改落实情况"回头看"的部署,国家局及时印发了学习实践活动整改落实"回头看"工作方案,进一步落实责任,督促整改,并于2009年6月29日组织召开了局学习实践活动整改落实"回头看"情况通报会,向广大党员干部通报了整改落实阶段取得的突出成效,有力推动了各项整改任务的落实。中央电视台《新闻联播》分别以"坚持活动正确方向,增强活动针对性"和"国家测绘局在学习实践活动中解决突出问题取得成效"为题进行了两次报道。《人民日报》及人民网共登载消息14条,新华社、《光明日报》、中央人民广播电台等新闻媒体也多次进行了宣传报道。通过开展学习实践科学发展观活动,党员干部对科学发展观的科学内涵、精神实质和根本要求有了更加深刻和系统的理解,对影响和制约测绘事业科学发展的突出问题有了更加清醒的认识,在测绘事

业要不要科学发展、能不能科学发展、怎么样科学发展等重大问题上进一步达成了共识,形成了推动测绘科学发展的思路和举措,测绘工作的社会影响力也得到了进一步扩大和提升。

三、理论学习　党员干部思想政治素质不断提高

理论是行动的先导。党组中心组在理论学习上始终坚持先学一步,多学一些,学深一点,不断提高用科学理论武装头脑、指导实践、推动工作的能力和水平。党的十六大召开后,国家局机关举办了两期"三个代表"重要思想脱产理论学习班,深入学习了《"三个代表"重要思想学习纲要》和胡锦涛同志"七一"讲话,召开了"纪念建党82周年暨深入学习贯彻十六大精神"座谈会,举办了"学习十六大,学习新党章"知识竞赛,兴起了学习贯彻"三个代表"重要思想新高潮。2007年11月20日至21日,国家局党组中心组(扩大)理论学习暨务虚会在北京召开,深入学习贯彻党的十七大精神,紧密结合贯彻落实《国务院关于加强测绘工作的意见》,对测绘事业发展的全局性、战略性、前瞻性问题进行了深入研讨。为了使党员干部始终保持头脑清醒和立场坚定,局直属机关党委以创建学习型党组织为载体,坚持每月举办"测绘学习大讲堂",开展思想政治和形势任务教育;每季度印发理论学习指导意见,明确学习重点内容;每季度向党员干部推荐优秀书目并赠阅书籍。10年来,全局上下通过集中学习、观看辅导录像、上党课、举办研讨培训班等多种形式,组织党员干部深入学习了党的十六大、十六届历次全会、十七大、十七届历次全会精神,学习了胡锦涛同志在纪念红军长征胜利70周年大会上、在纪念党的十一届三中全会召开30周年大会上、在全党深入学习实践科学发展观活动总结大会上、在庆祝中国共产党成立90周年大会上的重要讲话精神,围绕理论热点问题、社会主义核心价值体系、党章、《江泽民文选》、《中国共产党历史(第二卷)》、国测一大队先进事迹、刘先林院士先进事迹,开展了深入有效的思想教育活动,使党员、干部的政治理论水平、战略思维能力和思想道德素质

得到了显著提升,党员、干部学理论、善读书、爱思考的良好习惯蔚然成风。

四、创先争优　基层组织战斗力凝聚力日益加强

一个基层党组织,就是一个坚强堡垒;一名共产党员,就是一面鲜艳旗帜。"5·12"特大地震发生后,各级基层党组织和广大党员视灾情为命令,视时间为生命,积极响应,迅速行动,全力保障和支援抗震救灾,并踊跃交纳"特殊党费"。局直属各党委、总支、支部953名党员共交纳"特殊党费"495274.80元。2008年7月1日,国家局举办了"弘扬抗震救灾精神和测绘精神　服务灾后恢复重建和经济社会发展"主题报告会,大力宣传抗震救灾测绘保障服务中的先进典型。中国测绘科学研究院中测新图(北京)遥感技术有限责任公司党支部被中央国家机关工委授予"中央国家机关抗震救灾先进基层党组织"称号。各级基层党组织始终把强基层、打基础的工作放在重要位置,认真贯彻《中国共产党党和国家机关基层组织工作条例》,加强党员的教育、管理、激励和服务,基层党组织的战斗堡垒作用和党员的先锋模范作用在测绘重大工程、服务保障、应急救急、科技创新等工作中得以彰显。2010—2012年,各级党组织按照中央要求,深入开展了以创建"五个好"先进基层党组织、争做"五带头"优秀共产党员为主要内容的创先争优活动,普遍开展了党组织党员公开承诺、领导干部点评和群众评议工作。2010年12月23日,时任中共中央组织部副部长、中央创先争优活动领导小组成员、中央和国家机关创先争优活动指导组组长李建华调研指导国家局创先争优活动,对国家局党组及其基层党组织、广大党员干部积极投身创先争优活动取得的丰硕成果给予高度评价。2012年,围绕"组织建设年"开展了推荐选举党的十八大代表、"走进基层党支部,总结支部工作法"、"强支部建设,促科学发展"优秀活动评选等一系列相关活动。2009、2011和2012年,分别组织开展了"两优一先"和创先争优专项评选表彰活动,先后共表彰了76个先进基层党组织、

226名优秀共产党员和97名优秀党务工作者,国家基础地理信息中心第四党支部和中国测绘科学研究院李成名于2011年分别荣获"中央国家机关先进基层党组织"和"中央国家机关优秀共产党员"荣誉称号。遵循"坚持标准、保证质量、改善结构、慎重发展"的方针,坚持做好组织发展工作。通过深入开展创先争优活动和强化基层党组织建设,使各级党组织和广大党员、干部学有榜样、赶有目标,进一步增强了比学赶超、提升自我的内在动力。同时,党建工作的科学化、民主化、制度化水平不断提高,基层党组织和党员队伍的活力不断增强。

五、反腐倡廉　党员干部廉政自觉性显著提升

党的作风体现党的宗旨,关系党的形象。自2010年以来,国家局坚持开展学习型、创新型、服务型、务实型、和谐型机关(简称"五型机关")创建活动,提升了工作效率,展示了良好形象。国家局党组高度重视反腐倡廉建设,坚持贯彻落实党风廉政建设责任制,印发了《中共国家测绘地理信息局党组关于贯彻落实党风廉政建设责任制的实施办法》。坚持召开全系统的党风廉政建设工作会议,坚持印发党风廉政建设和反腐败工作的实施意见及任务分工。10年来,以保持共产党员先进性教育活动、深入学习科学发展观活动、创先争优活动、纪念改革开放30周年和纪念建党90周年等重大活动为载体,紧紧围绕为人民掌好权、用好权这个根本问题,大力开展了理想信念教育,引导党员干部牢固树立正确的权力观、地位观和利益观。以《中国共产党章程》《中国共产党党内监督条例(试行)》《中国共产党纪律处分条例》《中国共产党党员领导干部廉洁从政若干准则》《行政机关公务员处分条例》等重要规章制度的出台为契机,广泛组织开展党纪条规的学习、讨论和宣传教育活动,促进党员干部遵纪守法的自觉性不断增强。注重抓教育打基础,通过广泛开展学习中央重要会议或文件精神,组织观看廉政教育电影、录像、展览,邀请专家作廉政教育或法律辅导报告,参观廉政教育基地、革命传统教育基地,举办理论学习培训班等多种形式,

大力开展法制教育、廉洁从政教育,有效营造贪耻廉荣的廉政文化氛围,党员干部廉洁自律意识和拒腐防变能力不断得到提升。各级党组织深入学习贯彻第十六届、第十七届中央纪委历次全会、国务院廉政工作会议精神,印发了《中共国家测绘局党组关于贯彻落实〈建立健全惩治和预防腐败体系2008—2012年工作规划〉的实施办法的通知》,坚持开展党性党风党纪教育,深入贯彻落实《中国共产党党员领导干部廉洁从政若干准则》。党组制定印发了《中共国家测绘局党组巡视工作暂行办法》,并先后组织开展了对管理信息中心、海南局、重庆测绘院、四川局、职业技能鉴定指导中心、黑龙江局等单位领导班子及成员的巡视工作。严格执行党员领导干部报告个人有关事项、任前廉政谈话、民主生活会、述职述廉、诫勉谈话、函询等制度,广泛深入地开展了廉政风险点排查工作,切实加大对领导班子和领导干部的监督力度。加强审计工作,印发了《国家测绘局所属单位党政领导干部经济责任审计管理办法》,及时开展有关单位主要负责人的离任审计和有关单位预算执行情况及财政财务收支情况的审计以及无锡培训中心的资产清查审计。10年来,局党组始终坚持标本兼治、综合治理、惩防并举、注重预防的方针,紧密围绕测绘地理信息中心工作,以保证贯彻落实中央重大决策和国家局党组重要部署要求为主线,广泛开展党风廉政教育,着力加强作风建设,扎实推进惩治和预防腐败体系建设,为推动测绘地理信息事业科学发展提供了坚强有力的纪律和政治保障。

六、统筹谋划　群团统战工作桥梁纽带作用强化

群团和统战组织是党联系群众、组织群众、动员群众、宣传群众的桥梁和纽带。2003年和2007年,分别召开了国家测绘局直属机关工会第三次和第四次会员代表大会,选举产生了局直属机关工会第三届和第四届委员会和经费审查委员会。2008年,局直属机关工会举办培训班,认真学习贯彻《劳动合同法》,为工会组织更好地保障职工权益发挥了作用。2010年,局直属机关工会召开工会工作会议,党组书记、

局长徐德明出席会议并作重要讲话。组织开展了在京单位"合格职工之家"的验收工作。2003年和2008年,分别组织召开了直属机关第六次和第七次团代会,选举产生了直属机关第六届和第七届团委,进一步加强了团的组织建设。组织各级团组织和团员青年积极参加中央国家机关团工委和国土资源部团委组织的"中央国家机关青年学习十六大精神知识竞赛"活动、中央国家机关优秀(杰出)青年评选活动、中央国家机关"五四"团委、优秀共青团员和优秀团干部评选活动和国土资源部第二届杰出(优秀)青年评选活动,中国测绘科学研究院雷兵被评为优秀青年,国家基础地理信息中心团总支被评为2003—2004年度中央国家机关"五四"红旗团组织。2011年,成功组织了国家局和陕西局青年交流互访活动,徐德明局长亲切接见陕西局青年代表团并对青年团员提出殷切希望。2004年以来,坚持两年开展一次局直属机关杰出(优秀)青年评选表彰活动,共表彰杰出青年17名,优秀青年60名。积极参加上级群团组织的创先争优活动,2010年,中国测绘科学研究院刘纪平荣获全国先进工作者称号,国家基础地理信息中心蒋捷被授予第七届全国"五好文明家庭"称号。坚持贯彻向党外人士代表通报情况制度,每年召开党外人士代表新春座谈会,邀请来自农工党、民盟、民建、致公党、九三学社等民主党派人士以及无党派高级知识分子代表欢聚一堂,共话发展。2008年,组织党外人士代表赴国家基础地理信息中心、中国测绘科学研究院就抗震救灾测绘保障服务工作进行了考察调研,密切与党外人士的联络和感情。10年来,局党组始终高度重视群团和统战工作,统筹谋划,精心部署,局党组书记多次亲自参加各项活动,测绘地理信息群团、统战组织和阵地建设不断加强,载体和活动平台不断丰富,桥梁和纽带作用日益彰显。

第二节　测绘文化彰显生机

为进一步谋划好、开展好测绘地理信息文化建设有关工作,局党组坚持以人为本,广泛参与,以实践社会主义核心价值体系为主线,以提高测绘地理信息广大职工思想道德水平和科学文化素质为根本,以满足测绘地理信息广大职工精神文化需求为出发点和落脚点,按照"做美做鲜做出生机,以便更好地弘扬测绘人的时代精神"的要求,充分发挥职工群众的主体作用,尊重职工群众的利益需求和价值取向,准确把握职工群众对精神文化生活的新期待、新要求,形成人人参与测绘地理信息文化建设、测绘地理信息文化建设成果人人共享的良好局面。

一、积极引领　文化建设强力推进

国家局始终高度重视测绘地理信息文化建设,认真谋划测绘地理信息文化建设的思路和方法,2008年面向全系统印发了《关于开展测绘文化与和谐单位建设调研的通知》,开展了测绘地理信息文化与和谐单位建设书面调研和实地调研活动,在全系统组织开展调研成果征集,并向中国思想政治工作研究会推荐优秀成果,组织调研组赴上海市测绘院、陕西测绘局、青海省测绘局等部分省局就文化建设情况进行深入调研,积极推动测绘地理信息文化建设向纵深发展。国家局党组高瞻远瞩,战略部署,于2009年制定印发了《国家测绘局关于加强测绘文化建设的意见》,明确了加强测绘地理信息文化建设的指导思想、总体目标、主要内容、基本原则和主要任务,为切实提高测绘地理信息文化软实力指明了方向。2009年10月15日,全国测绘地理信息系统测绘文化与和谐单位建设交流研讨会在中国测绘创新基地召开,局党组书记、局长徐德明出席会议并作重要讲话。通过这次会议,明确了任务,达成了共识,增强了推动测绘地理信息文化与和谐单位建设的紧迫感和责任感。2011年10月15日至18日,党的十七届六中全会胜利召开,《中共中央关于深化文化体制改革　推动社会主义文化大发展大繁荣若干重大问题的决定》,响亮地提出了建设社会主义强国这一长期战略目标。为了贯彻落实中央精神,国家局党组及时印发了《关于加强学习贯彻党的十七届六中全会精神的意见》,局直属机关党委把测绘地理信息文化建设作为重点工作来谋划和推动,印发了《关于进一步开展测绘地理信息文化建设有关工作的通知》,并先后开展了社会主义核心价值体系学习教育、测绘地理信息文化研究、"测绘地理信息文化大家谈"征文、"测绘地理信息文化精品"评选等系列活动,努力形成人人参与测绘地理信息文化建设、测绘地理信息文化建设成果人人共享的良好局面。

二、强化理念　文化精神传承弘扬

让传统测绘精神插上时代的翅膀,赋予其新的时代内涵,凝练出与时俱进的文化理念,是测绘地理信息文化建设的精髓。在大力传承和弘扬"热爱祖国、忠诚事业、艰苦奋斗、无私奉献"的测绘精神的同时,在测绘地理信息工作的伟大实践中,积淀提炼出了以"快、干、好"为核心的新时期的测绘地理信息文化理念。"快"是测绘的灵魂,它创造了机遇,抢得了先机,带来了测绘地理信息行业发展的巨大变化:短短几年,全国已有260多个地级市开展了数字城市建设;"天地图"网站开通仅一年多,已有20个省级节点和10个市级节点实现了与主节点的聚合服务;中国测绘创新基地从动议到入驻仅仅用时几个月;国家测绘地理信息科技产业园建设一期工程实现当年设计当年竣工。"干"是测绘的精神,它赢得了成功,成就了事业,创造了测绘地理信息事业的辉煌成就:数字城市、天地图、地理国情监测"三大平台"全力推进;管理体制机制日益完善,职责职能得到强化;地理信息产业快速发展,应用服务不断拓展;统一监督管理扎实推进,市场秩序明显改善。"好"是测绘的品质,它打造了精品,铸就了品牌,提升了测绘地理信息工作的层次水平:3位测绘地理信息科技工作者当选为院士,科技创新成果不断涌现,人才队伍建设成效显著,西部测图工程等重大测绘工程成果质量稳步提升,创先争优、追求卓越的意识深植人心。以"快、干、好"为核心的测绘地理信息文化理念,充分调动了广大干部职工的积极性、主动性和创造性,鼓舞和激励着开拓创新的测绘地理信息人不断推动测绘地理信息事业实现新的历史跨越。

三、注重内涵　文明之花绚丽绽放

创建文明单位是精神文明建设的重要内容,是一个部门一个单位持续发展的必然要求、塑造良好形象的有效载体。各部门各单位始终把文明单位创建活动摆在重要议事日程,坚持"两手抓、两手都要硬"的原则,将精神文明建设与测绘地理信息业务工作同研究、同部署、同考核,与创先争优、学雷锋、捐资助学、"送温暖献爱心"等活动紧密结合,将爱国主义教育、集体主义教育、社会主义荣辱观教育、职业道德教育、诚信教育、法制教育、反腐倡廉教育融入其中,推动文明单位创建活动取得了可喜成绩。先后组织开展了"测绘职业道德大家谈"征文活动并进行评奖,评出优秀奖和纪念奖各 10 名。在局机关开展了"创建文明机关、促进政风建设,坚持执政为民、争做人民满意公务员"活动,积极推进群众性精神文明创建活动深入开展。举办了"弘扬测绘精神、践行八荣八耻"报告会,大力开展社会主义荣辱观教育。开展了"迎奥运、讲文明、树新风"活动,引导干部职工树立文明新风尚。广大干部职工始终以饱满的热情积极参与,用自己的言行诠释文明,大力弘扬"热爱祖国、忠诚事业、艰苦奋斗、无私奉献"的测绘精神和"快、干、好"的务实作风,展现出了作为测绘地理信息人高尚的道德品质和良好的精神风貌。汶川地震、玉树地震、舟曲泥石流等自然灾害发生后,干部职工纷纷捐款,解囊相助,用实际行动表达了测绘人的大爱和无私。国家测绘局机关、中国地图出版社、中国测绘科学研究院、国家基础地理信息中心、中国测绘宣传中心多次获得不同年度"中央国家机关文明单位"称号,国家基础地理信息中心荣获 2006 年度"首都精神文明单位"称号。

四、激发活力　文化活动异彩纷呈

文化活动能够愉悦身心,鼓舞士气;文化活动能够凝聚力量,提振精神。面对干部职工日益增长的文化需求,国家局精神文明建设办公室、直属机关党委以及各级工青妇群众组织,联手合作,整合资源,创新形式,搭建平台,开展了丰富多彩的文化活动。党的十六大以来,国家局先后组织开展了"'中图社杯'弘扬测绘精神建设和谐文化"诗歌散文有奖征文活动,并组织编辑出版了《测绘诗歌散文选》。通过中国测绘学会科技信息网分会开展了2008测绘博客征文比赛活动,并编辑出版了《五瓣丁香——首届测绘博客征文作品文集》。举办了"阅读·思考·进步"读书征文活动,培养党员、干部爱读书善读书读好书的良好习惯。举办了以"胸怀祖国　情系测绘"为主题的测绘系统网上摄影展评选活动,《南极测绘(组照)》等24幅(组)作品获奖。举办了"南方测绘杯"全国测绘职工书法绘画比赛评选,共评出个人奖61名,优秀组织奖5名。举办了以"弘扬测绘精神,奏响和谐乐章"为主题的全国测绘系统职工文艺汇演。举办了"经天纬地抒豪情,歌唱祖国心向党"纪念建党90周年爱国歌曲演唱会。全国测绘系统乒乓球、羽毛球、桥牌比赛等活动,成为干部职工喜闻乐见的赛事活动。女职工北海公园健步走比赛和老北京风情游活动、巾帼风采图片展和女性礼仪讲座、"迎十八大、抒巾帼情"女职工摄影展、青年篮球比赛、登山比赛、"知荣辱·立言行·做典范"演讲比赛、"与测绘共奋进　伴测绘共辉煌"主题访谈活动、"我读经典原著"活动、青年诗文朗诵会、"胸怀祖国情系测绘　放飞青春梦想"青年文艺演出、"信念·责任·青年力量"测绘青年论坛等活动,成为女职工、青年职工舒展身心、展示才华的重要平台。丰富多彩的文化活动,让测绘人充满朝气与活力,让测绘人富有激情与干劲,让测绘人更加团结和谐,这一切都必将推动测绘地理信息事业从一个胜利走向另一个胜利,从一个辉煌走向另一个辉煌。

第三节　测绘地理信息宣传助力腾飞

党的十六大以来,测绘地理信息宣传工作始终坚持正确的舆论导向,紧密围绕国家测绘地理信息局(原国家测绘局)的中心工作,积极报道测绘地理信息事业的改革发展进程和重大成果,忠实记录我国测绘地理信息事业的深刻变革和跨越式发展,及时宣传测绘地理信息工作的新思路、新举措、新成效,充分展现测绘地理信息工作在国民经济建设和社会发展中发挥的重要作用,热情讴歌测绘地理信息战线上的英雄群体和先进个人,大力弘扬测绘精神和文化,为扩大测绘地理信息的社会影响力,使社会各界进一步了解、认识和支持测绘地理信息工作,营造有利于测绘地理信息事业又好又快发展的舆论氛围作出了重要贡献,对促进我国测绘地理信息事业不断开创新局面发挥了巨大的推动作用。

一、围绕中心 为测绘地理信息事业鼓与呼

国家局党组历来高度重视宣传工作,下发了《关于进一步加强测绘宣传工作的意见》,并且每年都印发宣传工作要点,确保测绘地理信息宣传始终围绕国家局中心工作来部署和展开,主动、深入、全面、扎实地做好重大主题宣传,为事业发展营造良好的舆论环境。

(一)发挥新闻宣传的喉舌作用

党的十六大以来,党中央、国务院高度重视测绘地理信息工作。胡锦涛总书记、温家宝总理多次对测绘地理信息工作作出重要指示。2011年5月23日,李克强副总理专程到中国测绘创新基地视察调研,宣布国家测绘局更名为国家测绘地理信息局,并发表重要讲话。2007年,国务院印发《关于加强测绘工作的意见》。中央领导同志的重要指示和国务院《意见》,为测绘地理信息事业发展指明了方向,明确了目标。对于这些在测绘地理信息发展史上具有里程碑意义的事件,中央各大新闻媒体和测绘报刊都作了隆重、深入的宣传,极大地振奋了测绘地理信息工作者的士气。

在每年全国测绘地理信息局长会以及科技、人才、法治等重要专题会议召开之际,中央各大媒体都及时宣传测绘地理信息工作的改革与

发展。测绘报刊和网站以多种形式对会议精神进行深刻解读和深入挖掘,将会议精神迅速、准确地传达给广大干部职工,引领大家认真学习、深刻领会、贯彻落实。同时,大力宣传"大测绘、大科技、大产业、大服务、大发展"的理念,"服务大局、服务社会、服务民生"的宗旨,"构建数字中国,监测地理国情,发展壮大产业,建设测绘强国"的发展战略,以及"一个网、一张图、一个平台"的测绘地理信息建设新布局和"3+1"(数字城市、天地图、地理国情监测和国家地理信息科技产业园)重点工程,对《测绘地理信息发展"十二五"总体规划纲要》《全国基础测绘"十二五"规划》《测绘地理信息科技发展"十二五"规划》等进行深入解读。通过广泛宣传,国家测绘地理信息局(原国家测绘局)党组的重大决策和部署更加深入人心。

与此同时,测绘地理信息宣传工作围绕党和国家重大决策部署和重要活动,用鲜明的主题、昂扬的基调、生动的形式,开展系列主题宣传活动。在党的十六大、十七大召开,深入开展保持共产党员先进性、深入学习实践科学发展观、创先争优等重大活动中,通过开辟专栏、专版等形式,集中、连续、系统地报道测绘地理信息部门学习贯彻党的十六大、十七大精神,开展各项活动的情况、取得的成效以及涌现出的先进典型。在中国共产党成立90周年、改革开放30周年、新中国成立60周年、国家测绘局成立50周年等重大活动中,全方位宣传测绘地理信息部门组织开展的丰富多彩的纪念活动,反映测绘地理信息事业的巨大变化和辉煌成就,并以测绘法律知识竞赛、国家版图知识大赛等形式扩大社会影响,激发了广大干部职工爱党爱国的热情,增强了荣誉感、自豪感。

(二)发挥新闻宣传的窗口作用

党的十六大以来,伴随着祖国奋发前进的铿锵步伐,测绘地理信息人以一往无前的进取精神和气势磅礴的创新实践,开创了中国测绘地理信息史上的黄金时期,测绘地理信息事业发展呈现出前所未有的大好局面,为新闻宣传工作提供了涌动不息的源泉。一系列行业重大事件、重大成果和辉煌成就的宣传，一个个英雄模范和先进典型的宣传，形成了一个又一个聚焦点，在社会上产生巨大反响。

宣传行业重大事件。例如，《中华人民共和国测绘法》修订施行，国务院出台《测绘成果管理条例》《基础测绘条例》，《重要地理信息数据审核公布管理规定》《外国的组织或者个人来华测绘管理暂行办法》等部门规章相继实施，测绘法制建设迈出坚实步伐。各大新闻媒体对这些法律法规进行了详细解读，推动了测绘法律法规的贯彻。2008年，第21届国际摄影测量与遥感学会在京举办，世界80多个国家和地区的科技工作者参加盛会。通过媒体广泛的报道，普及了测绘科技知识，展示了我国测绘科技水平和测绘大国的形象。2009年，全国地理信息产业峰会和全国地理信息应用成果及地图展览会隆重举办，各大媒体纷纷以地理信息广泛应用和新中国成立60年来测绘地理信息事业取得的成就为切入点，深入报道地理信息产业飞速发展的态势，讴歌测绘地理信息工作者为新中国建设作出的卓越贡献。2011年，李克强副总理视察中国测绘创新基地，国家测绘局举行更名挂牌仪式，中央新闻媒体深度聚焦和剖析了李克强副总理视察和国家测绘局更名的重大意义，引发社会广泛关注与热议。

宣传重大成就。国家测绘基础设施项目顺利竣工，我国实现由传统测绘技术体系向数字化技术体系的历史性跨越，并向信息化测绘体系大步迈进；中国测绘创新基地正式启用，实现测绘干部职工53年的夙愿；中国测绘科技馆精彩亮相，成为全国科普教育基地和中共中央党校教学基地；我国最大的地理信息服务网站——天地图正式开通，互联网地图有了民族品牌；数字城市建设花开神州，推进中国城市变革；国务院批准开展地理国情监测工作，在国家、省、市三级层面开展了地理国情监测试点，并形成、发布了一批监测成果；国家地理信息科技产业园开工建设，我国地理信息产业发展迎来爆发式增长期；我国首颗高精度民用立体测绘卫星资源三号成功发射并正式投入使用，测绘地理信息人实现飞天梦想；在全国推广应用无人机航摄系统、地理信息应急监测车,极大地提升测绘应急保障服务能力……对于这些测绘地理信息工作的辉煌成就和重大进展,新闻媒体给予了浓墨重彩的报道,鼓舞了士气,树立了形象。

宣传社会关注的热点事件。2005年,国家测绘局成功实施珠穆朗玛峰高程复测,公布8844.43米这一世界最高峰的新高程;2009年,国家测绘局与国家文物局联合公布明长城资源调查与长度测量结果——明长城总长8851.8公里;2007年至2009年,国家测绘局先后分3批公布我国74座著名风景名胜山峰高程,以及我国陆地最低点艾丁湖洼地海拔-154.31米等重要地理信息数据;在历次南极北极科学考察中,测绘科技工作者圆满完成各项科考任务,取得一系列重大突破性成果,书写了极地测绘科考的新篇章……对于这些社会普遍关注的热点事件,各大媒体进行了广泛宣传,拉近了测绘地理信息工作与社会大众的距离。

宣传重大测绘工程。在西部测图、1∶5万基础地理信息数据库更新两个重大测绘工程竣工之际,通过召开新闻发布会、组织记者实地采访等方式,深度宣传两大工程的重大意义及其技术创新、管理创新、成果创新。还重点报道了国家现代测绘基准工程、2000国家大地坐标系启用、资源三号卫星应用系统建设、国家和地方地理信息公共服务平台建设、国家和地方卫星定位连续运行基准站网建设与应用等重大工程的意义、内容、进展情况和发挥的作用。

宣传测绘科技创新和装备现代化建设。高精度民用立体测绘卫星资源三号成功发射并正式交付使用,各大媒体以"开启我国自主航天测绘新时代"为主题进行了全方位报道。我国自主研发的机载合成孔径雷达影像测图系统填补了国内空白,达到国际先进水平。中央及地方媒体广泛关注,进行了重点报道。无人机航摄系统和地理信息应急监测车在全国推广,中央新闻媒体对首批无人机和地理信息应急监测车交付仪式、无人机在青海玉树和甘肃舟曲等抢险救灾工作中及时获取灾区影像、无人机首次获取西藏墨脱航空影像等进行了及时报道。

媒体还纷纷报道了车载激光建模测量系统、数字倾斜航空摄影仪、地理信息公共服务平台和数字城市建设软件等测绘地理信息装备建设、自主创新成果和高新技术应用情况,树立了测绘的高科技行业形象。

宣传英雄模范和先进典型。全方位、深层次地报道了国测一大队、刘先林院士的先进事迹,在全社会引起强烈反响,他们的感人事迹家喻户晓,他们的崇高精神广为传颂。大力宣传测绘地理信息部门在创先争优活动中涌现出的先进基层党组织和优秀党员,对测绘系统全国劳动模范,全国先进工作者,五一劳动奖章、五一劳动奖状获得者,全国文明单位,全国测绘系统先进集体和先进工作者,全国测绘地理信息技术能手等作了重点报道。通过讴歌先进典型,大力弘扬"热爱祖国、忠诚事业、艰苦奋斗、无私奉献"的测绘精神和以"快、干、好"为核心的测绘地理信息文化,展现了广大干部职工奋发向上、锐意进取的良好风貌,营造了学习先进、崇尚先进、争当先进的氛围。

(三)发挥新闻宣传的推动作用

为经济社会发展提供全方位的保障服务,是测绘地理信息工作的中心任务。测绘地理信息宣传工作始终将这一主题的宣传作为重点,大力宣传测绘地理信息部门紧密围绕党和国家的中心工作,为科学管理决策、重大战略实施、重大工程建设以及调整经济结构、促进区域协调发展、提高人民生活质量等提供保障服务方面取得的重大进展、发挥的重要作用和显现的突出成效,彰显了测绘的价值,提升了测绘的地位,进一步激发了经济社会各方面对测绘保障服务的需求。

大力宣传测绘地理信息部门为党中央、国务院有关部门及地方各级政府研发综合国情、省情地理信息系统等大批应用系统,精心制作大量专用地图、领导工作用图,为"两会"代表和委员供图,致力提高科学决策水平的做法与成效。

及时报道测绘地理信息部门在应对非典、汶川地震、玉树地震、舟曲泥石流、云南盈江地震、南方雨雪冰冻灾害、西南旱灾、伊犁地震、北京特大暴雨灾害等突发事件中,迅速获取、制作和提供地图、影像图,快速研制三维地理信息平台,为了解灾情、指挥决策、抢险救灾和灾后重建提供及时保障服务的典型事例和快速反应、加班加点、无私奉献的感人事迹,凸显了测绘地理信息工作在应急救灾中不可替代的作用,引起社会广泛关注。

重点宣传测绘地理信息服务经济建设的举措和成效。在2008年国际金融危机爆发之时,国家测绘局出台八大举措,积极服务保增长、保民生、保稳定。中央各大新闻媒体从测绘服务科学发展的角度,深入报道了测绘在保持经济平稳较快增长中发挥的重要作用。大力宣传测绘地理信息部门在三峡工程、南水北调、西气东输、西电东送、青藏铁路建设、上海磁悬浮列车、神舟系列飞船发射和回收、第二次全国土地调查、塔里木河流域综合治理、三江源保护等国家和地方重大工程中的作为和成效。在北京奥运会、国庆60周年庆典、上海世博会、西安世园会等重大活动中,着力宣传测绘地理信息工作在场馆建设、组织运营、参观出行、安全保卫等方面发挥的先行作用。持续报道测绘地理信息部门服务新农村建设,保障西部大开发、振兴东北老工业基地、中部崛起、海峡西岸经济区建设等重大战略实施和测绘援疆、援藏工作的举措、进展和成效。

全面报道测绘地理信息部门不断丰富地图品种,向社会无偿提供标准地图、特色地图服务,满足群众生活需求、服务社会民生的不懈努力。大力宣传天地图的内容、功能及其在方便百姓生活方面发挥的作用。开展"数字城市中国行"大型宣传报道活动,充分展示数字城市在促进城市科学管理、提升百姓生活质量等方面起到的带动作用,体现了"数字城市让生活更美好"的主题。

(四)发挥新闻宣传的监督作用

10年来,为了净化地图市场,规范地理信息服务,提高全民的国家版图意识,维护国家安全和利益,国家测绘地理信息局(原国家测绘局)联合多个部门陆续开展了整顿和规范地图市场秩序、全国国家版图意识宣传教育和地图市场监管、地理信息市场专项整治、互联网地图和地理信息服务专项检查、"问题地图"专项治理、重要地理信息数据审核与监管、测绘成果保密检查、测绘成果质量检查等一系列活动,同时加大对涉外、涉军测绘活动的监管力度,积极推进测绘市场信用体系建设,有效规范了测绘地理信息市场秩序。

在这些重大活动中,宣传工作发挥了重要作用。国家测绘地理信息局(原国家测绘局)以召开新闻发布会、通气会,请有关领导进行在线访谈、接受媒体记者采访等方式,组织中央新闻媒体和测绘媒体开展集中宣传报道,对加强联合监管的必要性和意义进行深入解读,介绍联合监管的具体情况和整治措施,及时报道整治工作进展和成效,同时积极宣传测绘、国家安全、保密等方面的法律法规和国家版图知识,起到了很好的舆论引导作用。国家测绘地理信息局(原国家测绘局)每年还通过各大媒体向社会公布年度十大测绘违法案例,中国测绘报开设《十大违法案件剖析》《测绘产品质量检查公告》《地图出版审查公告》等专栏,通过曝光典型违法案例和假冒伪劣地图产品,宣传相关法规和知识,增强公众的国家版图意识和地理信息安全意识,为加强测绘地理信息统一监管营造了舆论环境,同时在公众心目中树立了规范管理、积极作为、权威发布的测绘地理信息主管部门形象。

(五)发挥新闻宣传的导航作用

新闻舆论是旗帜、是方向。10年来,测绘地理信息宣传工作紧紧围绕事业发展的首创性工作、难点工作和社会公众关注的热点事件,在关键时刻、重大问题上把握话语权、掌握主动权,积极引导社会舆论,确保在第一时间发布准确、客观的信息,做到在重大问题上不缺位、在关键时刻不失语。

汶川地震发生后,国家测绘局联合中国地震局召开新闻发布会,通报汶川地震地形变化监测结果,介绍汶川地震对地震周边地区及青藏板块地形的影响,澄清了一些不科学的报道。

针对境内外媒体高度关注互联网地图服务测绘资质申领,尤其是谷歌地图能否获得资质的情况,国家测绘地理信息局主动在该事件的重要时间节点发布新闻通稿,回应社会关切,正面引导舆论,取得良好效果。

针对部分媒体关于"世界各国曾经公认的珠穆朗玛峰的高度为8848.13米,由印度在1954年测量得出"的报道,国家测绘地理信息局迅速作出反应,请局领导就珠穆朗玛峰高程测量历史回答记者提问,澄清了有关史实,各大中央媒体纷纷作了报道。

面对地理国情监测这一新的重要任务,在《人民日报》《求是》《党建》《中华英才》和新华网、人民网等重要媒体发表局领导署名文章、专访、答记者问等,深入解读政策,提供理论指导,统一思想认识,为热点难点工作引路导航。

宣传出生产力、出战斗力。10年来,测绘地理信息新闻宣传工作坚持围绕中心、服务大局,取得了显著的宣传效果,达到了对外彰显作用、赢得支持、扩大影响,对内提高认识、凝聚人心、鼓舞士气的目的,推动了测绘地理信息事业大发展、大繁荣。

二、精心策划　测绘地理信息宣传高潮迭起

近年来,国家测绘地理信息局(原国家测绘局)与中央新闻媒体合作联动,加强宣传策划,捕捉新闻亮点,把握宣传时机,创新宣传手段,每年都选准几个重大事件作为抓手,不遗余力地集中力量大宣传大造势,增强了测绘地理信息宣传工作的吸引力和感染力,使宣传工作"长流水,不断线,不时掀起新高潮",在社会上引起强烈反响,有力扩大了测绘地理信息的社会影响力。

(一)珠峰高程复测宣传引起世界关注

2005年,全世界的目光都聚焦在中国测绘人身上:国家测绘局组织实施珠穆朗玛峰高程复测。针对这一有重大社会影响的新闻主题,国家测绘局精心策划了采访报道活动,组织阵容强大的采访团,《人民日报》、新华社、中央电视台、中央人民广播电台、《科技日报》、《北京青年报》、《中国测绘报》等媒体全程跟踪报道,记者超过40人。从2月

中旬到11月上旬的近9个月时间里,不畏艰险、无私敬业的记者们以一线的实地报道为主线,以多种形式的新闻报道手法,及时、全面、深入地向读者展现了珠峰登顶测量成功这一重大事件的全过程。国务院新闻办公室举行新闻发布会,公布8844.43米这一珠峰新高程。全国各类中文媒体刊发、播发、转发有关珠峰测量的稿件8000余条,中文网站刊发稿件18万余条,引起世界关注。中国测绘报开设《再测珠峰》专栏,发表各类报道数百篇,并挖掘出了有特色的独家新闻,《一次海拔最高的党员先进性教育活动》报道的事迹被中央保持共产党员先进性教育活动办公室和中央宣传部推广宣传。这次珠峰高程复测宣传报道,大力弘扬了科学精神和探索精神,向全社会进行了一次生动的科普宣传,同时展现了新一代测绘工作者可歌可泣的精神风貌,为树立中国测绘的形象作出了不懈努力。

（二）刘先林院士宣传社会反响强烈

2007年,中央组织部、中央宣传部组织对中国测绘科学研究院名誉院长、中国工程院院士刘先林的先进事迹进行集中宣传。国家测绘局全力配合、积极策划,22家中央主要新闻媒体的30余名记者对刘院士进行了集中采访,在《时代先锋》栏目中进行了1个多月不间断的全面深入报道,刊发通讯、评论等100余篇。这些权威媒体以多彩的视角,以报纸、广播、电视、网络等传播手段,广泛宣传刘先林院士矢志报国、坚持自主创新的感人事迹。中国测绘报开设了《向刘先林学习》《测绘人眼中的刘先林》《社会各界热议刘先林》等大型栏目,以长篇通讯、社论、系列评论员文章、图片、诗歌等体裁,生动展现刘先林院士的精神和风采,全面反映测绘系统、行业和社会各界对刘先林院士事迹的反响、学习动态和成效,有力推动了学习刘先林院士活动的开展。大量内容翔实的报道以读者喜闻乐见的形式在媒体上集中展现,不仅讴歌了一位测绘科技工作者独特的人格魅力,更反映了测绘工作在经济社会发展中所起的重要作用,同时折射了我国测绘高新科技的斐然成就,在测绘行业乃至全社会产生巨大反响。此次典型宣传声势浩大、影响深远,堪称继 2005 年珠峰高程复测宣传之后,我国测绘宣传工作的又一座高峰。

(三)国测一大队宣传弘扬测绘精神

2009 年,在新中国成立 60 周年之际,根据中央领导同志批示精神,中央宣传部和国家测绘局策划组织了国测一大队先进事迹宣传活动。20 多家中央新闻单位和《中国测绘报》的 37 名记者组成采访团,深入到西安和西藏那曲、安多、唐古拉山等地,进行了为期 10 多天的集中采访。各大新闻媒体从不同角度,持续深入地报道了国测一大队的先进事迹,刊发长篇通讯、评论、记者手记等 150 余篇近 28 万字、新闻图片 40 幅。人民网、新华网等网站开设了《国测一大队先进事迹》专栏,组织网民交流互动。《中国测绘报》刊发了长篇通讯、社论和系列评论员文章,并精心策划了系列报道、图片故事等。此次集中宣传充分展现了国测一大队为新中国 60 年建设和发展作出的卓越贡献,展示了几代测绘人良好的精神风貌和优良传统,在全社会大力弘扬了"热爱祖国、忠诚事业、艰苦奋斗、无私奉献"的测绘精神,提升了测绘工作的社会影响力。

(四)"3+1"工程宣传助推事业发展

数字城市建设是测绘地理信息工作的"牛鼻子"工程。2010 年,国家测绘局策划组织了由 10 家中央新闻媒体和中国测绘报参加的"数字城市中国行"大型宣传报道活动。记者们先后实地采访了山东、江苏、浙江、山西、河南、广东、湖北省下辖的 7 个市以及北京市西城区,采访活动历时 40 多天。中央各大媒体连续在显著位置发表消息、长篇通讯、评论、手记、图片等,累计发稿 231 篇 25 万字、新闻图片 95 幅,不少政府和社会网站进行了转载,在全社会引起广泛关注。《中国测绘报》隆重推出系列报道,刊发了局领导署名文章、访谈、消息、通讯、评论、图片等大量稿件。通过此次宣传活动,充分展示了数字城市建设的成效和作用,为推进全国数字城市建设创造了良好氛围,起到了舆论先行、舆论引路的作用。

我国最大的地理信息服务网站——天地图自2010年10月开通以来,引起媒体和海内外的广泛关注。国家测绘局抓住这一新闻亮点,策划组织各大主流媒体于第一时间予以报道,各地方媒体、网站大量转载,充分展示了天地图建设运行情况和产生的巨大反响。英国路透社、美国《华尔街日报》、凤凰网、香港《明报》等境外媒体也进行了大量报道。2011年1月18日,天地图正式上线。国务院新闻办公室举行新闻发布会公布这一消息,中央和地方新闻媒体积极宣传,共刊(播)发新闻40余条,转载量达600余条。《中国测绘报》以"打造互联网地理信息服务中国品牌"为切入点,通过消息、评论、答记者问等形式进行了深入报道。此次宣传对于增进公众对天地图的了解,让大家多多使用天地图、呵护扶持民族品牌起到了积极作用。

地理国情监测是测绘地理信息部门一项新的重要任务。为了给这项工作的开展引路导航,国家测绘地理信息局全力策划,在《人民日报》刊发徐德明局长署名文章《监测地理国情　服务科学发展》,新华网等进行了转载和报道。《中国测绘报》、国家测绘地理信息局网站开辟了《监测地理国情大家谈》专栏和专题,针对地理国情监测的概念和内涵、重大意义、国内外形势、组织实施等进行了广泛深入的探讨交流。通过宣传,各界对地理国情监测的重视程度越来越高,思路越辩越明,有效推进了此项工作的开展。

近两年,我国地理信息产业保持迅猛增长势头。2010年11月国家地理信息科技产业园奠基,2011年3月开工建设。在这些重要节点上,国家测绘局积极策划组织中央媒体进行广泛报道,对我国地理信息产业发展现状和广阔前景进行详细报道。《中国测绘报》开设《地理信息产业在中国》专栏,全方位报道我国地理信息产业发展壮大的实践探索和成功典型,有力引导、促进了我国地理信息产业发展。

(五)重大测绘工程宣传展示卓越成绩

2011年8月,西部测图及1∶5万数据库更新工程圆满收官。在这两项时空跨度大、创新程度大、攻坚难度大的重大工程竣工前后,国务院新闻办公室和国家测绘地理信息局组织西部测图工程新闻采访团,深入南疆沙漠等地采访,专门举行新闻发布会,中央各大媒体以消息、通讯、图片、专访、视频等多种方式给予广泛深入的报道,新浪、搜狐、网易等门户网站大量转载,"中国国家基本图不再有空白"的喜讯迅速传遍世界。《中国测绘报》陆续推出4万余字的13篇重点报道,全面、持续、深入地报道两大工程的卓越成绩、重大意义和精彩历程。

(六)测绘应急保障宣传彰显重大作用

在应对非典、汶川地震、玉树地震、舟曲泥石流、云南盈江地震、南方雨雪冰冻灾害、西南旱灾、伊犁地震、利比亚撤侨、北京特大暴雨灾害等突发事件中,国家测绘地理信息局(原国家测绘局)都迅速联系协调各大中央新闻媒体,第一时间报道测绘地理信息部门启动应急预案,紧急调动航空摄影飞机前往灾区,以最快速度获取灾区高分辨率影像,制作和提供灾区地图、影像图,快速研制三维地理信息平台,为抢险救灾及灾后重建提供紧急测绘保障等工作。2011年3月,国家测绘局协调中央电视台新闻直播车首次开进中国测绘创新基地,现场报道服务云南盈江地震救灾情况。2011年5月,国家测绘地理信息局组织中央媒体采访团,深入实地采访汶川地震灾后重建测绘保障工作,各大主要新闻媒体纷纷进行了集中宣传报道。通过对应急救灾、灾后重建测绘保障工作的大力宣传,充分展示了测绘地理信息作为"灾区上空的眼睛"发挥的重大作用,促进了测绘地理信息在国家应急保障体系中地位的提升。

10年来,测绘地理信息在社会上的声音逐渐多起来、响起来、亮起来,这与新闻媒体尤其是中央各大新闻媒体的大力宣传密不可分。记者们对测绘地理信息工作给予了热切关注和鼎力相助,不辞劳苦深入测绘一线,写出了很多激动人心、感人肺腑的优秀新闻作品,用镜头和笔墨展示了测绘地理信息事业跨越式发展的历史进程和辉煌成就,描绘了测绘地理信息人的光辉形象,也真实记录了测绘地理信息人的欢笑和泪水,使全社会对测绘地理信息工作有了新的认知并给予更多关心和支持,为测绘地理信息事业更好更快发展营造了良好的社会环境和舆论氛围。

三、拓宽渠道 测绘地理信息宣传多点开花

近年来,国家测绘地理信息局(原国家测绘局)在做好新闻宣传的同时,不断拓宽宣传渠道,积极探索测绘地理信息宣传的新途径、新方法,努力扩大宣传效应,形成了全方位、多层次、多媒体、立体式的"大宣传"格局,使测绘地理信息宣传工作广度不断扩展,覆盖面不断扩大,宣传效果充分显现。

（一）加强沟通联系

国家测绘地理信息局(原国家测绘局)积极主动向党中央、国务院汇报工作,不定期编发测绘专报报送上级领导机关,通过政务专网加强向国务院办公厅等方面的信息报送,有多条信息被采用,扩大了测绘地理信息工作的影响,还有多条信息得到中央领导的批示,有力地促进了测绘地理信息工作的开展。同时,加强与有关部门的联系协调,请各部门领导和专家参加测绘地理信息工作会议、研讨会、座谈会、测绘科技讲座、学术交流报告会等活动。各省局也经常主动向地方党委、政府领导汇报工作,坚持每年向领导赠阅测绘报刊、提供工作用图,邀请领导出席测绘地理信息工作会议、重大活动和检查指导工作,充分发挥技术优势为领导和有关部门服务,以优质的服务宣传测绘地理信息。

通过这种立体式的信息沟通,测绘地理信息工作得到各界的大力支持,大大优化了事业发展的外部环境,推动了工作开展。

（二）扩大网络宣传

发挥互联网容量大、更新快、受众多、影响力大的优势,加强了国家测绘地理信息局(原国家测绘局)政府门户网站、测绘系统各单位网站、公益性地图与地理信息服务网站建设,大力开展网上宣传,扩大测绘地理信息宣传的辐射面和影响力。近几年,局网站不断创新宣传形式,通过现场直播、在线访谈、开设专栏等形式,全面反映事件的起因、

过程、结果、社会影响等,使宣传报道既有深度又更加鲜活。目前,国家局网站工作日点击量已突破 100 万次,2011 年点击量达 3.2 亿次,今年上半年达 1.73 亿次,为测绘地理信息走进大众视野发挥了重要作用。

天地图自开通以来,已有来自全球 216 个国家和地区的数亿人次访问。通过天地图,社会公众在方便地获取各类地理信息资源、提高生活质量的同时,也对测绘地理信息工作有了全新的认识。互联网已经成为宣传测绘地理信息工作的重要阵地和窗口。

(三)拓展宣传领域

每年"两会"期间,国家测绘地理信息局(原国家测绘局)以发布局长答复网友留言、在《中国新闻》杂志上刊发测绘地理信息"两会"特刊并送到代表委员手中的方式,借"两会"平台宣传测绘地理信息工作成就,呼吁各方面给予更多关心支持。

每年"8·29"测绘法宣传日,通过发公益短信、请领导参加宣传活动、发表领导署名文章、设立宣传站、摆设展板、悬挂横幅、张贴标语、散发宣传材料、组织文艺演出、提供咨询服务等形式,围绕一个主题开展集中宣传,提高社会公众对测绘的认知度和知法守法的自觉性。

中国测绘科技馆生动展现了我国测绘地理信息事业取得的辉煌成就和测绘文化的深厚底蕴,是宣传测绘地理信息工作的重要窗口。在科技馆新装开馆、网上科技馆上线试运行之际,《人民日报》、中央电视台、新华社、《经济日报》、《科技日报》等媒体多次派记者采访,全方位、多角度地诠释了科技馆的独特魅力。科技馆开馆 3 年来,充分发挥其作为全国科普教育基地、中共中央党校教学基地的宣传作用,累计接待省部级以上领导 800 多人次,接待社会各界参观者 3 万余人次,极大地提升了测绘地理信息的社会影响力。

以测绘学术交流和科普活动搭建宣传平台,利用每年的科技活动周大力开展测绘科普宣传,在各种科技论坛上开办测绘专场扩大影响。利用影视、文艺、书画、摄影等手段开展测绘文化宣传。举办定向越野比赛,打造测绘科普品牌。

许多省局办了内部刊物定期对外寄送,并在驻地门口设立宣传橱窗。一些省局还通过举办测绘科技成果展、在省科技馆内设置测绘长期展位、开展测绘院士专家进党校下基层活动等方式,大力宣传测绘地理信息工作。

四、健全机制　测绘地理信息宣传实力大增

（一）建立宣传机构

经过多年努力,测绘地理信息宣传阵地不断巩固和扩大。经中央编制机构委员会办公室批准,成立了中国测绘宣传中心,中国测绘报社并入宣传中心,保留报社名称。宣传中心在办好《中国测绘报》《中国测绘》杂志的基础上,加强了与中央新闻媒体的联系,不断增强大型宣传活动组织策划能力,把测绘地理信息宣传工作提高到了一个新水平。中国测绘报社在全国设立了30个记者站,记者、通讯员有1000余人。通过每年举办写作培训班、摄影培训班等,全面提高记者、通讯员的政治和业务素质,培养了一支政治强、业务精、纪律严、作风正的新闻宣传队伍。国家测绘地理信息局网站也建立了覆盖全系统和主要测绘单位的信息员队伍。各省局都将宣传工作职能落实到相应处室,山西、山东、湖北、湖南、宁夏等地还成立或强化了宣传中心。一个比较完善的测绘地理信息宣传网络在全国形成。

（二）完善规章制度

国家测绘地理信息局建立完善了重要新闻稿件送审制度,实行新闻发布制度、新闻发言人制度,通过定期、不定期举办新闻发布会、新闻通气会、记者座谈会、局领导接受媒体采访等形式,及时组织发布测绘重要政策法规、重要地理信息数据、重大测绘成果等。有特别重大成果时,还与国务院新闻办公室联合召开新闻发布会,形成强大的舆论宣传攻势,收到显著成效。

（三）加大宣传投入

国家测绘地理信息局党组专门研究决定，重大项目要拿出 2% 的经费作为宣传费用，进一步加大了宣传经费投入。各省局对宣传工作也越来越重视，从机构设置、人员配备、装备购置、经费投入等方面给予大力支持，为宣传工作创造了更好的条件。

党的十六大以来的实践充分证明，宣传工作作为测绘地理信息事业实现腾飞的重要一翼，助推测绘地理信息工作不断取得新辉煌。通过卓有成效的宣传工作，在全系统、全行业营造了上下思想统一、认识统一、行动统一的良好工作氛围，使社会各界更加了解、关心、支持测绘地理信息工作，大力弘扬了"热爱祖国、忠诚事业、艰苦奋斗、无私奉献"的测绘精神和以"快、干、好"为核心的测绘地理信息文化，同时为测绘地理信息事业跨越式发展留下了真实可信、生动丰富的历史见证。

第七章　测绘地理信息发展前景灿烂

引　言

党的十六大以来,在党中央、国务院的正确领导下,在贯彻落实科学发展观的实践中,我国测绘地理信息事业迸发出无限的青春和活力,取得辉煌骄人业绩。

放眼未来,国际环境总体有利于我国测绘地理信息酝酿新的突破,物联网、云计算等高新技术迅速发展和普及应用,将给测绘地理信息发展提供无穷驱动力。国内方面,工业化、信息化、城镇化、市场化、国际化将进一步纵深发展,各领域对测绘地理信息的保障服务需求越来越旺盛和迫切,测绘地理信息越来越成为管理决策的辅助者、工程建设的先行者、国家安全的保障者、应急救急的支撑者、百姓生活的服务者、信息社会的推动者、科学发展的促进者,发展前景无比广阔。我国测绘地理信息事业正处于大有作为、能够作为、必须作为的黄金战略机遇期。

相约长风冲巨浪,勇立潮头唱大风。国家测绘地理信息局将紧紧抓住难得的黄金战略机遇期,牢牢把握科学发展观这一根本主题,继续坚持服务大局、服务社会、服务民生的宗旨,继续沿着"构建数字中国、监测地理国情、发展壮大产业、建设测绘强国"的战略方向,全力推动测绘地理信息事业再创新辉煌。

第一节　环境有利　机遇难得

　　党和国家领导人对测绘地理信息事业的亲切关怀和高度重视,新时期经济社会快速发展对测绘地理信息的新需求、新要求,为测绘地理信息事业加快发展提供了坚强的政治保障和广阔的发展空间。全球测绘地理信息事业取得的丰硕成果和发展经验将为我国测绘地理信息发展提供参考借鉴。物联网、云计算等高新技术的发展和应用,将不断提升测绘地理信息的技术手段、产品形式和服务方式。而随着测绘地理信息应用的日益深入和普及,其作用价值将越来越突出,发展前景无限广阔和美好。

一、前景美好　舞台广阔

（一）全球测绘地理信息蓬勃发展

　　和平、发展、合作仍将是时代潮流,世界多极化、经济全球化将进一步深入发展,世界经济政治格局将出现新变化,科技创新将不断取得新突破,国际环境总体上有利于我国测绘地理信息在新的时期酝酿新的突破。同时,国际金融危机、欧债危机持续蔓延、影响深远,世界经济增长速度减缓,全球需求结构出现明显变化,围绕市场、资源、人才、技术、标准等的竞争将更加激烈,气候变化以及能源资源安全、粮食安全等全球性问题将更加突出,各种形式的保护主义将进一步抬头,测绘地理信息发展的外部环境将更趋复杂。这就需要测绘地理信息工作坚持以更广阔的视野,冷静观察、沉着应对,统筹好国际国内测绘地理信息两个大局,把握好在全球测绘地理信息发展中的新定位,着力提升我国测绘地理信息在产业、人才、技术、标准、设施、装备等方面的国际竞争力,加强全球地理信息资源的战略储备,积极创造参与国际合作和竞争的新优势。

　　从国际测绘地理信息发展看,主要发达国家不断丰富测绘地理信息产品内容、种类、覆盖面、现势性,持续加快与之相适应的测绘地理信息技术创新和装备设施建设,大力拓展测绘地理信息服务领域。国外测绘地理信息突飞猛进,一方面将对我国测绘地理信息发展产生积极推动作用,提供有益借鉴。发达国家在技术进步、资源建设、装备设施建设等方面取得的成果、形成的经验能够为我国提供参考和借鉴,甚至能够直接为我所用,使我国测绘地理信息发展少走弯路,加快发展步伐。另一方面,国外卫星导航定位精度和卫星遥感影像分辨率不断提高,获取和提供我国国土范围地理信息能力持续增强,对我国国家安全构成了严重威胁。而主要发达国家地理信息产业快速发展,利用其技术及先发优势抢先占领地理信息产业发展的战略制高点,使我国地理信息企业处于产业链中下游的不利位置,从而对我国地理信息产业发展形成了巨大压力。

（二）我国测绘地理信息发展势头强劲

测绘地理信息工作受到党和国家重视的程度前所未有。近几年,胡锦涛总书记、温家宝总理、李克强副总理多次对测绘地理信息工作作出重要指示。2008 年,胡锦涛总书记在中国科学院第十四次院士大会和中国工程院第九次院士大会上明确指出要加快遥感、地理信息系统、全球定位系统、网络通信技术的应用以及防灾减灾高技术成果转化和综合集成,建立国家综合减灾和风险管理信息共享平台。温家宝总理在 2011 年《政府工作报告》中强调要积极发展地理信息新型服务业态。《国民经济和社会发展第十二个五年规划纲要》多处明确要求,要强化地理信息资源建设、管理和社会化综合开发利用,发展地理信息产业,加快数字城市建设,加强海洋测绘。2011 年 5 月 23 日,李克强副总理专程视察中国测绘创新基地并发表重要讲话,对测绘地理信息工作取得的成就给予高度评价,系统阐述了测绘地理信息工作的重要性,提出要不断增强基础测绘保障服务能力、加快发展地理信息产业、推进完善测绘地理信息体制机制等重点任务,开创了测绘地理信息发展的新纪元。党中央、国务院对测绘地理信息事业的深切关怀和殷切期望,为测绘地理信息发展明确了方向,振奋了精神,凝聚了力量,扩大了影响,是事业发展最重要的原动力。

经济社会快速发展为测绘地理信息发展提供了广阔的舞台。我国工业化、信息化、城镇化、市场化、国际化将进一步深入发展,人均国民收入将稳步增加,经济结构转型将进一步加快,市场需求潜力巨大,科技和教育整体水平将不断提升,劳动力素质将持续改善,基础设施将日益完善,体制活力将显著增强,政府宏观调控和应对复杂局面能力将明显提高,社会大局将保持稳定。与此同时,我国发展新阶段也面临新的问题,经济增长的资源环境约束强化,投资和消费关系失衡,收入分配差距较大,科技创新能力不强,产业结构不合理,农业基础仍然薄弱,城乡区域发展不协调,就业总量压力和结构性矛盾并存,物价上涨压力加大,社会矛盾明显增多,制约科学发展的体制机制障碍依然较多,发展中不平衡、不协调、不可持续问题依然突出。这就意味着,测绘地理信息在新时期的基础性、先行性作用将更加突出,除了要强化和提升传统形态的测绘地理信息保障服务,更要适应经济增长过程中资源环境约束强化的趋势,加强地理国情监测和分析。人才队伍素质将进一步提升,为测绘地理信息事业发展提供强有力的人才资源和智力支持。制约事业发展的体制机制障碍将得到解决,测绘地理信息发展将更加顺畅和谐。地理信息产业作为战略性新兴产业,不仅将在经济结构转型中大有作为,更将发挥吸纳就业能力强的优势,为缓解我国就业总量压力和结构性矛盾作出贡献。

（三）科技引领支撑发展后劲十足

科技是驱动测绘地理信息发展的强大力量,我国到2020年将进入创新型国家行列,信息技术、空间技术、遥感技术、全球定位技术、云计算技术、物联网技术等将实现跨越式发展,为测绘地理信息拓展业务领域、提升业务能力提供强劲的动力。

科技进步将不断拓展测绘地理信息对象范围。计算技术、网络技术和空间技术持续发展,将会无限扩展测绘地理信息工作视野,逐渐告别传统意义上近距离、以地基为主的工作方式,充分利用光学相机、合成孔径雷达、激光雷达等多种传感器,依托各种航天、航空平台,全天候全天时地获取地理信息。技术的进步将使测绘的范围由有限的局部逐步拓展到世界热点、重点地区,甚至监测全球的地表变化,为经济、社会各领域提供覆盖范围更加广泛的地理信息支持。随着深空探测技术的发展,测绘对象由地球扩展到其他星球不会是遥远的梦想。

科技进步将使测绘地理信息业务主体趋于多样化。遥感、全球导航定位、计算机、网络通信、物联网等高新技术将会相互融合发展,地理信息获取能力将得到大大提升。测绘地理信息装备的智能化、自动化水平将会越来越高,从而降低测绘地理信息业务的技术门槛。这将使得越来越多的企业参与到测绘地理信息行业中来,从事测绘地理信息生产服务。各种模块化的计算机工具软件将为生产各种个性化的地理信息产品提供有力工具,使传统地理信息服务受众能够成为地理信息产品提供者,这将进一步扩大测绘地理信息服务的主体范围。

科技进步将不断扩大测绘地理信息应用领域。卫星导航定位系统建设的不断推进以及芯片技术的发展,将使得导航定位终端的尺寸越来越小、功能越来越强大、价格越来越便宜,智能交通、车辆导航、宠物定位等各种基于位置的服务将层出不穷。导航定位将作为产品的一项基本功能,被越来越多的终端厂商植入各类手持终端,导航定位技术的应用范围将得到无限扩展。网络技术的发展将使得公众可以更加便捷地使用测绘地理信息服务。越来越多的企业将会开发各类基于地理信息和技术的决策系统,提高管理决策的科学性和有效性。

技术装备发展推动地理信息获取趋于精确化和实时化。自主的北斗卫星导航定位系统性能将越来越强,定位精度、可用性、连续性、完好性、抗干扰能力、安全性等将不断提高。遥感影像的空间、光谱、时相分辨率,以及遥感影像自动判读的精确性、可靠性都将大大提高。天基、空基、地基相互结合、互为补充的地理信息获取体系将逐步完善,形成时空协调、全天候、全天时获取全球范围地理信息的能力。对地观测体系的不断完善,将有力推动地理信息获取从静态到动态、从地基到天基、从区域到全球发展。

　　技术装备发展推动地理信息处理趋于自动化和智能化。遥感信息的解译处理进一步向定量化、自动化和实时化的方向发展。数据挖掘、人工智能等技术的发展将推动数据处理由人工干预为主、自动化为辅的方式向自动化和智能化方向发展,遥感数据自动化、智能化解译与信息提取将得以实现。虚拟现实技术、多媒体技术等将进一步融入地图制图技术方法和工艺流程中,从而构成新的地图制图技术体系。随着越来越多的数据处理工作在轨完成,传统工作流程将被逐渐打破,地理信息服务的时效性将大大增强,达到准实时的程度。

　　技术装备发展推动地理信息服务趋于网络化和全球化。互联网、物联网的发展将为随时随地的地理信息服务奠定坚实基础,使得任何人可以在任何时间、任何地点获取所需地理信息服务。地理信息服务内容将进一步趋于个性化,地理信息产品丰富多彩,包括矢量的或栅格的、图形的或影像的、二维的或三维的、静态图像或连续动画视频图像、多媒体或流媒体、虚拟现实或可量测的实景影像,以及上述各种形式产品的融合与集成。地理信息服务范围将不再局限于本国范围以内,而是面向全球用户提供全球甚至外星球的地理信息服务。

二、作用彰显　需求旺盛

　　测绘地理信息在服务经济社会发展中,密切跟踪和准确把握各领域、各方面对测绘地理信息工作的新需求、新要求,及时调整工作方向、工作重点来适应需求的变化,在应急救急中冲锋在前,在服务政府决策和百姓生活中不断开拓实践,使得测绘地理信息的作用和价值得到了淋漓尽致的体现,测绘这一古老学科在科学发展观的指引下正不断迸发出无限的青春和活力。

(一)深度参与　服务政府管理决策

　　测绘地理信息工作作为准确掌握国情国力的重要手段,对于政府部门科学管理决策不可或缺。无论是制定各类国家、区域或专项发展战略与规划,还是应对突发自然灾害和社会公共事件,都需要测绘地理信息及技术的有力支撑。以地理信息为基础集成各类经济社会信息,能够保障国民经济统计、土地利用监测、矿产资源开发、生态环境保护等工作的有效开展。基于地理信息构建的辅助决策支持系统,能够为政府部门研究战略、形成决策、制定规划、应急反应提供更加科学、有效的决策支持。未来一段时间,我国将进一步推进服务政府、阳光政府建设,这就要求测绘地理信息工作加强地理国情监测,及时发布地理国情监测成果,满足社会对国情信息的知情权。

(二)全程支持　服务重大工程建设

测绘地理信息与工程建设如影随形,在工程建设的各阶段发挥重要作用。在迈向全面建设小康社会进程中,如火如荼的工程建设对测绘地理信息的保障服务需求更加广泛。翔实的、现势性强的地理信息是工程建设规划设计的基础资料,前期拆迁安置、文物保护、环境评估需要卫星影像提供科学判定依据,工程建设过程中需要测绘地理信息数据和技术支持。工程竣工后需要测绘地理信息提供位移、变形等监测,保障工程设施运营安全。今后,国家和地区启动实施重大工程,将更加注重资源集约开发和保护同步推进、发展水平和环境质量同步提高、生态效益和经济效益同步提升。这就需要充分利用现代测绘地理信息技术手段,监测土地退化、草地退化、沙漠化、冰川消融、地面沉降、海平面上升、重大污染分布与变化等方面的地理国情,为政府部门准确评估环境保护及资源开发利用情况,促进经济结构调整和经济发展方式转变提供重要支撑。

(三)保驾护航　服务国家安全稳定

测绘地理信息高新技术和成果已经成为现代战争的基本要素和支撑条件。卫星导航定位、高分辨率遥感等技术在现代化战争中发挥着至关重要的作用,对于战略方案制定和部署、战场上指挥控制、敌方目标的精确定位、武器的精确制导、战后损毁评估等,精确的地理信息数据必不可少。反恐维稳离不开测绘地理信息的有效支持,基于地理信息及相关技术的各类公共安全、国民经济动员等系统在维护国家安全和社会稳定中发挥着重要作用。

(四)发挥优势　服务应急救急管理

测绘地理信息技术和成果是准确掌握突发自然灾害灾情险情、实施减灾救灾的重要手段和基础依据,能够有效支持防灾减灾管理决策,提高灾害治理工程的规划设计和实施水平。我国各类自然灾害和社会公共事件呈现多发态势,应急管理工作任务日益繁重,要求测绘地理信息工作不仅要及时提供应急救灾和灾后重建测绘地理信息服务,更要求基于地理信息数据及技术,参与对自然灾害的预测、预报和预防。通过建立各类对地监测系统,开展地表形变观测、灾害监测、灾害预警等系统,能够有效发挥卫星定位、遥感、地理信息系统等测绘地理信息高新技术和资源在辅助灾害预测、灾情评估、救灾部署中的重要作用。灾后重建工作中,测绘地理信息是编制各项重建规划,恢复交通、能源、电力、通讯、水利、供水等基础设施的重要基础性工作。

(五)引航领路　服务信息社会建设

由于人类社会的各类信息绝大部分都与地理空间位置相关,加快国民经济和社会信息化建设,促进信息资源的广泛共享和互联互通,需要测绘地理信息工作提供统一、标准、权威的空间基底,促进自然、社会、经济、人文、环境等各类信息的集成、整合和共享,从而避免出现数字孤岛,促进信息资源开发利用,避免重复建设。没有测绘地理信息,国民经济和社会的信息化不可能实现。

(六)积极参与　服务发展方式转变

未来一段时间,我国经济总量和人均拥有经济量将快速扩大,人民群众物质和文化生活所倚赖的交通、水利、能源、通信和电力等基础设施建设将高潮迭起、层出不穷,这就使得测绘地理信息在优化工程设计、保障工程质量、降低工程成本以及工程后期的监测服务等方面能够大有作为。随着我国经济社会的快速发展与各种资源、能源短缺之间的矛盾日益突出,亟须大力开展地理国情监测,实现资源、能源的集约节约开发利用,实现经济社会的可持续发展。随着我国工业化逐步完成、城镇化快速发展、城乡一体化加快推进,迫切需要掌握现势性更强的地理信息,全面反映城乡变迁,为城乡规划、土地管理等管理决策工作提供科学依据。地理信息产业作为国家战略性新兴产业,科技含量、产品和服务附加值高,产业链较长、具有较强的带动效应,环境污染极小,不受能源短缺的制约,将继续保持良好发展势头,创造出大量就业机会,并将进一步辐射到国民经济众多领域,带动诸多关联产业的发展,起到经济助推器作用,对加快转变经济发展方式作出重要贡献。

（七）面向社会　服务人民群众生活

地理信息应用将进一步走进寻常百姓家,成为广大人民群众衣食住行不可或缺的助手。在工作学习、休闲娱乐、投资消费中,使用各类基于位置的服务,已经成为人们的习惯性和下意识行为。面向个人的车载导航、手持定位、智慧交通等产品和服务琳琅满目、层出不穷。与百姓生活密切相关的报警指挥、急救指挥、水电管网管理等系统的建设和运行维护,都离不开测绘地理信息的支持。这就需要充分利用市场机制配置测绘地理信息资源,充分发挥地理信息产业作为战略性新兴产业的优势,着力做大做强地理信息产业,形成新的经济增长点,让地理信息服务更好更多更深走进千家万户。

（八）全球视野　服务走出去请进来

当今世界全球化浪潮风起云涌,生产要素的全球化水平进一步提高,我国发展将同世界息息相关。日益突出的资源枯竭、能源紧张、环境恶化以及粮食安全、气候变化、灾害救援、疾病防治等全球性问题,一方面对我国的发展提出了严峻考验,另一方面要求我国积极履行大国责任。这就需要测绘地理信息工作树立世界眼光,强化全球、重点地区、热点地区的基础地理信息资源建设,强化全球地表变化监测,为我国更好地应对全球性问题、更高效地保障我国的资源、能源供给安全提供有效支持。积极参与全球化产业分工,逐步提升我国在产业链条中的地位,需要加强全球地理信息资源储备,为开展全球商业布局,占领行业发展的制高点提供支撑。

第二节　宏伟蓝图　再铸辉煌

展望未来,测绘地理信息事业发展要紧紧抓住难得的黄金战略机遇期,继续高举中国特色社会主义伟大旗帜,以邓小平理论和"三个代表"重要思想为指导,深入贯彻落实科学发展观,围绕科学发展、加快转变经济发展方式的主题主线,坚持服务大局、服务社会、服务民生的宗旨,把握"构建数字中国、监测地理国情、发展壮大产业、建设测绘强国"的战略方向,坚持"解放思想、深化改革,需求牵引、科技推动,创新机制、提升管理,统筹协调、全面发展"的指导原则,健全体制机制、着力自主创新、转变发展方式、强化军民融合,加快建设信息化测绘体系,完善数字地理空间框架,加强地理国情监测,提升测绘地理信息公共服务,繁荣地理信息产业,深化测绘地理信息改革,强化测绘地理信息交流合作,加强测绘地理信息文化建设,推动测绘地理信息转型发展,为经济建设、社会发展和国防建设提供及时可靠、高效适用的测绘地理信息服务。

一、把握未来　确定方向

(一)坚持以科学发展观统领事业发展全局

科学发展观是建设中国特色社会主义必须始终坚持和贯彻的重大战略思想,也是测绘地理信息发展能够取得辉煌成就的强大思想武器,在今后的工作中必须继续加以贯彻,使科学发展的思想理念融入测绘地理信息工作各个领域、各个方面。要始终坚持发展这个第一要义,着力把握发展规律、创新发展理念、转变发展方式、破解发展难题,推动事业大发展、大繁荣。持续优化事业任务布局、组织结构布局和生产力布局,统筹兼顾事业与产业、中央与地方、军用与民用等各个方面,实现事业全面、协调、可持续发展。始终把实现好、维护好、发展好最广大人民群众的根本利益作为工作的出发点和落脚点,更好地满足人民群众的测绘地理信息服务需求,更好地促进测绘地理信息职工的全面发展。

（二）坚持服务大局、服务社会、服务民生

始终把为国民经济、社会发展和国防建设提供高效服务作为测绘地理信息工作的基本立足点,紧紧围绕党和国家中心工作、围绕现代化建设的总体任务、围绕全面建设小康社会的战略目标,不断强化服务理念,拓展服务的广度和深度,充分发挥测绘地理信息在促进经济社会发展、保障国家安全等方面的重要作用。要更加准确地把握各领域、各方面对保障服务的新要求、新特点和新趋势,并通过发展方式的转变来有效地适应和满足各方面的需求,使测绘地理信息工作在"三服务"过程中强化能力、彰显作用、提升地位、体现价值。

二、着眼全局　确立目标

（一）测绘地理信息发展近期目标

到 2015 年,测绘地理信息强国建设取得明显进展。其中包括测绘地理信息技术装备国产化率显著提高,基础地理信息资源覆盖范围持续扩大,现势性不断增强,测绘地理信息公共服务水平有较大提升,应急测绘保障服务能力大幅提高,形成地理国情监测的常态化工作机制和业务能力,地理信息产业实现跨越式发展,基本建立满足信息化测绘要求并适应社会主义市场经济体制的测绘地理信息管理体制、运行机制、法规政策和人才队伍。

完成测绘基准基础设施的改造升级,新建 1810 个卫星导航定位连续运行参考站,建成国家陆海统一的新一代卫星大地控制网、覆盖全部陆地国土和海岛（礁）的新一代高精度高程控制网以及我国精细重力场模型。

国家级基础地理信息数据覆盖我国全部陆地国土和大部分海岛,省级及地市级基础地理信息数据库基本建成,县级基础地理信息数据库建设全面推进,全球地理信息数据库初具规模,基础地理信息要素类型进一步拓展,内容更加丰富,动态更新机制初步形成。

全面建成地市级以上地理信息公共服务平台,实现各部门、各地区地理信息资源共建共享,地理信息服务全面进入家庭,较好满足经济社会发展对测绘地理信息的需求。

地理国情监测能力显著提高,地理国情监测标准体系以及中央与地方上下联动、密切协作的地理国情监测机制基本形成,重点领域地理国情监测报告及时发布。

科技创新体系进一步完善,形成一批具有自主知识产权的数码航空摄影、激光雷达测量、遥感影像处理以及高端测绘仪器等技术装备。发射测绘卫星2—3颗,遥感影像数据自主保障率达到30%。地理信息数据处理效率提高5倍以上,实现多源地理信息数据准实时处理。

地理信息产业规模显著扩大,产业结构趋于合理,全行业所需主要软件的国产化率达到60%以上,产业总产值达到3000亿元以上,带动相关产业产值2万亿元以上。产业产值年增长率为20%左右。

测绘地理信息管理体制进一步健全、职能进一步强化,统一监管能力显著增强。基本完成《中华人民共和国测绘法》等法律法规的修订,法规政策进一步完善。事业队伍结构更完整、布局更合理、功能更完善。

测绘地理信息科技领军人才达到20名左右,具有国际影响的测绘地理信息科学家和企业家达到5名左右,注册测绘师达到2万人左右,技能人才达到15万人左右。

(二)测绘地理信息发展长远目标

到2030年,基本建成测绘地理信息强国。其中包括全面建成数字中国,地理国情监测成为测绘地理信息工作的重要内容,地理信息资源有效覆盖全球,保障服务全面及时高效,科技总体水平进入世界前列,管理体制和运行机制顺畅高效,地理信息产业成为推动国民经济增长的重要力量,我国测绘地理信息的国际影响力显著提升,在5个方面核心能力达到世界先进水平。

在装备能力方面,拥有国际先进的全球卫星导航系统、8 颗以上在轨系列测绘卫星、30 架以上中高空遥感测绘飞机、数量充足的遥感测绘轻型飞机和无人飞行器,自主知识产权的高精度卫星定位、高分辨率卫星遥感以及高端测绘仪器装备的国内市场占有率达到 70% 以上并服务国外市场,信息化测绘装备体系全面形成。

在科技创新能力方面,全面形成信息化测绘技术体系,自主知识产权的地理信息获取、处理、服务与应用等相关软件国内市场占有率超过90%,成为测绘地理信息技术的创新者、引领者和重要出口国,自主创新能力和科技整体水平进入世界前列。

在产业核心竞争能力方面,拥有 5 个左右大型地理信息国际知名企业和 5 个左右世界著名品牌,形成具有鲜明特色和国际影响力的地理信息产业园区,在国际地理信息产业发展中发挥引领作用。

在信息资源支撑能力方面,建成全国统一和共享的"一个网、一张图、一个平台",地理信息资源有效覆盖全球,信息及时更新、高效共享利用,地理信息服务覆盖全国 95% 以上人口。

在人才与标准能力方面,拥有 10—15 名具有国际影响力的测绘地理信息人才,5—8 名科学家在国际组织中担任重要职务,拥有一支超过 4 万人的注册测绘师队伍,技能人才总量超过 15 万人,3—5 个国家标准成为国际标准。

三、明确任务 重点推进

立足测绘地理信息发展的现有基础、基本形势,着眼测绘地理信息发展的前进方向、奋斗目标,今后一段时间,测绘地理信息事业发展应以信息化测绘体系、数字地理空间框架、地理国情监测、测绘地理信息公共服务、地理信息产业等为着力点,努力铺就迈向美好未来的康庄大道。

（一）建设完备的信息化测绘体系

发展地理信息实时化获取技术装备和基础设施。加快北斗卫星导航定位系统在测绘地理信息领域的应用，发射满足测绘地理信息工作要求的高分辨率遥感卫星、激光测高卫星、重力卫星等系列测绘卫星，发展高、中、低空多种遥感测绘平台，开发地面车载三维测量系统等数据获取装备，加快基于网络的数据采集系统以及水面、水下数据获取装备设施建设，形成数据快速获取装备体系。

提升地理信息自动化处理和网络化服务装备与设施水平。要适应地理信息影像化的需要，着力装备大规模并行处理及网络环境下遥感数据处理软件，突破光学遥感、合成孔径雷达、激光雷达等多种遥感平台数据处理瓶颈，形成高速网络模式下的并行分布式、一体化多源对地观测数据处理能力。建立全国纵向联动、横向协同、互联互通、安全可靠的地理信息服务网络，全面实现地理信息"一站式"服务和全方位共享。

推进测绘地理信息标准化建设。进一步完善测绘地理信息标准化工作机制和标准体系，重点加快制定信息化测绘体系、数字地理空间框架以及地理国情监测、测绘基准现代化、地理信息公共服务平台、海洋与海岛（礁）测绘、卫星测绘应用等方面的标准，修订现有基本地形图、基础地理信息数据等方面的获取、处理、存储、服务等标准，提高标准的时效性和适用性。

（二）完善数字中国地理空间框架

加快测绘基准现代化进程。加强测绘基准建设的统筹规划和实施协调，建立适应信息化发展的平面控制网、高程控制网和重力基准网，最终实现平面、高程、重力网三网结合，形成数量充足、布局合理、全国统一和共享的"一个网"。大力推进2000国家大地坐标系应用，加快建设卫星定位连续运行基准站网，构建高精度、三维、动态的平面基准。进一步精化似大地水准面，建设分布合理、动态稳定的国家现代高程基准。建设高分辨率的重力测量基准。建设测绘基准信息管理服务系统,提升测绘基准数据处理、分析和服务能力。

积极推进基础地理信息有效覆盖。加强基本地形图无图区域的填补空白,实现基本地形图对我国全部国土的有效覆盖。围绕兴边富民、新农村建设、城镇化发展等各方面的急需,加快基础地理信息资源建设。围绕海洋资源开发利用的需要,实施海岸带测绘、管辖海域范围内海岛(礁)测绘,开展我国海域适当尺度的海底地形数据采集。逐步实现依比例尺和分级的地形图测绘向依地理实体的全要素、全内容的基础地理信息数据采集的转变。

不断丰富基础地理信息数据内容。加快建设多类型、多尺度基础地理信息数据库以及高分辨率、多时相遥感影像库。在现有要素基础上,进一步拓展地下管线、地名地址、地籍、三维街景等要素内容,适当增加相关属性信息。大力推进全国基础地理信息资源的优化整合、无缝连接和协调一致,建设全国统一、权威、共享的"一张图"。

大力丰富全球地理信息资源。充分利用全球高分辨率、多源卫星遥感影像资料,并采取购买、合作、交换等多种方式,采集全球范围特别是边境地区、南北极地区等重点和热点地区的影像和地理信息数据,建立全球较高分辨率和较高精度的遥感影像数据库以及地理信息数据库,并适时进行更新。

(三)健全地理国情监测体制机制

开展全国地理国情信息普查。整合、分析现有基础地理信息数据及相关专业部门数据,在合理设计地理国情普查内容与指标的基础上,开展地形地貌、地表覆盖、地理界线等重要地理国情信息普查,在此基础上,构建时点统一、标准一致的地理国情本底数据库。基于地理国情本底数据库,进行地理国情普查信息统计分析与汇总,为地理国情监测提供基础。

开展重要地理国情监测。充分利用多源、多时相高分辨率遥感数据、相关历史数据等,开展全国地表覆盖变化信息的定量化、空间化综合监测,主要包括植被覆盖、水域、荒漠与裸露地、交通网络、居民地与设施等的变化信息。对各类国土空间规划、政策的执行情况和执行效果进行动态监测和评价。对城市群的发展变化情况进行持续监测。对地表形变多发区持续开展地表形变监测。对重点基础设施建设情况进行监测。对农业大宗产品优势产区作物面积变化情况进行监测。开展各类地理国情信息的横向和纵向分析,进一步强化成果的综合服务,为国家宏观管理和决策提供坚实的地理国情信息支持。

（四）提升测绘地理信息公共服务

发展地理信息公共服务平台。按照统一设计、分建共享,统一部署、分级投入的原则,建设由国家、省、市、县多级平台组成的全国地理信息公共服务平台天地图,形成全国统一、共享的"一个平台",纵向上实现国家、省、市、县多级平台的互联互通、信息共享和协同服务,横向上为政府及有关部门、军队和社会公众提供在线地理信息服务,更好地满足国民经济和社会信息化建设需要。

加强应急测绘地理信息保障服务。着力加强应急服务能力建设,充分利用测绘地理信息技术、装备和资源,快速实施灾情监测,紧急制作现势性强、精度高的产品,及时发布灾情地理信息,开发基于位置的应急管理系统,为抗灾救灾和灾后重建提供决策依据和手段支撑。成立专职测绘地理信息应急机构,加快建设多级互联、专兼职结合的测绘地理信息应急保障队伍,强化测绘地理信息与应急、减灾、防汛抗旱等部门的协调和信息共享,确保能够及时、有序、高效地进行地理信息的统一获取、快速处理和及时提供。

创新测绘地理信息公共服务内容与方式。着力开发品种类型齐全、要素内容丰富、使用方便快捷的地形图数字产品及纸质产品,不断推出适用、好用的公众版系列地形图以及国家和区域地图集。依托国家现代化测绘基准体系,提供更加丰富的测绘基准信息产品。进一步加强测绘地理信息档案资料数据库建设,强化测绘地理信息档案信息化服务。进一步增强通过手机、电视、电脑以及各种便携式设备等媒介提供测绘地理信息服务的能力。

（五）做大做优做强地理信息产业

推进地理信息资源开发利用。大力开发地理信息社会化应用产品，加快发展车载导航、手机定位、便携式移动导航、互联网地理信息服务以及电子商务、智能交通、现代物流等方面的位置服务产品，不断拓展地理信息应用的深度和广度，提高地理信息产品附加值。积极开发基于地理信息的电子游戏产品、地理信息电视频道或栏目、基于数码相机的位置服务产品以及物联网位置服务产品等，全面拓展地理信息消费市场。

加快技术自主创新步伐。进一步确立企业在自主创新中的主体地位，充分发挥市场配置资源的基础作用，为企业参与科研活动创造条件。要按照信息化测绘体系"四化"总体趋势和要求，切实加强相关领域的前沿技术和关键技术攻关，大力发展卫星导航定位、全天候对地观测和影像快速处理、移动测量、虚拟现实、时空网格地理信息系统以及地理信息安全保密处理等方面的核心技术。

发展自主产权的装备与设施。引导和推进现代高端测绘地理信息技术装备制造业的资源整合，促进技术装备制造业的合理布局。大力支持"专、精、特"以及中、高端技术装备发展，扩大国内市场份额，拓展国际市场空间。加强自主品牌建设，集中力量发展航天、航空、低空等对地观测数据快速获取技术装备与设施，发展地理信息自动化处理、网络化服务技术装备，形成具有自主知识产权的重大技术装备和重要基础设施生产基地，推进"中国制造"向"中国创造"转变。

积极开拓国际测绘地理信息市场。通过资源、技术、政策等的支持，大力发展龙头企业，提高产业整体水平和核心竞争力。积极为企业"走出去"牵线搭桥，开阔企业的国际视野，为企业全方位参与国际市场竞争创造条件。大力发展地理信息外包服务，积极接纳发达国家的地理信息产业外包业务，努力打造地理信息服务外包特色品牌。扩大地理信息产品出口，输出具有自主知识产权和高附加值的产品、技术和装备，不断提高国际市场占有率。

（六）继续深化测绘地理信息改革

推进测绘地理信息行政管理体制改革。加强测绘地理信息行政机构建设,使县级以上地方各级政府均有主管部门纳入行政机构序列。机构设置相对独立,省级和市级测绘地理信息管理机构独立或者相对独立设置,县级测绘地理信息管理机构设置因地制宜。科学配置管理职能,使各级测绘地理信息管理机构职能明确、配置合理。进一步强化市、县级管理机构。逐渐形成基本统一、主体合法、权责清晰、运转协调、监督有力的测绘地理信息行政管理体制。

加快测绘地理信息事业单位优化布局调整。根据国家推进事业单位改革的统一部署和要求,着眼于有效执行新时期新任务的需要,推动事业单位重新布局和调整。由于测绘地理信息涉及维护国家主权、安全和国家利益,同时其投资需求巨大,而经济产出又十分不确定,难以通过政府从市场购买公共服务的方式实现,因而测绘地理信息事业单位改革应继续坚持公益性的发展方向。着眼形成信息化测绘能力,针对部分传统任务逐步萎缩,而新型任务不断出现的现实,以现有事业机构布局为基础,统筹考虑每一事业机构的工作经验、队伍特点等,对现有单位进行优化组合、整合改造,逐步形成适应测绘地理信息事业发展的事业单位体系。

加强测绘地理信息立法和行政执法。加快修订难以适应发展形势和发展需要的测绘地理信息法律法规。加快测绘地理信息质量管理、基础测绘设施管理、测绘地理信息资质资格管理、地理信息资源交换共享及安全管理、不动产测绘管理等方面的立法进程。在加强法律法规制、修订的同时,及时推进地方配套测绘地理信息法规建设,构建覆盖完整、适应性强、与时俱进、特色鲜明的测绘地理信息法律法规体系。改革测绘地理信息执法体制,完善行政执法制度,深入推行行政执法责任制,提高测绘地理信息行政执法效能。

（七）积极推进国际国内交流合作

深化部门合作。进一步巩固同相关部门在重大项目立项、基础测绘投入、科技创新、国家版图意识宣传教育、地理信息市场监管、测绘地理信息成果质量监督、安全保密等方面的合作和协作。加强与各级新闻媒体的联系,进一步做好新闻宣传工作,提升测绘地理信息工作社会影响力。以业务联系为纽带,拓展与有关部门在海洋测绘、地理国情监测、测绘卫星建设、全球地理信息资源建设等方面的合作,逐步形成稳定的协作合作机制。加强与教育、科技等部门的沟通,在人才培养、科技创新等方面开展合作,提升测绘地理信息整体能力。

强化军地融合。加强军地双方在测绘地理信息规划计划、资源建设、科技创新、装备建设、项目实施、标准衔接、产业发展等方面的统筹协调,形成整体合力。共同策划涉及地方和军队的重大测绘地理信息项目,推行项目合作共建和成果共享。建立军地国防测绘地理信息动员机制、军地应急测绘合作机制、重大项目协作机制。推动军地测绘地理信息成果交换共享,保障测绘地理信息成果的安全和军地双方互利共赢。

推动国际交流。采取合作培养、协作研究等方式,培养一流的国际化测绘地理信息科技人才。鼓励和支持我国测绘地理信息专家学者在国际组织和机构中任职。积极支持科研机构、高等院校和科技企业等参与全球及区域性科技合作计划、承担各种科技合作项目,以及与世界知名科研机构、大学和跨国企业成立联合实验室、研发中心或进行其他形式的科技合作,在引进、消化、吸收国外先进技术和管理经验的基础上,强化自主创新,形成自主知识产权科技成果。

(八)加强测绘地理信息文化建设

以文化建设引领测绘地理信息事业科学发展。坚持文化立业、文化兴业,充分发挥先进文化在引领方向、凝聚力量、推动发展中的重要作用,以文化的发展繁荣来推动事业的蓬勃发展。充分发挥地图作为文化承载和表现形式的重要作用,创新地图表现形式,创造多层次、个性化、群众喜闻乐见的优秀地图作品,丰富地图品种类型,增强地图的文学性、艺术性,推进地图出版事业繁荣。强化地理信息更新和知识挖掘,增加测绘地理信息服务的文化含量,提升测绘地理信息服务的文化品位。强化测绘地理信息工作的统一监督管理,营造健康向上的测绘地理信息发展环境。

大幅提升测绘地理信息文化软实力。大力弘扬"热爱祖国、忠诚事业、艰苦奋斗、无私奉献"的测绘地理信息精神和以"快、干、好"为核心的测绘地理信息文化。创作贴近工作实际、贴近职工生活、贴近人民群众需要的文化产品,宣扬测绘地理信息工作者严谨求实、尊重科学的气质情怀以及锐意进取、开拓创新的意志品质。大力加强宣传工作,办好测绘地理信息报纸杂志以及部门网站等宣传载体,利用好博客、微博等新型媒介,做好史志和年鉴编纂工作,强化典型宣传、舆论引导、文化熏陶和历史传承。发挥测绘科技馆、博物馆、大地原点、高程原点、重要地理信息标志以及地理信息产业园的科普宣传作用,展示行业新形象。加强职业道德教育,建设高素质测绘地理信息人才队伍。

后　记

　　党的十六大以来,在以胡锦涛同志为总书记的党中央坚强领导下,在科学发展观的指引下,我国经济社会全面快速健康协调发展,取得了令全世界瞩目的巨大成就,人民生活更加富裕、综合国力不断增强、国际地位显著提高。这10年,国家测绘地理信息局党组率领全国测绘地理信息系统和行业广大干部职工,深入学习贯彻落实科学发展观,坚持解放思想、改革创新,坚持锐意进取、抢抓机遇,坚持凝聚力量、攻坚克难,坚持服务大局、服务社会、服务民生,有力推动了我国测绘地理信息事业实现跨越式发展,为全面建设小康社会和构建社会主义和谐社会作出了重要贡献。

　　为了认真贯彻落实党中央关于全面、系统总结党的十六大以来经济社会发展各方面在科学发展观的引领下取得的重大成就的有关精神,国家测绘地理信息局党组召开专题会议进行研究部署。收到人民出版社关于组织编写《科学发展　成就辉煌》大型丛书的来函后,国土资源部党组副书记、副部长,国家土地副总督察,国家测绘地理信息局党组书记、局长徐德明两次作出重要批示,要求国家测绘地理信息局有关部门和单位按照人民出版社通知要求,认真组织编写充分展示科学发展观给测绘地理信息事业带来的辉煌成就的图书,并亲自审定本书编写大纲,时常询问本书编写进展,亲自为本书作序。国家测绘地理信息局党组副书记、副局长王春峰多次协调本书编写有关工作。国家测绘地理信息局党组成员、副局长宋超智组织

召开本书编写工作动员会,对图书编写工作作出全面安排、提出明确
要求。国家测绘地理信息局领导班子全体成员徐德明、王春峰、李维
森、宋超智、闵宜仁、张荣久、吴兆琪、李朋德,以及局总工程师胥燕婴
对本书进行了审定。

　　国家测绘地理信息局各司局和有关单位安排了政策理论水平高、
文字能力强、对业务工作熟悉的同志撰写有关章节。其中,第一章成就
综述及第四章中的中国测绘创新基地建设由局办公室起草;第二章至
第六章中的数字城市、地理国情监测、重大工程建设、珠峰复测由国土
测绘司起草,天地图、应急保障、公共服务、产业发展由地理信息与地图
司起草,科学规划、边少地区测绘、技术装备由规划财务司起草,极地测
绘、科技发展、资源三号卫星、国际合作交流由科技与国际合作司起草,
班子和干部队伍、人才工作、社团组织、管理体制由人事司起草,法制建
设、市场监管、依法行政、行政执法由法规与行业管理司起草,党建工
作、测绘文化由直属机关党委起草,宣传工作由中国测绘宣传中心起
草;第七章灿烂前景由局发展研究中心起草。图书开篇的图片由中国
测绘宣传中心收集。参加起草工作的同志有张燕平、李烨、任振宇、王
倩、吴岚、王咏梅、林振中、范京生、田海波、陈军、王伟、王瑞幺、姜晓虹、
寇京伟、宋春玉、宋雪生、徐永、牛苗苗、徐磊、顾纳、郑作亚、胡雪霁、白
振栋、于德全、姚一静、程晓军、李倩、刘金玉、卢卫华、杨铮、王尔林、田
青、杨娉、郭鹏辉、杜文广、阮于洲、王瑜婷。

　　本书编写工作由国家测绘地理信息局办公室协调,中国测绘宣传
中心牵头、国家测绘地理信息局发展研究中心参加。中国测绘宣传中
心负责起草图书大纲,负责第二章、第五章、第六章的编写工作;国家测
绘地理信息局测绘发展研究中心负责第三章、第四章的编写工作。中
国测绘宣传中心、国家测绘地理信息局发展研究中心抽调业务骨干组
成图书编写组,按照徐德明局长的指示和宋超智副局长的具体要求,对
书稿进行了认真编写。

　　本书从着手起草,到完成编写工作,总共不到两个月时间。由于编

写组水平有限,也由于时间仓促、任务繁重,书中难免存在错误,敬请读者指正。

本书编写组
二〇一二年八月十八日

责任编辑:卓　然
封面设计:徐　晖
责任校对:吕　飞

图书在版编目(CIP)数据

科学发展　测绘先行——测绘地理信息工作十年回顾(2002—2012)/
　国家测绘地理信息局 编. -北京:人民出版社,2012.10
("科学发展　成就辉煌"系列丛书)
ISBN 978 - 7 - 01 - 011287 - 9

Ⅰ.①科…　Ⅱ.①国…　Ⅲ.①测绘工作-地理信息系统-中国-2002—2012
　Ⅳ.①P208

中国版本图书馆 CIP 数据核字(2012)第 233211 号

科学发展　测绘先行
KEXUE FAZHAN CEHUI XIANXING
——测绘地理信息工作十年回顾(2002—2012)

国家测绘地理信息局　编

人民出版社 出版发行
(100706　北京市东城区隆福寺街 99 号)

北京中科印刷有限公司印刷　新华书店经销

2012 年 10 月第 1 版　2012 年 10 月北京第 1 次印刷
开本:710 毫米×1000 毫米 1/16　印张:19.25　插页:6
字数:253 千字　印数:0,001-5,000 册

ISBN 978 - 7 - 01 - 011287 - 9　定价:45.00 元

邮购地址 100706　北京市东城区隆福寺街 99 号
人民东方图书销售中心　电话 (010)65250042　65289539